普通高等教育"十一五"国家级规划教材

21世纪计算机科学与技术实践型教程

丛书主编 陈明

刘建臣 周丽莉 主　编
祁爱华 庞　慧 副主编

# Visual FoxPro 程序设计教程

清华大学出版社
北京

## 内容简介

本书是根据教育部高教司关于非计算机专业计算机基础教育的指导性意见，并依据全国计算机等级考试二级(Visual FoxPro)考试大纲要求，结合目前我国高等院校计算机课程开设的实际情况，融会所有作者多年从事计算机教学的实际经验编写而成的。

本书内容包括数据库系统的基本概念、Visual FoxPro 应用基础、Visual FoxPro 基本操作、表的维护及基本应用、Visual FoxPro 数据库及其操作、查询和视图、程序设计基础、面向对象与表单设计、菜单设计、报表与标签设计、应用程序的开发、Visual FoxPro 与其他系统的数据共享。书中配有丰富的例题、习题和附录，以便更适合教学和满足应用程序开发的要求。

本书内容安排合理，讲解通俗透彻，注重系统性和实践性，可以作为非计算机专业计算机程序设计课程的教材，也可作为参加计算机等级考试的人员的参考教材，或作为广大从事数据库应用开发的人员的参考书。为了便于学习，本书还配套出版了《Visual FoxPro 程序设计上机实验》，(ISBN 978-7-302-24258-1)。



图书在版编目(CIP)数据

Visual FoxPro 程序设计教程 / 刘建臣，周丽莉主编．—北京：清华大学出版社，2011.3
(21 世纪计算机科学与技术实践型教程)
ISBN 978-7-302-24116-4

Ⅰ. ①V…　Ⅱ. ①刘…　②周…　Ⅲ. ①关系数据库—数据库管理系统，Visual FoxPro—程序设计—高等学校教材　Ⅳ. ①TP311. 138

中国版本图书馆 CIP 数据核字(2010)第 232257 号

责任编辑：汪汉友　王冰飞
责任校对：白　蕾
责任印制：孟凡玉

出版发行：清华大学出版社　　地　址：北京清华大学学研大厦 A 座
http://www.tup.com.cn　　邮　编：100084
社　总　机：010-62770175　　邮　购：010-62786544
投稿与读者服务：010-62795954，jsjjc@tup.tsinghua.edu.cn
质　量　反　馈：010-62772015，zhiliang@tup.tsinghua.edu.cn
印 刷 者：三河市君旺印刷厂
装 订 者：三河市新茂装订有限公司
经　销：全国新华书店
开　本：185×260　　印　张：18.75　　字　数：439 千字
版　次：2011 年 3 月第 1 版　　印　次：2011 年 3 月第 1 次印刷
印　数：1～4000
定　价：29.00 元

---

产品编号：038147-01

# 《21世纪计算机科学与技术实践型教程》

# 序

21世纪影响世界的三大关键技术是：以计算机和网络为代表的信息技术、以基因工程为代表的生命科学和生物技术、以纳米技术为代表的新型材料技术。信息技术居三大关键技术之首。我国国民经济的发展采取信息化带动现代化的方针，要求在所有领域中迅速推广信息技术，因而需要大量的计算机科学与技术领域的优秀人才。

计算机科学与技术的广泛应用是计算机学科发展的原动力，计算机学科是一门应用科学。因此，计算机学科的优秀人才不仅应具有坚实的科学理论基础，更重要的是能将理论与实践相结合，并具有解决实际问题的能力。培养计算机科学与技术的优秀人才是社会的需要、国民经济发展的需要。

制定科学的教学计划对于培养计算机科学与技术人才十分重要，而教材的选择是实施教学计划的一个重要组成部分，《21世纪计算机科学与技术实践型教程》主要考虑下述两个方面的实际情况。

一方面，高等学校的计算机科学与技术专业的学生，在学习了基本的必修课和部分选修课程之后，立刻进行计算机应用系统的软件和硬件开发与应用尚存在一些困难，而《21世纪计算机科学与技术实践型教程》就是为了填补这部分鸿沟，将理论与实际相结合，使学生不仅能学会计算机科学理论，而且应用这些理论解决实际问题。

另一方面，计算机科学与技术专业的课程内容需要经过实践练习，才能深刻理解和掌握。因此，本套教材增强了实践性、应用性和可理解性，并在体例上做了改进——使用案例说明。

实践型教学占有重要的位置，不仅体现了理论和实践紧密结合的学科特征，而且对于提高学生的综合素质，培养学生的创新精神与实践能力有特殊的作用。因此，研究和撰写实践型教材是必需的，也是十分重要的任务。优秀的教材是保证高水平教学的重要因素，选择水平高、内容新、实践性强的教材可以促进课堂教学质量的快速提升。在教学中，应用实践型教材可以增强学生的认知能力、创新能力、实践能力以及团队协作和交流表达能力。

实践型教材应由教学经验丰富、实际应用经验丰富的教师撰写。此系列教材的作者不但从事多年的计算机教学，而且参加并完成了多项计算机类的科研项目，把他们积累的经验、知识、智慧、素质融合于教材中，奉献给计算机科学与技术的教学。

本系列教材在组织过程中虽然经过了详细的思考和讨论，但毕竟是初步的尝试，书中不完善之处不可避免，敬请读者指正。

本系列教材主编　陈明

2005年1月于北京

# 前　言

计算机在数据管理方面的应用已经成为计算机应用的一个重要领域。用 Fox 系列数据库管理系统开发的应用程序在社会上得到广泛使用。Microsoft 公司推出的系列 Visual FoxPro，是适合于微型计算机的关系数据库管理系统。在众多的数据库管理系统中，Visual FoxPro 以它的功能强大、简单实用、操作方便和界面友好等特性而独树一帜。Visual FoxPro 是一个面向对象的可视化程序设计语言，它提供了许多辅助设计工具，使用户几乎可以不用编写程序语句就可以完成应用程序的开发设计工作。

Visual FoxPro 版本很多，且还在不断推出新的版本，本书旨在以 Visual FoxPro 6.0 为背景，淡化版本意识，重点介绍数据库系统的基本概念、基本原理；讲解 Visual FoxPro 的基本操作方法及其功能和应用。

本书由有多年 Visual FoxPro 开发经验的教师编写，从数据库基本概念、原理出发，介绍数据表的建立、修改、维护和使用，数据库对象的操作，程序设计基础，面向对象程序设计，以及应用程序的开发等内容，结构合理，脉络清晰，用一个实例贯穿全书，反映了 Visual FoxPro 教学的实际进程，注重概念的完整性和实用性的合理配置，强调程序设计的实际操作方法，并提供较详细的附录，以供学习、应用开发和教学安排参考。

本书在体系结构的安排上由浅入深、循序渐进，在内容的表述上对基本概念、命令功能和操作方法进行了详细的分析讲解，并配以丰富的例题、习题辅助读者学习。全书结构严谨、通俗易懂，兼有普及与提高的双重功能。

本书由刘建臣、周丽莉担任主编，祁爱华、庞慧担任副主编。参加编写的有刘建臣（第1章、附录 A～G）、狄巨星（第2章）、庞慧（第3、4章）、杨克俭（第5、6章）、祁爱华（第7、8章）、周丽莉（第9、10章）、王振岩（第11、12章）。由于编者水平有限，加之时间仓促，本书在内容编排及取舍上必然存在一些不足之处，敬请同行专家和读者批评指正。

编　者

2010年10月

# 目　　录

# 第1章　数据库系统的基本概念

数据库是一门研究数据管理的技术，从20世纪60年代开始，经过几十年的发展，已形成了较为完整的理论体系，成为计算机软件学科的一个重要分支。

## 1.1　信息、数据和数据处理

### 1.1.1　信息与数据

信息是现实世界中各种事物的存在形式、运动状态以及不同事物之间相互关系等多个要素在人们大脑中的反映。人们经过认识和理解，对其进行归纳和推理、加工和传播，从而达到认识世界和改造世界的目的。

信息是资源，人类进行各种社会活动，既要考虑物质条件，也要重视信息利用。当今社会，信息与能源和物质一起已成为影响人类活动的三大要素。

数据是信息的载体，人们通常使用各种各样的物理符号来表示客观事物的特性和特征，这些符号及其组合就是数据。数据的概念包括两个方面，即数据内容和数据形式。数据内容是指所描述客观事物的具体特性，也就是通常所说的数据的“值”；数据形式则是指数据内容存储在媒介上的具体形式，也就是通常所说的数据的“类型”。数据用不同的类型来对应表达不同形式的信息，为便于计算机进行处理，还需把数据换成计算机所能识别的形式。

数据这一概念包括两个方面：一是描述事物特性的数据内容；二是存储在某种媒介上的数据形式。同一数据内容其数据形式可以是多种多样的。例如，某设备的出厂日期是2009年11月15日，也可以表示为09/11/15，其实都是一样的。

信息是指数据经过加工处理后所得到的有用知识。信息是以某种数据形式表现的。

信息和数据是两个既有联系，又有区别的概念。数据是信息的符号表示，信息是数据的内在反映。同一信息可以有不同的数据表示形式，而同一数据也可能有不同的解释。

数据的概念在数据处理领域中已经被极大地拓宽了，既包括数字、字母、文字和一些特殊字符组成的文本形式的数据，也包括图形、图像、声音、动画等多媒体形式的数据。

### 1.1.2　数据处理

数据处理就是将数据转换为信息的过程。数据处理的内容主要包括数据的收集、整理、存储、加工、分类、维护、排序、检索和传输等一系列活动的总和。数据处理的目的是从大量的数据中，根据数据自身的规律及其相互联系，通过分析、归纳、推理等科学方法，利用计算机技术、数据库技术等技术手段，提取有效的信息资源，为进一步分析、管理、决策提供依据。

信息处理的意义是为获得信息而处理数据。这样看来，数据与信息处理本质上是一致的，都是通过处理数据来获得信息，通过分析和筛选信息来进行决策。

数据处理的核心问题是数据管理。数据管理是指数据的收集、整理、组织、存储、维护、检索和传输等各种操作，是数据处理的基本环节。

### 1.1.3 数据管理技术的发展

伴随着计算机技术的不断发展，数据管理及时地应用了这一先进的技术手段，使数据管理的效率和深度大大提高，也促使数据处理和数据管理的技术得到了很大的发展，其发展过程大致经历了人工管理、文件管理、数据库管理3个阶段。

**1. 人工管理阶段**

早期的计算机主要用于科学计算，计算机处理的数据量很小，基本上不存在数据管理的问题。从20世纪50年代初开始，人们开始将计算机应用于数据处理。当时的计算机没有专门管理数据的软件，也没有像磁盘这样可随机存取的外部存储设备，对数据的管理没有一定的格式，数据依附于处理它的应用程序，使数据和应用程序一一对应，互为依赖。

由于数据与应用程序的对应、依赖关系，应用程序中的数据无法被其他程序利用，程序与程序之间存在着大量重复数据，称为数据冗余；同时，由于数据是对应某一应用程序的，使得数据的独立性很差，如果数据的类型、结构、存取方式或输入输出方式发生变化，处理它的程序必须相应改变，数据结构性差，而且数据不能长期保存。

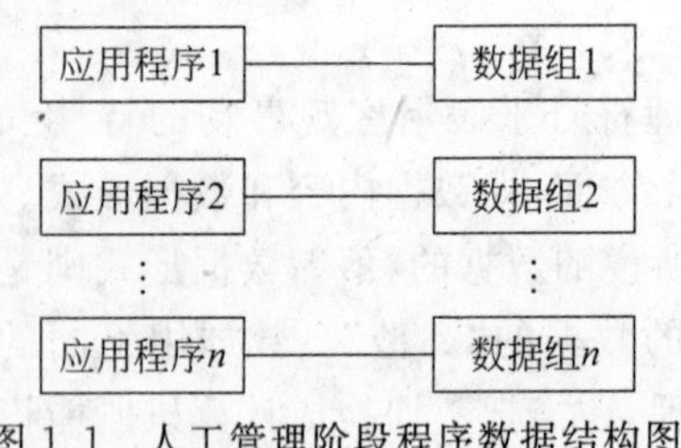

图1.1 人工管理阶段程序数据结构图

在人工管理阶段，应用程序与数据之间的关系如图1.1所示。

**2. 文件管理阶段**

从20世纪50年代后期开始至60年代末为文件管理阶段，应用程序通过专门管理数据的软件即文件管理系统来使用数据。由于计算机存储技术的发展和操作系统的出现，计算机硬件已经具有可直接存取的磁盘、磁带及磁鼓等外部存储设备，软件则出现了高级语言和操作系统，而操作系统的一项主要功能是文件管理，因此，数据处理应用程序利用操作系统的文件管理功能，将相关数据按一定的规则构成文件，通过文件系统对文件中的数据进行存取、管理，实现数据的文件管理方式。

在文件管理阶段，文件系统为程序与数据之间提供了一个公共接口，使应用程序采用统一的存取方法来存取、操作数据，程序与数据之间不再是直接的对应关系，因而程序和数据有了一定的独立性。但文件系统只是简单地存放数据，数据的存取在很大程度上仍依赖于应用程序，不同程序难于共享同一数据文件，数据独立性较差。此外，由于文件系统没有一个相应的模型约束数据的存储，因而仍有较高的数据冗余，这又极易造成数据的不一致性。

在文件管理阶段，应用程序与数据之间的关系如图 1.2 所示。

**3. 数据库管理阶段**

数据库管理阶段是 20 世纪 60 年代末在文件管理基础上发展起来的。随着计算机系统性价比的持续提高，软件技术的不断发展，人们克服了文件系统的不足，开发了一类新的数据管理软件——数据库管理系统(DataBase Management System，DBMS)，运用数据库技术进行数据管理，将数据管理技术推向了数据库管理阶段。

数据库技术使数据有了统一的结构，对所有的数据实行统一、集中、独立的管理，以实现数据的共享，保证数据的完整性和安全性，提高了数据管理效率。数据库也是以文件方式存储数据的，但它是数据的一种高级组织形式。在应用程序和数据库之间，由数据库管理软件 DBMS 把所有应用程序中使用的相关数据汇集起来，按统一的数据模型，以记录为单位存储在数据库中，为各个应用程序提供方便、快捷的查询、使用功能。

数据库系统与文件系统的区别是：数据库中数据的存储是按同一结构进行的，不同的应用程序都可直接操作使用这些数据，应用程序与数据间保持高度的独立性；数据库系统提供一套有效的管理手段，保持数据的完整性、一致性和安全性，使数据具有充分的共享性；数据库系统还为用户管理、控制数据的操作提供了功能强大的操作命令，使用户能够直接使用命令或将命令嵌入应用程序中，简单方便地实现数据库的管理、控制和操作。

在数据库管理阶段，应用程序与数据之间的关系如图 1.3 所示。

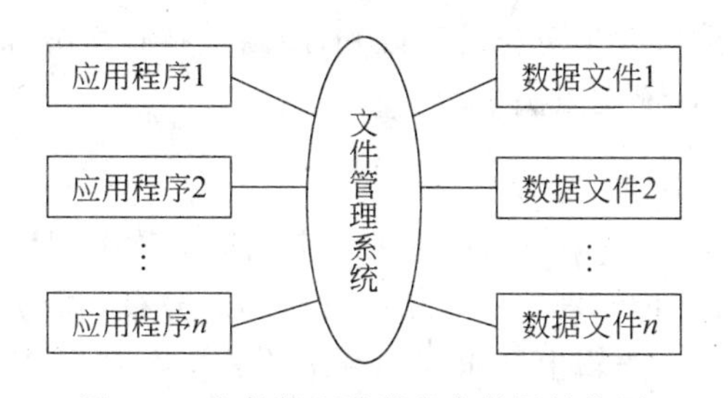


图 1.2　文件管理阶段程序数据结构图

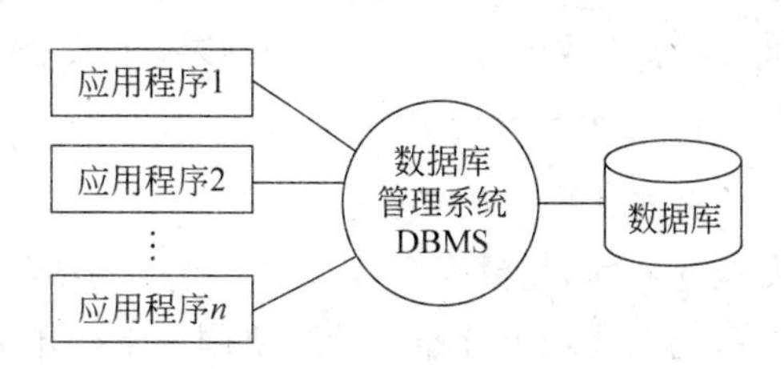


图 1.3　数据库管理阶段程序数据结构图

### 1.1.4　数据库技术的发展

数据库技术萌芽于 20 世纪 60 年代中期，到 60 年代末 70 年代初出现了 3 个事件，标志着数据库技术日趋成熟，并有了坚实的理论基础。

(1) 1969 年 IBM 公司研制、开发了数据库管理系统商品化软件 IMS(Information Management System)，IMS 的数据模型是层次结构的。

(2) 美国数据系统语言协会 CODASYL(Conference On Data System Language)下属的数据库任务组 DBTG(Database Task Group)对数据库方法进行系统的讨论、研究，提出了若干报告，称为 DBTG 报告。DBTG 报告确定并且建立了数据库系统的许多概念、方法和技术。DBTG 所提议的方法是基于网状结构的，它是网状模型的基础和典型代表。

(3) 1970年IBM公司San Jose研究实验室的研究员E. F. Codd发表了著名的"大型共享系统的关系数据库的关系模型"论文,为关系数据库技术奠定了理论基础。

20世纪80年代开始,几乎所有新开发的数据库系统都是关系数据库系统,随着微型计算机的出现与迅速普及,运行于微型计算机的关系数据库系统也越来越丰富,性能越来越好,功能越来越强,应用遍及各个领域,为人类迈入信息时代起到了推波助澜的作用。

### 1.1.5 数据库新技术

数据库技术发展之快、应用之广是计算机科学其他领域技术无可比拟的。随着数据库应用领域的不断扩大和信息量的急剧增长,占主导地位的关系数据库系统已不能满足新的应用领域的需求,如CAD(Computer Aided Design,计算机辅助设计)/CAM(Computer Aided Manufacturing,计算机辅助制造)、CIMS(Computer Integrated Manufacturing System,计算机集成制造系统)、CASE(Computer Aided Software Engineering,计算机辅助软件工程)、OA(Office Automation,办公自动化)、GIS(Geographic Information System,地理信息系统)、MIS(Management Information System,管理信息系统)、KBS(Knowledge Base System,知识库系统)等,都需要数据库新技术的支持。这些新应用领域的特点是:存储和处理的对象复杂,对象间的联系具有复杂的语义信息;需要复杂的数据类型支持,包括抽象数据类型、无结构的超长数据、时间和版本数据等;需要常驻内存的对象管理以及支持对大量对象的存取和计算;支持长事务和嵌套事务的处理。这些需求是传统关系数据库系统难以满足的。

**1. 分布式数据库**

分布式数据库系统(Distributed Database System,DDBS)是在集中式数据库基础上发展起来的,是数据库技术与计算机网络技术、分布处理技术相结合的产物。分布式数据库系统是地理上分布在计算机网络上的不同结点,逻辑上属于同一系统的数据库系统,能支持全局应用,同时存取两个或两个以上结点的数据。

分布式数据库系统的主要特点如下。

(1) 数据是分布的。数据库中的数据分布在计算机网络的不同结点上,而不是集中在一个结点上,区别于数据存放在服务器上由各用户共享的网络数据库系统。

(2) 数据是逻辑相关的。分布在不同结点的数据,逻辑上属于同一个数据库系统,数据间存在相互关联,区别于由计算机网络连接的多个独立的数据库系统。

(3) 结点的自治性。每个结点都有自己的计算机软、硬件资源,数据库,数据库管理系统(即Local Database Management System,LDBMS,局部数据库管理系统),因而能够独立地管理局部数据库。

**2. 面向对象数据库**

面向对象数据库系统(Object-Oriented Database System,OODBS)是将面向对象的模型、方法和机制与先进的数据库技术有机地结合起来而形成的新型数据库系统。它从关系模型中脱离出来，强调在数据库中应用类、对象，以及它们的继承性、封装性和多态性等。它的基本设计思想是，一方面把面向对象语言向数据库方向扩展，使应用程序能够存取并处理对象；另一方面扩展数据库系统，使其具有面向对象的特征，提供一种综合的语义数据建模概念集，以便对现实世界中复杂应用的实体和联系建模。因此，面向对象数据库系统首先是一个数据库系统，具备数据库系统的基本功能；其次是一个面向对象的系统，是针对面向对象的程序设计语言的永久性对象存储管理而设计的，充分支持完整的面向对象概念和机制。

**3. 多媒体数据库**

多媒体数据库系统（Multi-media Database System，MDBS）是数据库技术与多媒体技术相结合的产物。在许多数据库应用领域中，都涉及大量的多媒体数据，这些与传统的数字、字符等格式化数据有很大的不同，都是一些结构复杂的对象。

（1）数据量大。格式化数据的数据量小，而多媒体数据的数据量一般都很大，1min的视频和音频数据就需要几十兆字节的数据空间。

（2）结构复杂。传统的数据以记录为单位，一个记录由多个字段组成，结构简单，而多媒体数据种类繁多、结构复杂，大多是非结构化数据，来源于不同的媒体且具有不同的形式和格式。

（3）时序性。文字、声音或图像组成的复杂对象需要有一定的同步机制，如一幅画面的配音或文字需要同步，既不能超前也不能滞后，而传统数据无此要求。

（4）数据传输的连续性。多媒体数据如声音或视频数据的传输必须是连续、稳定的，不能间断，否则会出现失真而影响效果。

从实际应用的角度考虑，多媒体数据库管理系统（MDBMS）应具有如下基本功能。

（1）能够有效地表示多种媒体数据，对于不同媒体的数据如文本、图形、图像、声音等能够按应用的不同，采用不同的表示方法。

（2）能够处理各种媒体数据，正确识别和表现各种媒体数据的特征，各种媒体间的空间或时间关联。

（3）能够像对其他格式化数据一样对多媒体数据进行操作，如声音的合成、图像的缩放等，还包括对多媒体数据的浏览、查询。

（4）具有开放功能，提供多媒体数据库的应用程序接口等。

**4. 数据仓库**

随着信息技术的高速发展，数据和数据库在急剧增长，数据库应用的规模、范围和深度不断扩大，一般的事务处理已不能满足应用的需要，企业界需要大量的信息进行决策支持（Decision Support，DS），数据仓库（Data Warehousing，DW）技术的兴起满足了这一需求。数据仓库作为决策支持系统（Decision Support System，DSS）的有效解决方案，涉及3方面的技术内容：数据仓库技术、联机分析处理（On-Line Analysis Processing，OLAP）技术和数据挖掘（Data Mining，DM）技术。

## 1.2 数据库系统

### 1.2.1 数据库系统的组成

数据库应用系统简称为数据库系统(DataBase System,DBS),是一个计算机应用系统。它由计算机硬件、数据库管理系统、数据库、应用程序和数据库用户几个部分组成。

**1. 计算机硬件**

计算机硬件(Hardware)是数据库系统赖以存在的物质基础,是存储数据库及运行数据库管理系统 DBMS 的硬件资源,主要包括主机、存储设备、I/O 通道等。大型数据库系统一般都建立在计算机网络环境下。

为使数据库系统获得较满意的运行效果,计算机的 CPU、内存、磁盘、I/O 通道等应采用较高的配置。

**2. 数据库管理系统**

数据库管理系统是指负责数据库存取、维护、管理的系统软件。DBMS 提供对数据库中数据资源进行统一管理和控制的功能,将用户应用程序与数据库数据相互隔离。它是数据库系统的核心,其功能的强弱是衡量数据库系统性能优劣的主要指标。

DBMS 必须运行在相应的系统平台上,在操作系统和相关的系统软件支持下,才能有效地运行。

**3. 数据库**

数据库(DataBase,DB)是指数据库系统中以一定组织方式将相关数据组织在一起,存储在外部存储设备上所形成的、能为多个用户共享的、与应用程序相互独立的相关数据集合。数据库中的数据也是以文件的形式存储在存储介质上的,它是数据库系统操作的对象和结果。数据库中的数据具有集中性和共享性。所谓集中性是指把数据库看成性质不同的数据文件的集合,其中的数据冗余很小。所谓共享性是指多个不同用户使用不同语言,为了不同应用目的可同时存取数据库中的数据。

数据库中的数据由 DBMS 进行统一管理和控制,用户对数据库进行的各种数据操作都是通过 DBMS 实现的。

**4. 应用程序**

应用程序(Application)是在 DBMS 的基础上,由用户根据应用的实际需要所开发的、处理特定业务的程序。应用程序的操作范围通常仅是数据库的一个子集,也即用户所需的那部分数据。

**5. 数据库用户**

数据库用户(User)是指管理、开发、使用数据库系统的所有人员,通常包括数据库管理员、应用程序员和终端用户。数据库管理员(DataBase Administrator,DBA)负责管理、监督、维护数据库系统的正常运行;应用程序员(Application Programmer)负责分析、设计、开发、维护数据库系统中运行的各类应用程序;终端用户(End-User)是在 DBMS 与应用程序支持下,操作使用数据库系统的普通用户。不同规模的数据库系统,用户的人员配置可以根据实际情况有所不同,大多数用户都属于终端用户,在小型数据库系统中,特别是在微型计算机上运行的数据库系统中,通常 DBA 就由终端用户担任。

### 1.2.2 数据库系统体系结构

为了有效地组织、管理数据,提高数据库的逻辑独立性和物理独立性,人们为数据库设计了一个严谨的体系结构,包括 3 个模式(外模式、模式和内模式)和两个映射(外模式/模式映射和模式/内模式映射)。美国 ANSI/X3/SPARC 的数据库管理系统研究小组于 1975 年、1978 年提出了标准化的建议,将数据库结构分为三级：面向用户或应用程序员的用户级;面向建立和维护数据库人员的概念级;面向系统程序员的物理级。用户级对应外模式,概念级对应模式,物理级对应内模式,使不同级别的用户对数据库形成不同的视图。所谓视图,就是指观察、认识和理解数据的范围、角度和方法,简言之,视图就是数据库在用户"眼中"的反映,很显然,不同层次(级别)用户所"看到"的数据库是不相同的。数据库系统的体系结构如图 1.4 所示。

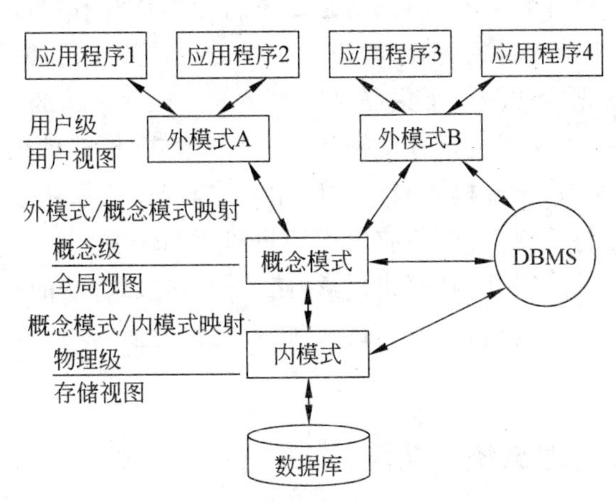


图 1.4 数据库系统的体系结构图

#### 1. 模式

模式又称为概念模式或逻辑模式,对应于概念级。它是由数据库设计者综合所有用户的数据,按照统一的观点构造的全局逻辑结构,是对数据库中全部数据的逻辑结构和特征的总体描述,是所有用户的公共数据视图(全局视图)。它是由数据库系统提供的数据描述语言(Data Description Language,DDL)来描述、定义的,体现和反映了数据库系统的整体观。

#### 2. 外模式

外模式又称为子模式,对应于用户级。它是某个或某几个用户所看到的数据库的数据视图,是与某一应用有关的数据的逻辑表示。外模式是从模式导出的一个子集,包含模式中允许特定用户使用的那部分数据。用户可以通过外模式描述语言(外模式 DLL)来描述、定义对应于用户的数据记录(外模式),也可以利用数据操纵语言(Data Manipulation Language,DML)对这些数据记录进行操作。外模式反映了数据库的用户观。

**3. 内模式**

内模式又称为存储模式,对应于物理级。它是数据库中全体数据的内部表示或底层描述,是数据库最低一级的逻辑描述,它描述了数据在存储介质上的存储方式和物理结构,对应着实际存储在外存储介质上的数据库。内模式由内模式描述语言(内模式DLL)来描述、定义,反映了数据库的存储观。

在一个数据库系统中,只有唯一的数据库,因而作为定义、描述数据库存储结构的内模式和定义、描述数据库逻辑结构的模式,也是唯一的,但建立在数据库系统之上的应用则是非常广泛、多样的,所以对应的外模式不是唯一的,也不可能唯一。

**4. 三级模式间的映射**

数据库系统的三级模式是数据在3个级别(层次)上的抽象,使用户能够逻辑地、抽象地处理数据而不必关心数据在计算机中的物理表示和存储。实际上,对于一个数据库系统而言,只有物理级数据库是客观存在的,它是进行数据库操作的基础,概念级数据库中不过是物理数据库的一种逻辑的、抽象的描述(即模式),用户级数据库则是用户与数据库的接口,它是概念级数据库的一个子集(外模式)。

用户应用程序根据外模式进行数据操作,通过外模式/模式映射,定义和建立某个外模式与模式间的对应关系,将外模式与模式联系起来,当模式发生改变时,只要改变其映射,就可以使外模式保持不变,对应的应用程序也可保持不变;另一方面,通过模式/内模式映射,定义建立数据的逻辑结构(模式)与存储结构(内模式)间的对应关系,当数据的存储结构发生变化时,只需改变模式/内模式映射,就能保持模式不变,因此应用程序也可以保持不变。

### 1.2.3 数据库管理系统的功能

作为数据库系统核心软件的数据库管理系统(DBMS),通过三级模式间的映射转换,为用户完成数据库的建立、使用、维护操作,因此,DBMS必须具备相应的功能。它主要包括如下功能。

**1. 数据库定义(描述)功能**

DBMS为数据库的建立提供了数据定义(描述)语言(DDL)。用户使用DDL定义数据库的子模式(外模式)、模式和内模式,以定义和刻画数据库的逻辑结构,正确描述数据之间的联系,DBMS根据这些数据定义,从物理记录导出全局逻辑记录,再从全局逻辑记录导出应用程序所需的数据记录。

**2. 数据库操纵功能**

DBMS提供数据操纵语言(DML)实现对数据库的检索、插入、修改、删除等基本操作。DML通常分为两类:一类是嵌入主语言中的,如嵌入C、COBOL等词组语言中,这类 DML 一般本身不能独立使用，称之为宿主型语言；另一类是交互式命令语言，它语法简单，可独立使用，称之为自含型语言。目前 DBMS 广泛采用的就是可独立使用的自含型语言，为用户或应用程序员提供操作和使用数据库的语言工具。Visual FoxPro 6.0 提供的是自含型语言。

**3. 数据库管理功能**

DBMS 提供了对数据库的建立、更新、重编、结构维护、恢复及性能监测等管理功能。数据库管理是 DBMS 运行的核心部分，主要包括两方面的功能：系统建立与维护功能和系统运行控制功能，分别通过相应的控制程序完成有关功能，包括系统总控、存取控制（即存取权限检查）、并发控制、数据库完整性控制、数据访问、数据装入、性能监测、系统恢复等。所有数据库的操作都要在这些控制程序的统一管理下进行，以保证操作的正确执行，保证数据库的正确有效。

**4. 通信功能**

DBMS 提供了数据库与操作系统 OS 的联机处理接口，以及与远程作业输入的接口。

另外，作为用户与数据库的接口，用户可以通过交互式和应用程序方式使用数据库。交互式直观明了、使用简单，通常借助于 DBMS 的 DML 对数据库中的数据进行操作；应用程序方式则是用户或应用程序员依据外模式（子模式）编写应用程序模块，实现对数据库中数据的各种操作。DBMS 的功能随不同系统而有所不同，大型系统的功能较强、较全，而小型系统的功能则较弱。如目前运行于微型计算机上的许多 DBMS 就不具备存取控制功能，对数据库操作的权限管理很弱或者没有，而在网络环境下运行的 DBMS 则具有存取控制以及并发控制功能。

### 1.2.4 数据库系统的特点

数据库系统的出现是计算机数据处理技术的重大进步，它具有以下特点。

**1. 数据共享**

数据共享是指多个用户可以同时存取数据而不相互影响，数据共享包括以下 3 个方面：所有用户可以同时存取数据；数据库不仅可以为当前的用户服务，也可以为将来的新用户服务；可以使用多种语言实现与数据库的接口。

**2. 减少数据冗余**

数据冗余就是数据重复，数据冗余既浪费存储空间，又容易产生数据的不一致。在非数据库系统中，由于每个应用程序都有自己的数据文件，所以数据存在着大量的重复。

数据库从全局观念来组织和存储数据，数据已经根据特定的数据模型结构化，在数据库中用户的逻辑数据文件和具体的物理数据文件不必一一对应，从而有效地节省了存储资源，减少了数据冗余，增强了数据的一致性。

**3. 具有较高的数据独立性**

所谓数据独立是指数据与应用程序之间的彼此独立，它们之间不存在相互依赖的关系。应用程序不必随数据存储结构的改变而变动，这是数据库一个最基本的优点。

在数据库系统中，数据库管理系统通过映像，实现了应用程序对数据的逻辑结构与物理存储结构之间较高的独立性。数据库的数据独立包括两个方面。

(1) 物理数据独立：数据的存储格式和组织方法改变时，不影响数据库的逻辑结构，从而不影响应用程序。

(2) 逻辑数据独立：数据库逻辑结构的变化(如数据定义的修改、数据间联系的变更等)不影响用户的应用程序。

数据独立提高了数据处理系统的稳定性，从而提高了程序运行的效益。

**4. 增强了数据安全性和完整性保护**

数据库加入了安全保密机制，可以防止对数据的非法存取。由于实行集中控制，有利于控制数据的完整性。数据库系统采取了并发访问控制，保证了数据的正确性。另外，数据库系统还采取了一系列措施，实现了对数据库破坏的恢复。

### 1.2.5 现实世界的数据描述

现实世界是存在于人脑之外的客观世界，是数据库系统操作处理的对象。要用数据来描述、解释现实世界，运用数据库技术表示、处理客观事物及其相互关系，则需要采取相应的方法和手段，进而实现最终的操作处理。

计算机信息处理的对象是现实生活中的客观事物，在对客观事物进行处理的过程中，首先要经历了解、熟悉的过程，通过观测抽象出大量描述客观事物的信息，再对这些信息进行整理、分类和规范，进而将规范化的信息数据化，最终由数据库系统进行存储、处理。在这一过程中，涉及3个层次，经历了两次抽象和转换。

客观事物是信息之源，是设计、建立数据库的出发点，也是使用数据库的最后归宿。概念模型和数据模型是对客观事物及其相互联系的两种抽象描述，实现了信息处理3个层次间的对应转换，而数据模型是数据库系统的核心和基础。

**1. 信息处理的3个层次**

(1) 现实世界。现实世界就是存在于人脑之外的客观世界，客观事物及其相互联系就处于现实世界中。客观事物可以用对象和性质来描述。

(2) 信息世界。信息世界就是现实世界在人们头脑中的反映，又称为观念世界。客观事物在信息世界中称为实体，反映事物间联系的是实体模型或概念模型。现实世界是物质的，相对而言信息世界是抽象的。

(3) 数据世界。数据世界就是信息世界中的信息数据化后对应的产物。现实世界中的客观事物及其联系在数据世界中用数据模型来描述。相对于信息世界，数据世界是量化的、物化的。

**2. 实体**

客观事物在信息世界中称为实体(Entity)，它是现实世界中任何可区分、识别的事物。实体可以是具体的人或物，也可以是抽象的概念。

(1) 属性。实体具有许多特性，实体所具有的特性称为属性(Attribute)。一个实体可用若干属性来刻画。每个属性都有特定的取值范围，即值域（Domain），值域的类型可以是整数型、实数型、字符型等。

（2）实体型和实体值。实体型就是实体的结构描述，通常是实体名和属性名的集合。具有相同属性的实体有相同的实体型。

（3）属性型和属性值。与实体型和实体值相似，实体的属性也有型与值之分。属性型就是属性名及其取值类型，属性值就是属性在其值域中所取的具体值。

（4）实体集。性质相同的同类实体的集合称为实体集。如一个班的学生。

**3. 实体联系**

建立实体模型的一个主要任务就是要确定实体之间的联系。常见的实体联系有3种：一对一联系、一对多联系和多对多联系，如图1.5所示。

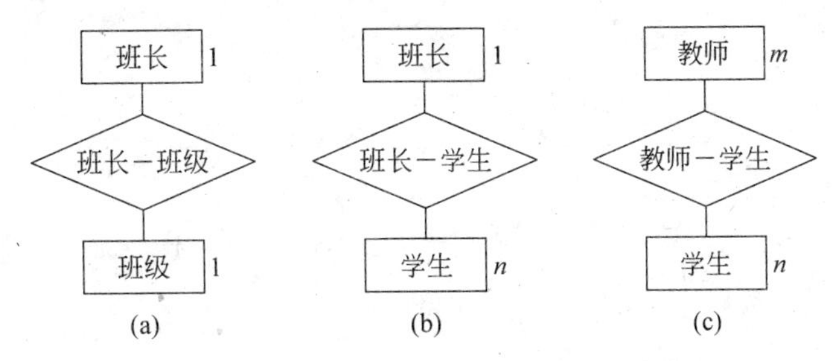


图1.5　3种实体联系

（1）一对一联系（1∶1）。若在两个不同型实体集中，一方的一个实体只与另一方的一个实体相对应，称这种联系为一对一联系。如班长与班级的联系，一个班级只有一个班长，一个班长对应一个班级。

（2）一对多联系（1∶$n$）。若在两个不同型实体集中，一方的一个实体对应另一方的若干个实体，而另一方的一个实体只对应本方一个实体，称这种联系为一对多联系。如班长与学生的联系，一个班长对应多个学生，而本班每个学生只对应一个班长。

（3）多对多联系（$m$∶$n$）。若在两个不同型实体集中，两实体集中的任一实体均与另一实体集中的若干个实体对应，称这种联系为多对多联系。如教师与学生的联系，一位教师为多个学生授课，每个学生也有多位任课教师。

**4. 实体模型**

实体模型又称为概念模型，它是反映实体之间联系的模型。数据库设计的重要任务就是建立实体模型，对概念数据库进行具体描述。在建立实体模型时，实体要逐一命名以示区别，并描述它们之间的各种联系。实体模型只是将现实世界的客观对象抽象为某种信息结构，这种信息结构并不依赖于具体的计算机系统，而对应于数据世界的模型则由数据模型描述，数据模型是数据库中实体之间联系的抽象描述，即数据结构。数据模型不同，描述和实现方法也不同，相应的支持软件即数据库管理系统DBMS也不同。

### 1.2.6　数据模型

数据模型是指数据库中数据与数据之间的关系。

数据模型是数据库系统中的一个关键概念，数据模型不同，相应的数据库系统就完全不同，任何一个数据库管理系统都是基于某种数据模型的。数据库管理系统常用的数据模型有下列3种。

**1. 层次模型**

用树状结构表示数据及其联系的数据模型称为层次模型(Hierarchical Model)。

树由结点和连线组成，结点表示数据集，连线表示数据之间的联系，树状结构只能表示一对多联系。通常将表示“一”的数据放在上方，称为父结点；而表示“多”的数据放在下方，称为子结点。树的最高位置只有一个结点，称为根结点。根结点以外的其他结点都有一个父结点与它相连，同时可能有一个或多个子结点与它相连。没有子结点的结点称为叶结点，它处于分支的末端，如图1.6所示。

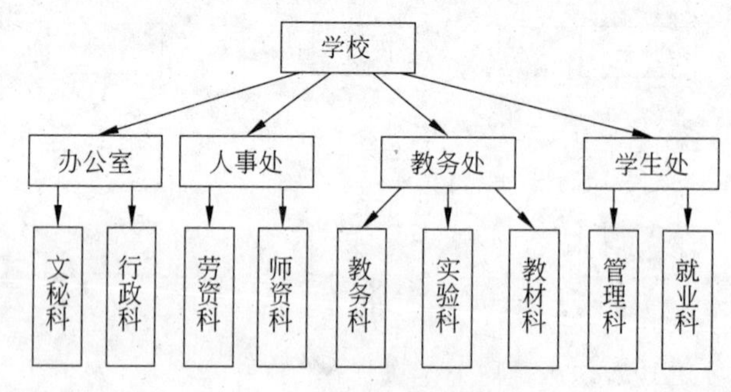


图1.6 层次模型示意图

层次模型的基本特点如下。

(1) 有且仅有一个结点无父结点，称其为根结点。

(2) 其他结点有且只有一个父结点。

支持层次数据模型的DBMS称为层次数据库管理系统，在这种系统中建立的数据库是层次数据库。使用层次模型可以直接方便地表示一对一联系和一对多联系，但不能直接表示多对多联系。

**2. 网状模型**

用网络结构表示数据及其联系的数据模型称为网状模型(Network Model)。网状模型是层次模型的拓展，网状模型的结点间可以任意发生联系，能够表示各种复杂的联系，如图1.7所示。

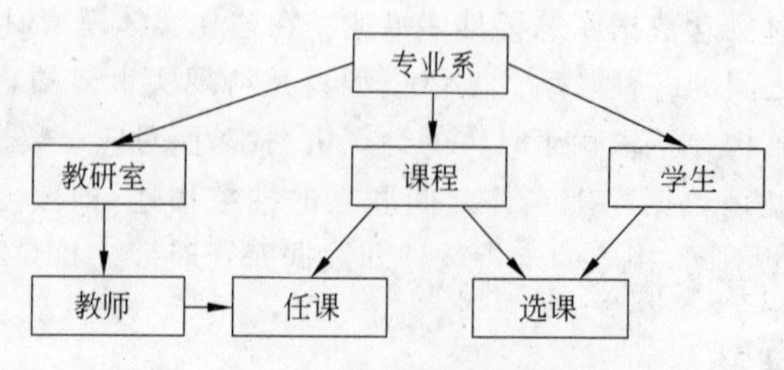


图1.7 网状模型示意图

网状模型的基本特点：

(1) 一个以上结点无父结点。

(2) 至少有一结点有多于一个的父结点。

网状模型和层次模型在本质上是一样的，从逻辑上看，它们都用结点表示数据，用连线表示数据间的联系，从物理上看，层次模型和网状模型都是用指针来实现两个文件之间的联系的。层次模型是网状模型的特殊形式，网状模型是层次模型的一般形式。

支持网状模型的DBMS称为网状数据库管理系统，在这种系统中建立的数据库是网状数据库。网状结构可以直接表示多对多联系，这也是网状模型的主要优点。

**3. 关系模型**

人们习惯用表的形式表示一组相关的数据，既简单又直观，如表1.1所示的就是一张学生情况表。这种由行与列构成的二维表在数据库理论中称为关系，用关系表示的数据模型称为关系模型(Relational Model)。在关系模型中，实体和实体间的联系都是用关系表示的，也就是说，二维表中既存放着实体本身的数据，又存放着实体间的联系。关系不但可以表示实体间一对多的联系，通过建立关系间的关联，也可以表示多对多的联系。

表1.1 学生情况表

| 学 号 | 姓名 | 性别 | 出生日期 | 身份证号 | 家庭住址 | 电话号码 | 是否团员 |
|---|---|---|---|---|---|---|---|
| 0100901001 | 王红 | 女 | 01/11/80 | 130102198001111234 | 石家庄 | 0311-6890123 | T |
| 0100901002 | 李鹏 | 男 | 12/02/81 | 130702198112021248 | 张家口 | 0313-2091233 | T |
| 0100901003 | 李小明 | 男 | 08/24/81 | 130684198108244671 | 保定 | 0312-2879086 | T |
| 0100901004 | 金叶 | 女 | 12/08/80 | 130684198012084731 | 天津 | 022-12489087 | F |
| 0100901005 | 张大军 | 男 | 09/12/80 | 130903198009123562 | 沧州 | 0319-2348987 | F |
| 0100901006 | 沈梅 | 女 | 03/24/81 | 130702198103245682 | 张家口 | 0313-2090876 | T |
| 0100901007 | 王小强 | 男 | 07/11/82 | 130623198207112675 | 廊坊 | 0316-2073456 | F |
| 0100901008 | 刘志明 | 男 | 05/16/80 | 130823198005162378 | 衡水 | 0318-4037896 | T |
| 0100901009 | 董海燕 | 女 | 10/18/81 | 130583198110184963 | 唐山 | 0315-6033688 | T |
| 0100901010 | 郑亮 | 男 | 03/18/80 | 130683198003186753 | 保定 | 0312-2883678 | F |

关系模型是建立在关系代数基础上的，因而具有坚实的理论基础。与层次模型和网状模型相比，具有数据结构单一、理论严密、使用方便、易学易用的特点，因此，目前绝大多数数据库系统都采用关系数据模型，关系模型已成为数据库应用的主流。

Visual FoxPro是一种典型的关系型数据库管理系统。

## 1.3 关系数据库系统

### 1.3.1 关系的基本概念及其特点

**1. 关系的基本概念**

(1) 关系。一个关系就是一张二维表，通常将一个没有重复行、重复列的二维表看成一个关系，每个关系都有一个关系名。例如，表 1.1 所示的学生情况表和表 1.2 所示的教师情况表就代表两个关系，“学生情况表”及“教师情况表”则为各自的关系名。

表 1.2 教师情况表

| 教师号 | 姓 名 | 性 别 | 身份证号 | 职 称 |
|---|---|---|---|---|
| 01001 | 王利国 | 男 | 110702680112151 | 实验师 |
| 00002 | 肖建斌 | 男 | 132536651201181 | 副教授 |
| 00003 | 李树华 | 女 | 130702570612102 | 教授 |
| 00004 | 徐克 | 男 | 105030640512113 | 讲师 |
| 01005 | 刘建新 | 男 | 230504730815021 | 讲师 |
| 01003 | 耿静 | 女 | 203502198002201502 | 助教 |

在 Visual FoxPro 中，一个关系对应于一个表文件，简称为表，关系名则对应于表文件名或表名。

(2) 元组。二维表的每一行在关系中称为元组。

在 Visual FoxPro 中，一个元组对应表中的一条记录。

(3) 属性。二维表的每一列在关系中称为属性，每个属性都有一个属性名，属性值则是各个元组属性的取值。

在 Visual FoxPro 中，一个属性对应表中的一个字段，属性名对应字段名，属性值对应于各个记录的字段值。

(4) 域。属性的取值范围称为域。域作为属性值的集合，其类型与范围由属性的性质及其所表示的意义确定。同一属性只能在相同域中取值。

(5) 关键字。关系中能唯一区分、确定不同元组的属性或属性组合称为该关系的一个关键字。单个属性组成的关键字称为单关键字，多个属性组合的关键字称为组合关键字。需要强调的是，关键字的属性值不能取“空值”，所谓空值就是“不知道”或“不确定”的值，因而无法唯一地区分、确定元组。

表 1.1 中的“学号”及“身份证号”属性可以作为单关键字，因为学号和身份证号不允许相同。而“姓名”及“出生日期”则不能作为关键字，因为考生的姓名和出生日期可能相同。如果所有同名考生的出生日期不同，则可将“姓名”和“出生日期”组合成为组合关键字。

(6) 候选关键字。关系中能够成为关键字的属性或属性组合可能不是唯一的。凡在关系中能够唯一区分、确定不同元组的属性或属性组合称为候选关键字。如表 1.1 中的“学号”和“身份证号”属性都是候选关键字。

(7) 主关键字。在候选关键字中选定一个作为关键字，称为该关系的主关键字。关系中的主关键字是唯一的。

(8) 外部关键字。关系中的某个属性或属性组合并非关键字，但却是另一个关系的主关键字，称此属性或属性组合为本关系的外部关键字。关系之间的联系是通过外部关键字实现的。

(9) 关系模式。对关系的描述称为关系模式，其格式为：

关系名(属性名 1, 属性名 2, …, 属性名 n)

关系既可以用二维表描述,也可以用数学形式的关系模式来描述。一个关系模式对应一个关系的数据结构,也就是表的数据结构。

如表 1.1 对应的关系,其关系模式可以表示为:

学生情况表(学号,姓名,性别,出生日期,身份证号,家庭住址,电话号码,是否团员)

其中,“学生情况表”为关系名,括号中各项为该关系所有的属性名。

**2. 关系的基本特点**

在关系模型中,关系具有以下基本特点。

(1) 关系必须规范化,属性不可再分割。规范化是指关系模型中的每个关系模式都必须满足一定的要求,最基本的要求是关系必须是一张二维表,每个属性值必须是不可分割的最小数据单元,即表中不能再包含表。

(2) 在同一关系中不允许出现相同的属性名。

(3) 在同一关系中元组及属性的顺序可以任意。

(4) 任意交换两个元组(或属性)的位置,不会改变关系模式。

以上是关系的基本性质,也是衡量一个二维表是否构成关系的基本要素。在这些基本要素中,有一点是关键,即属性不可再分割,也即表中不能套表。

**3. 关系模型的主要优点**

(1) 数据结构单一。在关系模型中,不管是实体还是实体之间的联系,都用关系来表示,而关系都对应一张二维数据表,数据结构简单、清晰。

(2) 关系规范化,并建立在严格的理论基础上。关系中的每个属性不可再分割,构成关系的基本规范。同时关系是建立在严格的数学概念基础上的,具有坚实的理论基础。

(3) 概念简单,操作方便。关系模型最大的优点就是简单,用户容易理解和掌握,一个关系就是一张二维表,用户只需用简单的查询语言就能对数据库进行操作。

### 1.3.2 关系数据库

基于关系模型建立的数据库就是关系数据库(Relational Database,RDB),关系数据库系统的 DBMS 是关系数据库管理系统(Relational Database Management System, RDBMS)。

关系数据库中包含若干个关系,每个关系都由关系模式确定,每个关系模式包含若干个属性和属性对应的域,所以定义关系数据库就是逐一定义关系模式,对每一个关系模式逐一定义属性及其对应的域。

一个关系就是一张二维表,表由表结构与数据构成,表的结构对应关系模式,表的每一列对应关系模式的一个属性,该列的数据类型和取值范围就是该属性的域。因此,在 Visual FoxPro 系统中,与关系数据库对应的是数据库文件,一个数据库文件包含若干个表,表由表结构与若干条数据记录组成,表结构对应关系模式;每个记录由若干个字段构成,字段对应关系模式的属性,字段的数据类型和取值范围对应属性的域。

### 1.3.3 关系运算

在关系数据库中查询用户所需数据时，需要对关系进行一定的关系运算。关系运算主要有选择、投影和联接3种。

**1. 选择**

以逻辑表达式指定选择条件，选择(Selection)运算是从关系中查找符合指定条件元组的操作。选择运算的结果构成关系的一个子集，是关系中的部分元组，其关系模式不变。

选择运算是从二维表中选取若干行的操作，在表中则是选取若干条记录的操作。

在Visual FoxPro中，通过命令子句FOR ＜逻辑表达式＞、WHILE ＜逻辑表达式＞和设置记录过滤器实现选择运算。

**2. 投影**

投影(Projection)运算是从关系中选取若干个属性的操作。投影运算是从关系中选取若干属性形成一个新的关系，其关系模式中属性个数比原关系少，或者排列顺序不同，同时也可能减少某些元组。因为排除了一些属性后，特别是排除了原关系中的关键字属性后，所选属性可能有相同值，出现相同的元组，而在关系中必须排除相同元组，从而有可能减少某些元组。

投影是从二维表中选取若干列的操作，在表中则是选取若干个字段。

因Visual FoxPro允许表中有相同记录，如有必要，只能由用户删除相同记录。

在Visual FoxPro中，通过命令子句FILEDS ＜字段表＞和设置字段过滤器实现投影运算。

**3. 联接**

联接(Join)运算是将两个关系模式的若干属性拼接成一个新的关系模式的操作，在对应的新关系中，包含满足联接条件的所有元组。联接过程是通过联接条件来控制的，联接条件中将出现两个关系中的公共属性名，或者具有相同语义、可比的属性。

联接是将两个二维表中的若干列按同名等值的条件拼接成一个新二维表的操作。在表中则是将两个表的若干字段按指定条件(通常是同名等值)拼接生成一个新的表。

在Visual FoxPro中，联接运算是通过JOIN命令和SELECT-SQL命令来实现的。

### 1.3.4 关系的完整性约束

关系完整性是为了保证数据库中数据的正确性和相容性，对关系模型提出的某种约束条件或规则。完整性通常包括实体完整性、参照完整性和用户定义完整性(又称为域完整性)，其中实体完整性和参照完整性是关系模型必须满足的完整性约束条件。

**1. 实体完整性**

实体完整性是指关系的主关键字，不能取“空值”。

一个关系对应现实世界中的一个实体集，如表1.1所示的关系就对应一组学生的集合。现实世界中的实体是可以相互区分、识别的，也即它们应具有某种唯一性标识。在关系模式中，以主关键字作唯一性标识，而主关键字中的属性(称为主属性)不能取空值。否则，表明关系模式中存在着不可标识的实体(因空值是“不确定”的)，这与现实世界的实际情况相矛盾，这样的实体就不是一个完整的实体。按实体完整性规则要求，主属性不能取空值，如主关键字是多个属性的组合，所有主属性均不得取空值。

如在表 1.1 中将“学号”作为主关键字，那么，该列不得有空值，否则无法对应某个具体的考生，这样的表不完整，对应关系不符合实体完整性规则的约束条件。

**2. 参照完整性**

参照完整性是定义建立关系之间联系的主关键字与外部关键字引用的约束条件。

关系数据库中通常都包含多个存在相互联系的关系，关系与关系之间的联系是通过公共属性来实现的。所谓公共属性是一个关系 R(称为被参照关系或目标关系)的主关键字，同时又是另一个关系 K(称为参照关系)的外部关键字。如果参照关系 K 中外部关键字的取值要么与被参照关系 R 中某元组主关键字的值相同，要么取空值，那么在这两个关系间建立关联的主关键字和外部关键字引用符合参照完整性规则要求。如果参照关系 K 的外部关键字也是其主关键字，根据实体完整性要求，主关键字不得取空值，因此，参照关系 K 外部关键字实际上只能取相应被参照关系 K 中已经存在的主关键字值。表 1.3 和表 1.4 分别对应“课程”关系与“成绩”关系。如果将课程表作为参照关系，成绩表作为被参照关系，以“课程编号”作为两个关系进行关联的属性，则“课程编号”是“课程”关系的主关键字，是“成绩”关系的外部关键字。

**表 1.3　课程表**

| 课程编号 | 课程名称 | 教师号 | 课时 | 授课地点 | 授课时间 |
|---|---|---|---|---|---|
| 20030101 | 大学体育 | 00002 | 24 | 操场 | |
| 20030102 | 英语 | 00003 | 80 | 教学楼 303 | |
| 20030103 | 数据结构 | 01005 | 60 | 多媒体教室 | |
| 20030104 | 组成原理 | 00004 | 60 | 教学楼 301 | |

**表 1.4　成绩表**

| 学　号 | 课程编号 | 课程名称 | 成绩 | 学　号 | 课程编号 | 课程名称 | 成绩 |
|---|---|---|---|---|---|---|---|
| 0100901001 | 20030101 | 大学体育 | 92 | 0100901004 | 20030103 | 数据结构 | 90 |
| 0100901001 | 20030102 | 英语 | 89 | 0100901009 | 20030103 | 数据结构 | 88 |
| 0100901002 | 20030103 | 数据结构 | 78 | 0100901009 | 20030104 | 组成原理 | 70 |
| 0100901002 | 20030104 | 组成原理 | 75 | | | | |

**3. 用户定义完整性**

实体完整性和参照完整性适用于任何关系数据库系统，主要是对关系的主关键字和外部关键字取值必须做出有效的约束。用户定义完整性则是根据应用环境的要求和实际的需要，对某一具体应用所涉及的数据提出约束性条件。这一约束机制一般不应由应用程序提供，而应由关系模型提供定义并检验。用户定义完整性主要包括如下两方面。

(1) 字段有效性约束。

(2) 记录有效性约束。

## 1.4 Visual FoxPro 系统简介

### 1.4.1 FoxPro 的发展简史

20 世纪 70 年代后期,数据库理论的研究已较为成熟。1982 年美国 Ashton-Tate 公司推出了适合 8 位微型计算机的 dBASE Ⅱ 关系数据库管理系统。随着 16 位微型计算机的出现,Ashton-Tate 公司于 1984 年 6 月推出了更新版本 dBASE Ⅲ。

1984 年美国 Fox Software 公司推出了与 dBASE 完全兼容的 FoxBASE,且引入了编译器。1986 年,与 dBASE Ⅲ Plus 兼容的 FoxBASE+推出。1987 年 7 月推出了 FoxBASE+2.0,其最高版本是 1988 年 7 月推出的 FoxBASE+2.1。

1989 年,FoxPro 1.0 正式推出。FoxPro 采用友好的图形界面,引入基于 DOS 环境的窗口技术,用户使用的界面再也不是圆点,而是与圆点提示符下命令等效的菜单系统。

1991 年 7 月 FoxPro 2.0 推出,它面向对象与事件,能充分使用扩展内存,是一个真正的 32 位产品。

1992 年,Fox 软件公司被 Microsoft 软件公司收购后,推出了 FoxPro 2.5。1995 年 9 月,Microsoft 公司推出可视化的 Visual FoxPro 3.0 版本。1998 年推出了 Visual FoxPro 6.0,它是微软公司 1998 年推出的可视化开发套件 Visual Studio 6.0 系统中的一个产品。2001 年推出了又一个新版本 Visual FoxPro 7.0。目前最新的版本是 Visual FoxPro 9.0。

XBASE(dBASE、FoxBASE、FoxPro、Visual FoxPro)系列数据库管理系统在我国具有广泛的应用基础,随着版本的更新,增加、完善了许多功能,开发、应用能力不断提升。本书以中文版 Visual FoxPro 系统为对象,淡化版本概念,系统地介绍数据库的原理、应用和基本操作方法。

### 1.4.2 Visual FoxPro 的特点

Visual FoxPro 具有界面友好、工具丰富、速度较快等优点,并在数据库操作与管理、可视化开发环境、面向对象程序设计等方面具有较强的功能。其特点主要体现在以下几方面。

(1) 与早期的 FoxPro 应用程序兼容性好。

(2) 应用程序的开发更简便。

(3) 具有强大的面向对象的编程功能。

(4) 简便的表设计和扩充内容的数据字典。

(5) 便捷的表单、查询和视图设计功能,方便的程序调试工具。

(6) 灵活方便的数据库操作功能。

(7) 强大的网络功能。

(8) 增强了 OLE 与 ActiveX 的集成。

### 1.4.3 Visual FoxPro 的工作方式

(1) 人机交互方式：是指用户在"命令"窗口中逐条输入命令或通过选择菜单及单击工具栏按钮来执行操作命令。每输入或选择一条命令后可立即执行，立即显示结果，操作直观便捷，但不适于处理较复杂的数据问题。

(2) 程序执行方式：是指用若干条命令编写成程序文件存放在磁盘上，通过运行该程序，系统可自动连续地执行一系列操作，完成程序所确定的任务。

Visual FoxPro 具有两种程序设计方法，即面向过程的程序设计和面向对象的程序设计。

### 1.4.4 Visual FoxPro 的安装

Visual FoxPro 系统需安装到硬盘上才能使用，下面以目前较常用的 Visual FoxPro 6.0 为例介绍安装方法。

**1. Visual FoxPro 的安装环境要求**

要使一个系统能正确安装、运行，必须满足相应的环境条件。对于 Visual FoxPro 6.0 一般应具备如下环境条件。

(1) 配置 50MHz 主频 486 以上的 PC 或兼容机。

(2) 内存 16MB 以上。

(3) 硬盘最小可用空间 15MB；典型安装最少需要 85MB 硬盘空间；用户自定义安装需要 100MB 硬盘空间；完全安装（包括所有联机文档）需要 240MB 硬盘空间。

(4) VGA 或更高分辨率的显示器及鼠标。

(5) 中文 Windows 95/98 或 Windows NT 以上操作系统。

(6) 对于网络操作，需要一个与 Windows 兼容的网络和一个网络服务器。

**2. Visual FoxPro 6.0 的安装**

中文版 Visual FoxPro 6.0 系统可以由 CD-ROM 光盘直接安装，操作步骤如下。

(1) 启动安装程序。

(2) 选择安装方式。

(3) 安装系统组件。

(4) 安装 MSDN 组件（Visual FoxPro 6.0 的帮助文档）。

(5) 重新启动系统，完成 Visual FoxPro 6.0 安装。

如在 Windows 95/98 环境下运行 Visual FoxPro 6.0 系统，安装结束后必须重新启动系统，完成系统的配置，Visual FoxPro 6.0 系统的安装才全部完成。

### 1.4.5 Visual FoxPro 的启动与退出

安装 Visual FoxPro 系统后，创建了一个名为 Microsoft Visual FoxPro 的程序组。

为了操作方便起见，可将该程序组中 Visual FoxPro 的启动程序图标复制到桌面上，建立 Visual FoxPro 的桌面快捷方式图标。

**1. Visual FoxPro 的启动**

Visual FoxPro 与 Windows 环境下的其他软件一样，有多种启动方式。

(1) 从“开始”菜单启动。

(2) 从“资源管理器”启动。

(3) 通过“运行”对话框启动。

(4) 用快捷方式启动。

**2. Visual FoxPro 的退出**

当需要退出 Visual FoxPro 系统时，可采用如下几种方式。

(1) 在主窗口中选择“文件”菜单中的“退出”命令。

(2) 单击主窗口右上角的“关闭”按钮。

(3) 在“命令”窗口中输入 QUIT 命令并按 Enter 键。

(4) 按 Alt+F4 快捷键。

### 1.4.6 Visual FoxPro 的基本组成

**1. Visual FoxPro 的主窗口**

Visual FoxPro 启动后，打开主窗口，如图 1.8 所示。主窗口中包括标题栏、菜单栏、工具栏、状态栏、“命令”窗口和工作区几个组成部分。

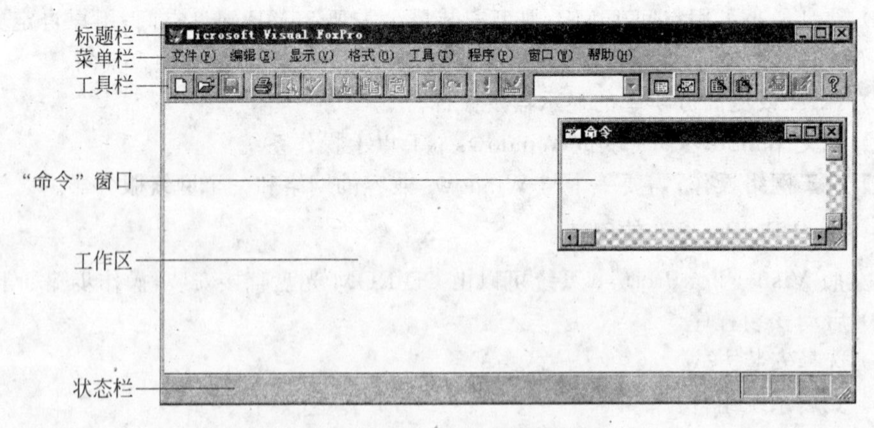


图 1.8 Visual FoxPro 的主窗口

**2. Visual FoxPro 的向导**

Visual FoxPro 系统为用户提供了许多功能强大的向导(Wizards)。用户可以在向导程序的引导、帮助下，不用编程就能快速地建立良好的应用程序，完成许多数据库操作、管理功能，为非专业用户提供了一种较为简便的操作使用方式。

Visual FoxPro 系统提供的向导如表 1.5 所示。

表 1.5 Visual FoxPro 的向导

| 表向导 | 交叉表向导 | 图表向导 | 导入向导 |
|---|---|---|---|
| 报表向导 | 分组/总计报表向导 | 一对多报表向导 | 文档向导 |
| 标签向导 | 数据透视表向导 | 远程视图向导 | 应用程序向导 |
| 表单向导 | 一对多表单向导 | 本地视图向导 | SQL 升迁向导 |
| 查询向导 | 安装向导 | | |

**3. Visual FoxPro 的生成器**

Visual FoxPro 系统提供了若干个生成器(Builders),用以简化创建、修改用户界面程序的设计过程,提高软件开发的质量和效率。每个生成器包含若干个选项卡,允许用户访问并设置所选择对象的相关属性。用户可将生成器生成的用户界面直接转换成程序编码,使用户从逐条编写程序代码、反复调试程序的手工作业中解放出来,如表 1.6 所示。

表 1.6 Visual FoxPro 提供的生成器

| 生成器名称 | 功　能 |
|---|---|
| 表单生成器 | 构造表单 |
| 网格生成器 | 构造表格 |
| 列表框生成器 | 构造列表框 |
| 组合框生成器 | 构造组合框 |
| 文本框生成器 | 构造文本框,用于编辑或显示表中的 C、N、D 型数据 |
| 编辑框生成器 | 构造文本编辑框,用于编辑或显示表中的 Memo 字段和长字段 |
| 选项按钮组生成器 | 构造单选按钮 |
| 命令按钮生成器 | 构造命令按钮 |
| 表达式生成器 | 创建或编辑表达式 |
| 自动格式生成器 | 用于格式化一组控件 |
| 参照完整性生成器 | 设置触发器,用于控制在表中插入、更新或删除记录 |
| 应用程序生成器 | 创建应用程序或应用程序框架 |

**4. Visual FoxPro 的设计器**

Visual FoxPro 提供的一系列设计器(Designers),为用户提供了一个友好的图形界面操作环境,用以创建、定制、编辑数据库结构、表结构、报表格式、应用程序组件等,如表 1.7 所示。

表 1.7 Visual FoxPro 提供的设计器

| 设计器名称 | 功　能 |
|---|---|
| 数据库设计器 | 创建数据库,在表之间创建关联 |
| 表设计器 | 创建表(数据库表、自由表),设置表中索引 |
| 查询设计器 | 创建基于本地表的查询 |
| 视图设计器 | 创建基于远程数据源的可更新的查询 |
| 表单设计器 | 创建表单和表单集,用于显示或编辑表中的数据 |
| 报表设计器 | 创建报表,用于显示或打印数据 |

续表

| 设计器名称 | 功　能 |
|---|---|
| 标签设计器 | 创建标签,用于显示或打印数据 |
| 菜单设计器 | 创建菜单栏或快捷菜单 |
| 连接设计器 | 为远程视图创建连接 |
| 数据环境设计器 | 用于创建和修改表单、表单集及报表的数据环境 |

### 1.4.7 Visual FoxPro 的系统环境

Visual FoxPro 的系统环境设置决定了系统的操作运行环境和工作方式,设置是否合理、适当,直接影响系统的操作运行效率和操作的方便性。系统在安装时按默认方式进行了相应的设置,用户通过设置系统环境,可添加或删除 Visual FoxPro 的相关组件,也可对系统当前环境设置进行调整。添加或删除 Visual FoxPro 组件的操作,要通过系统安装程序来实现,而当前环境的设置可通过使用相关命令和菜单来实现。

### 1.4.8 Visual FoxPro 的项目管理器

在 Visual FoxPro 系统中,使用项目来组织、集成数据库应用系统中所有相关的文件,形成一个完整的应用系统。所谓项目是 Visual FoxPro 中相关数据、文档和各类文件、对象的集合,也即项目是与一个应用有关的所有文件的集合。项目管理器是 Visual FoxPro 系统创建、管理项目的工具,用来创建、修改、组织项目中的各种文件,对项目中的程序进行编译和连编,形成一个可以运行的应用程序系统。

## 习　题　一

1. 简答题

(1) 什么是信息、数据?它们之间的关系是什么?

(2) 数据管理技术经历了哪几个发展阶段?

(3) 关系数据库管理系统有哪 3 种关系操作?

(4) 数据模型有哪几种?

(5) 什么是数据库系统?

(6) Visual FoxPro 有哪几种工作方式?

(7) 数据库系统由哪几部分组成?

(8) 什么是数据库系统的体系结构?

2. 选择题

(1) 以一定的组织方式存储在计算机中,能为多个用户所共享的与应用程序彼此独立的相关数据的集合称为(　　)。

A) 数据库　　B) 数据库系统　　C) 数据库管理系统　　D) 数据结构

(2) 数据库系统的核心是(　　)。

A) 数据库　　B) 操作系统　　C) 数据库管理系统　　D) 文件

(3) 用二维表结构来表示实体与实体之间联系的数据模型是(　　)。

A) 层次模型　　B) 网状模型　　C) 关系模型　　D) 表格模型

(4) 数据库系统与文件系统的主要区别是(　　)。

A) 文件系统不能解决数据冗余和数据独立性问题,而数据库系统能解决

B) 文件系统只能管理少量数据,数据库系统则能管理大量数据

C) 文件系统只能管理程序文件,数据库系统则能管理各种类型的文件

D) 文件系统简单,而数据库系统复杂

(5) 下面关于关系数据库主要特点的叙述中,错误的是(　　)。

A) 关系中的每个属性必须是不可分割的数据单元

B) 关系中的每一列元素必须是类型相同的数据

C) 同一关系中不能有相同的字段,也不能有相同的记录

D) 关系的行、列次序不能任意交换,否则会影响其信息内容

(6) 在 Visual FoxPro 关系数据库管理系统中(　　)。

A) 各条记录的数据之间有一定的关系

B) 各个字段之间有一定的关系

C) 一个数据库文件与另一个数据库文件之间有一定的关系

D) 数据模型符合满足一定条件的二维表格式

(7) 数据模型应具有(　　)。

A) 数据描述功能　　B) 数据联系描述功能

C) A 和 B 同时具备　　D) 数据查询功能

(8) 不同实体是(　　)区分的。

A) 根据代表的对象　　B) 根据名字

C) 根据属性多少　　D) 根据属性的不同

# 第 2 章 Visual FoxPro 应用基础

要学好 Visual FoxPro 程序设计，首先要熟练掌握 Visual FoxPro 的数据类型，各数据类型的使用方式，以及常量、变量、函数和表达式的概念与用法。本章要重点掌握利用变量存储数据的方法和函数的使用方法。

## 2.1 Visual FoxPro 中的数据类型、常量、变量、运算符及表达式

### 2.1.1 数据类型

数据是反映客观事物属性的记录。通常分为数值型和字符型两种基本类型。数据类型一旦被定义，就确定了其存储方式和使用方式。Visual FoxPro 系统为了使用户建立和使用数据库更加方便，将数据细分为以下几种类型。

**1. 字符型**

字符型(Character)数据描述不具有计算能力的文字，是最常用的数据类型之一。字符型数据是由汉字和 ASCII 字符集中可打印字符(英文字符、数字字符、空格及其他专用字符)组成的，长度范围是 0～254 个字符，使用时必须用定界符双引号("")或单引号('')括起来。

**2. 数值型**

数值型数据通常分为以下 4 种类型。

(1) 数值型。数值型数据(Numeric)是由数字(0～9)、小数点和正负号组成的。最大长度为 20 位(包括＋、－和小数点)。

(2) 浮点型(仅用于数据表中)。浮点型数据(Float)是数值型数据的一种，与数值型数据完全等价。浮点型数据只是在存储形式上采取浮点格式。

(3) 双精度型(仅用于数据表中)。双精度型数据(Double)是更高精度的数值型数据。它只用于数据表中的字段类型的定义，并采用固定长度浮点格式存储。

(4) 整型(仅用于数据表中)。整型数据(Integer)是不包含小数点部分的数值型数据。它只用于数据表中的字段类型的定义。整型数据以二进制形式存储。

**3. 日期型**

日期型数据(Date)是用于表示日期的数据,用默认格式{mm/dd/yyyy}来表示。其中 mm 代表月,dd 代表日,yyyy 代表年,长度固定为 8 位。

**4. 日期时间型**

日期时间型数据(Date Time)是描述日期和时间的数据。其默认格式为{mm/dd/yyyy hh: mm: ss}。其中 yyyy 代表年,前面的 mm 代表月,dd 代表日,hh 代表小时,后面的 mm 代表分钟,ss 代表秒,长度固定为 8 位。

**5. 逻辑型**

逻辑型数据(Logic)是描述客观事物真假的数据,用于表示逻辑判断结果。逻辑型数据只有真(.T.)和假(.F.)两种取值,长度固定为 1 位。

**6. 备注型(仅用于数据表中)**

备注型数据(Memo)用于存放较长的字符型数据。可以把它看成是字符型数据的特殊形式。备注型数据没有数据长度限制,仅受限于现有的磁盘空间。它只用于数据表中的字段类型的定义,其字段长度固定为 10 位,而实际数据被存放在与数据表文件同名的备注文件中,长度根据数据的内容而定。

**7. 通用型(仅用于数据表中)**

通用型数据(General)是用于存储 OLE 对象的数据。通用型数据中的 OLE 对象可以是电子表格、文档、图片等。它只用于数据表中的字段类型的定义,数据长度固定为 4 位。

OLE 对象的实际内容、类型和数据量则取决于链接或嵌入 OLE 对象的操作方式。如果采用链接 OLE 对象方式,则数据表中只包含对 OLE 对象的引用说明,以及对创建该 OLE 对象的应用程序的引用说明;如果采用嵌入 OLE 对象方式,则数据表中除包含对创建该 OLE 对象的应用程序的引用说明,还包含 OLE 对象中的实际数据。

### 2.1.2 数据存储

在 Visual FoxPro 系统环境下,数据输入、输出是通过数据的存储设备完成的。在一般情况下数据可分为常量与变量两大类。通常人们都是将数据存入到常量、变量、数组中的,而在 Visual FoxPro 系统环境下,还可以将数据存入到字段、记录和对象中。把这些供数据存储的常量、变量、数组、字段、记录和对象称为数据存储容器。

**1. 常量**

常量是数据处理过程中固定不变的量。常量是一个命名的数据项,是在命令或程序中直接引用的实际值,其特征是在所有的操作中其值不变。例如,逻辑值真是逻辑型常量,还有字符型常量、数值型常量、日期型常量。此外,Visual FoxPro 中还有一种特殊常量:编译常量,这种常量需用预处理指令 #DEFINE 来定义,在编译后,常量的具体内容取代了该常量在源代码中的位置。并不是所有的数据类型都可以定义为常量,可以定义为常量的数据类型有以下 7 种。

(1) 数值型常量：由数字(0～9)、小数点和正负号组成。

(2) 浮点型常量：是数值型常量的浮点格式。

(3) 字符型常量：由汉字和 ASCII 字符集中可打印字符组成的字符串，使用时必须用定界符括起来，定界符包括单引号、双引号和方括号。

(4) 逻辑型常量：由表示逻辑判断结果“真”或“假”的符号组成。

(5) 日期常量：用于表示日期，其规定格式以{mm/dd/yyyy}表示。

(6) 时间日期型常量：用于表示时间日期，其规定格式以{mm/dd/yyyy hh：mm：ss}表示。

(7) 货币型常量：用来表示货币值，书写格式是在数值前加 $ 。

**2. 变量**

(1) 变量的命名。变量是指在程序运行过程中其值可以改变的量，用一个标识符表示，这个标识符称为变量名。变量名仅能使用字母、数字和下划线，而且首字符必须是字母，长度不得超过 254 个字符。注意变量名不要和系统变量或保留字冲突。如 X1、Ret_Code 都是正确的变量名。

(2) 变量的种类。变量有字段变量、内存变量、数组变量和系统变量。因为变量中的数据是有类型的，所以把变量中数据的类型也称为变量的类型。

表中每一列称为一个字段，即字段变量，字段变量永久性地保存数据，它的作用域是全局的，一经定义，其类型和宽度便确定下来。

内存变量是一种临时存放数据的变量，具有瞬时性。每一个内存变量都必须有一个固定的名称，以标识该内存单元的存储位置。用户可以通过变量标识符向内存单元存取数据。内存变量是内存中的临时单元，可以用来在程序的执行过程中保留中间结果与最后结果，或用来保留对数据库进行某种分析处理后得到的结果。特别要注意，除非用内存变量文件来保存内存变量值，否则，当退出 Visual FoxPro 系统后，内存变量也会与系统一起消失。

数组变量是按一定顺序排列的一组数据集合，数组中的每个变量称为数组元素。数组元素用数组名以及该元素在数组中排列位置的下标一起表示。如 X(0)、X(1)、a(2,1)、a(1,3)等。

系统变量是系统定义的一些变量，以_字符开头。

### 2.1.3 运算符

Visual FoxPro 常用的运算符有字符运算符、算术运算符、关系运算符、逻辑运算符 4 类。

(1) 字符运算符：＋、－、$ 。

(2) 算术运算符：* 、^、/ 、＋、－、％。其中％表示求余运算。算术运算符及其运算如表 2.1 所示。

(3) 关系运算符：＜、＞、＝、＜＝、＞＝、＝＝、＜＞。＝＝表示恒等于。关系运算符及其运算如表 2.2 所示。

表 2.1　算术运算符及其运算

| 运算符 | 含　义 | 运算举例 | 运算结果 | 运算符 | 含　义 | 运算举例 | 运算结果 |
|---|---|---|---|---|---|---|---|
| ＋ | 加法运算 | 4.8＋11.8 | 16.6 | / | 除法运算 | 15/6 | 2.5 |
| － | 减法运算 | 6－8 | －2 | ^ | 幂运算 | 6^2 | 36 |
| * | 乘法运算 | 2 * 8 | 16 | % | 求余运算 | 19%8 | 3 |

表 2.2　关系运算符及其运算

| 运算符 | 含　义 | 运算举例 | 运算结果 | 运算符 | 含　义 | 运算举例 | 运算结果 |
|---|---|---|---|---|---|---|---|
| ＜ | 小于 | 3＜4 | True | ＝ | 等于 | 3＝4 | False |
| ＞ | 大于 | 3＞4 | False | ＝＝ | 恒等于 | 3＝＝4 | False |
| ＜＝ | 小于或等于 | 3＜＝4 | True | ＜＞ | 不等于 | 3＜＞4 | True |
| ＞＝ | 大于或等于 | 3＞＝4 | False | | | | |

（4）逻辑运算符：OR、AND、NOT。逻辑运算符及其运算如表 2.3 所示。

表 2.3　逻辑运算符及其运算

| X | Y | NOT X | X AND Y | X OR Y | X | Y | NOT X | X AND Y | X OR Y |
|---|---|---|---|---|---|---|---|---|---|
| True | True | False | True | True | False | True | True | False | True |
| True | False | False | False | True | False | False | True | False | False |

### 2.1.4　表达式

表达式是由常量、变量、函数用运算符与圆括号连接起来的用于描述数据之间运算关系的一种形式。特别地，单个常量、变量与函数都称为表达式。表达式也有不同类型之分，其类型是由表达式的运算结果的类型确定的，分为字符型、数值型、关系型、逻辑型、日期型。在 Visual FoxPro 系统中根据运算符及表达式结果的不同，可以将表达式分为以下 5 种。

**1. 算术表达式**

算术表达式是由数值型常量、数值型内存变量、数值型数组、数值类型的字段、返回数值型数据的函数通过算术运算符组成的句子。算术表达式的运算结果是数值型常数。

```
B * B-4 * A * C                       && 其中 A、B、C 均为数值型
85.5 * SQRT(74.5 * 2)                 && 其中，SQRT()是个函数
```

**2. 字符表达式**

字符表达式可由字符运算符和字符型常量、字符型内存变量、字符型数组、字符型字段和返回字符型数据的函数组成。字符表达式运算的结果是字符型常量或逻辑型常量。

（1）＋：字符串连接，两个字符串首尾相连。

```
"123"+"XY"                            && 运算结果是"123XY"
```

```
"计算机 "+"软件"                    && 运算结果是"计算机  软件"
```

(2) －：字符串修剪连接，两个字符串首尾相连，并将前串末尾的空格移到新串末尾。

```
"河北 "-"建院"                 && 运算结果是"河北建院 "
"计算机 "-"软件"               && 运算结果是"计算机软件 "
```

(3) $：包含运算，一个字符串是否包含在另一个字符串中，包含为真，否则为假。

```
"计算机"$"计算机软件"          && 运算结果是真
```

**3. 时间日期表达式**

时间日期表达式可由日期运算符和时间日期型常量、时间日期型内存变量和数组、返回时间日期型数据的函数组成。时间日期表达式运算的结果是时间日期型常量。

(1) ＋：当一个日期型数据与一个整数相加时，这个整数代表"天"；当一个日期时间型数据与一个整数相加时，这个整数代表"秒"。

```
{1996-11-12}+5                          && 运算结果是{11/17/96}
{^1999-10-02  10:20:40}+120             && 运算结果是{10/02/99  10: 22: 40}
{^1998-10-10}+5                         && 运算结果是{10/15/98}
```

(2) －：当两个运算对象是同一日期型或日期时间型数据时，得到的整数结果表示两个日期相隔的时间；当一个日期型数据或日期时间型数据减去一个整数时，结果是前驱时间。

```
{^1999-10-12}-{^1999-10-02}             && 运算结果表示相隔 10 天
{^1998-01-01}-100                       && 运算结果是{09/23/97},表示前驱时间
{^1998-10-10 9: 15: 20}-200             && 运算结果是 10/10/98  09: 12: 00AM
```

**4. 关系表达式**

关系表达式可由关系运算符和字符表达式、算术表达式、时间日期表达式组成。两个运算对象的数据类型必须相同，其运算结果为逻辑型常量。关系运算是运算符两边同类型元素的比较，关系成立结果为.T.；反之，结果为.F.。

```
6+8>=15          && 返回值: .F.
4<>-5            && 返回值: .T.
"AB"="ABC"       && 返回值: .F.
```

**5. 逻辑表达式**

逻辑表达式可由逻辑运算符和逻辑型常量、逻辑型内存变量、逻辑型数组、返回逻辑型数据的函数和关系表达式组成。其运算结果仍是逻辑型常量。

(1) NOT 运算法则：只有一个运算对象，对其求反。

```
.NOT.3+5>6             && 返回值: .F.(非运算)
```

(2) AND运算法则：两个逻辑数据同时为真，结果为真，否则为假。

```
3+5>6.AND.4*5=20                 && 返回值：.T.（与运算）
```

(3) OR运算法则：两个逻辑数据只要有一个为真，结果为真。

```
6*8<=45 .OR.4<6                  && 返回值：.T.（或运算）
```

**注意**：*关系运算、逻辑运算、算术运算混合使用时，先进行算术运算，然后进行关系运算，最后进行逻辑运算。*

**6. 名字表达式**

在Visual FoxPro系统中，允许用户给命令和函数定义一个名字。将这一名字存入到内存变量和数组元素中，就可以在引用命令和函数时用内存变量和数组元素来代替，给程序开发带来很多便利。用户可以通过间接引用或宏替换两种操作方式把命令和函数名存放到内存变量和数组元素中。

**【例2.1】** 名字表达式示例。

```
STORE "C: \VFP6EXC\工资.dbf" TO name
USE(name)                              && 间接引用
LIST
STORE "?5^2" TO expr
?&expr                                 && 宏替换(宏替换符 &)
```

**7. 类与对象操作符**

在应用程序文件中，常利用下面两个标识符描述对象与类的关系，属性、事件和方法与其对象的从属关系和从子类中调用父类的方法。两个运算符为.和::，如表2.4所示。

**表2.4　类与对象操作符的功能与用法**

| 运算符 | 功　能 | 表 达 式 |
|---|---|---|
| . | 点操作符，确定对象与类的关系，以及属性、事件和方法与其对象的从属关系 | ThisForm.Label1.Caption |
| :: | 作用域操作符，用于在子类中调用父类的方法 | Navbutton::Click |

## 2.2　Visual FoxPro命令的一般格式

要使设计出来的数据库应用系统方便地为用户提供操作，在设计过程中必须根据用户的需求编制程序。Visual FoxPro程序是由上百条命令组成的，命令和程序都可以在命令窗口中编写，完成某项任务。Visual FoxPro中的所有命令根据主要功能和特点分为如下几类，如表2.5所示。

表 2.5 Visual FoxPro 命令分类

| 类　别 | 说　明 |
| --- | --- |
| 面向对象的命令 | 创建和处理类和对象，控制事件发生时程序产生的动作 |
| 环境设置命令 | 在较大范围内管理 Visual FoxPro 中的系统和环境参数 |
| 文件管理命令 | 管理和处理磁盘文件 |
| 数据库操作命令 | 用来创建、处理和监视数据库、表，选择表中的记录或把记录指针定位，处理字段，建立（或者中断）表之间的关系 |
| 索引排序命令 | 用来设定和操作索引，实现记录的排序 |
| 数据格式化命令 | 格式化显示记录、字段、内存变量或数组中的数据，对窗口或屏幕的一般特征（颜色、框的形状等）进行处理 |
| 键盘和鼠标命令 | 控制鼠标和键盘输入 |
| 菜单命令 | 定义、显示或者激活用户自定义菜单和菜单栏 |
| 打印命令 | 向屏幕、打印机输出文件中的记录或者内存变量中的数据，同时控制输出和创建报表 |
| 窗口命令 | 创建、显示和激活用户自定义窗口 |
| SQL 命令 | Visual FoxPro 中所有的 SQL 命令 |
| 时间命令 | 对日期和时间进行设置 |
| 程序控制命令 | 控制程序的执行，对程序进行调试和错误处理 |
| 程序管理命令 | 对程序文件进行管理（例如，用项目文件管理相关的程序文件） |
| 操作符 | 进行各种简单的操作 |
| 网络命令 | 允许多个用户在网络上共享表的数据 |

### 2.2.1 命令格式

Visual FoxPro 的命令格式一般为：＜命令名＞＜表达式＞。在赋值语句中使用＝作为赋值号，赋值号的左边为变量名，右边为表达式。

### 2.2.2 命令的书写规则

在书写 Visual FoxPro 命令时，必须遵守一定的规则。

（1）每条命令以命令动词开头，以回车符结束，书写时命令动词可以从尾部向头部压缩为至少 4 个字母。如 DELETE 命令，也可写成 DELE，但必须保证不少于 4 个字母，DEL 的写法是错误的。

（2）命令动词不能同名。

（3）在一个命令行上命令动词与子句之间，子句与子句之间要用空格分隔，表的各字段之间要用逗号隔开。

（4）一行命令长度不可超过 254 个字符，若超出了这个长度，用分号将命令分成两行执行。

(5) 在.T.和.F.两个逻辑值中,圆点与字符之间不能出现空格,在函数名与括号之间不能出现空格。一些命令的部分参数是可选的,部分是必选的,这一点在书写命令时应注意,以免产生错误。

### 2.2.3 命令的注释

为了便于读懂程序,可以在程序中加入注释。Visual FoxPro 把 && 与 * 作为注释符引导注释内容,程序运行过程中,注释内容不被执行。如注释内容写在语句行后面,使用 && 注释符,如注释内容独占用一行,使用 * 引导注释。

**【例 2.2】** DO WHILE 循环示例。

```
DO WHILE gnPageNum<=25                  && 循环 25 次
gnPageNum=gnPageNum+1
ENDDO                                   &&DO WHILE 循环结束
```

结果:gnPageNum 的值为 25。

如果要把多行内容变为注释,可以使用 Visual FoxPro 集成开发环境中"格式"菜单中的"注释"命令进行多行注释。

### 2.2.4 命令的执行

在 Visual FoxPro 系统中,如果是单行的命令,可以直接在"命令"窗口中书写,按 Enter 键后就可以立即执行。如果是多行程序,则要在程序文件中执行。

## 2.3 变量

内存变量是一般意义下的简单变量。每一个内存变量都必须有一个固定的名称,以标识该内存单元的存储位置。用户可以通过变量标识符向内存单元存取数据。内存变量是内存中的临时单元,可以用来在程序的执行过程中保留中间结果与最后结果,或用来保留对数据库进行某种分析处理后得到的结果。特别要注意,除非用内存变量文件来保存内存变量值,否则,当退出 Visual FoxPro 系统后,内存变量也会与系统一起消失。

内存变量名的长度在 Visual FoxPro 系统中可以达到 254 个字符,是由字母、数字和下划线组成的。如果内存变量与数据表中的字段变量同名,在引用内存变量时,要在其名字前加上 m.,用以强调这一变量是内存变量。

每个内存变量都有它的作用域。用户可以通过 LOCAL、PRIVATE、PUBLIC 命令规定作用域,也可以将系统默认的范围作为内存变量的作用域。

### 2.3.1 内存变量

#### 1. 内存变量的赋值

内存变量的数据类型取决于首次接受的数据类型。也就是说,内存变量是通过赋值语句来定义的。它的类型有数值型、浮点型、字符型、逻辑型、日期型、时间日期型 6 种。

在 Visual FoxPro 系统中,内存变量可以使用 STORE 命令或=进行赋值。

格式:

```
STORE<表达式>TO<内存变量表>                    && 给多个内存变量赋值
<内存变量>=<表达式>                            && 给单个内存变量赋值
```

功能:计算表达式的值,并把该值赋给指定的一个或几个内存变量。

【例 2.3】 内存变量赋值示例。

```
S="ABC"                                        && 给内存变量 S 赋 ABC
STORE 2*3 TO a,b,c                             && 给 a、b、c 这 3个内存变量赋 2*3 的值为 6
```

结果:

```
S=ABC,a=6,b=6,c=6
```

**2. 内存变量的显示**

对于已经定义并进行了赋值的内存变量,可以使用 DISPLAY MEMORY 或 LIST MEMORY 命令显示输出。

格式:

```
DISPLAY/LIST MEMORY[LIKE<表达式表>][TO PRINTER[PROMPT]|TO FILE<文件名>][NOCONSOLE]
```

功能:显示输出内存变量。

说明:

(1) LIST MEMORY 表示一次性显示已定义的所有内存变量名、类型、值,并输出到命令行的下一行上。

(2) DISP MEMORY 表示输出所有内存变量,按任一键自动滚一屏。

(3) 使用"LIKE <表达式表>"可列出与"表达式表"相匹配的内存变量。这里可以使用?或*通配符。其中?表示任意单个字符,*表示任意字符串。

(4) TO PRINTER [PROMPT]表示直接将内存变量送打印机输出。参数 PROMPT 用于设置输出时是否显示打印机设置窗口。

(5) "TO FILE <文件名>"表示直接将内存变量送到文件中输出。当使用了 SET SAFETY ON 设置后,在向已存在的文件中输出内存变量时,系统会提示是否进行文件覆盖。

(6) NOCONSOLE 表示禁止向主窗口或活动窗口中输出内存变量。

【例 2.4】 内存变量输出示例。

```
STORE'Goodbye'TO sample1
STORE'Hello'TO sample2
STORE.T.TO texit
STORE.F.TO mexit
CLEAR
```

```
DISPLAY MEMORY LIKE sam*
DISPLAY MEMORY LIKE?exit
```

结果：

```
sample1    Pub     C     "Goodbye"
sample2    Pub     C     "Hello"
texit      Pub     L     .T.
mexit      Pub     L     .F.
```

**3. 内存变量的保存与还原**

内存变量可以保存在文件或备注字段中，在使用的时候从文件中还原。

将内存变量存储在文件或备注字段中，可以使用命令 SAVE TO，存储文件的扩展名为 mem。

格式：

```
SAVE TO 文件名|MEMO<备注字段名>[ADDITIVE]
```

功能：将内存变量存储在文件或备注字段中。

说明：ADDITIVE 表示保留当前内存中的全部内存变量，把给定内存变量文件中的内存变量追加在后面。

如要将内存变量从指定的内存变量文件或备注字段内容调入内存，可以使用命令 RESTORE FROM，文件的扩展名为 mem。

格式：

```
RESTORE FROM 文件名|MEMO<备注字段名>ADDITIVE
```

功能：将内存变量从指定的内存变量文件或备注字段调入内存。

**【例 2.5】** 内存变量的存储与恢复示例。

```
SAVE TO temp
CLEAR MEMORY
gdVal3=DATE( )
RESTORE FROM temp ADDITIVE
CLEAR
DISPLAY MEMORY LIKE g*
```

结果：

```
gdVal3    Pub    D    07/29/04
```

**4. 内存变量的释放**

对于不再使用的内存变量，Visual FoxPro 提供了 RELEASE 命令，用来将内存变量释放。

格式：

```
RELEASE [<变量名表>|ALL LIKE<变量名通配符>|ALL EXCEPT<变量名通配符>]
```

功能：释放当前内存中指定的内存变量。

说明：

(1) ＜＞里的内容是必选的。

(2) [ ]里的内容是可选的。

(3) ?通配符代表任意一个字符。

(4) * 通配符代表任意多个字符。

(5) |是“或者”的意思。

如：

```
RELEASE  a,b
```

**5. 内存变量的输出**

对于已经定义并且进行了赋值的内存变量，可以使用?显示输出。

格式：

```
?<表达式>
```

### 2.3.2 数组变量

**1. 数组的定义**

数组是一组有序内存变量的集合。或者说，数组是由同一个名字组织起来的简单内存变量的集合，其中每一个内存变量都是这个数组的一个元素，称为数组元素。可见所谓的数组元素是用一个变量名命名的一个集合体，而且每一个数组元素在内存中独占一个内存单元。为了区分不同的数组元素，每一个数组元素都是通过数组名和下标来访问的，即数组元素用数组名以及该元素在数组中排列位置的下标一起表示。如 X(0)、X(1)、a(2,1)、a(1,3)等。对于二维数组，它是一个以行和列形式表示的数组元素的矩阵。

数组都有自己的维数，数组元素的下标个数称为数组的维数，如 a 是一个二维数组，以此类推可以定义多维数组。

**2. 数组的赋值**

在 Visual FoxPro 系统环境下，同一个数组元素在不同时刻可以存放不同类型的数据，在同一个数组中，每个元素的值可以是不同的数据类型。数组在使用前必须要通过 DIMENSION 或 DECLARE 定义。定义后，它的初始值是逻辑值.F.，即数组的默认类型是逻辑型。在使用数组时，一定要注意数组的初始化，还要注意数组下标的起始值是 1。

数组定义的命令格式：

```
DIMENSION <数组名>(<下标 1>[,<下标 2>]…)
```

说明：＜下标＞的个数表示维数，＜下标＞值表示该维的长度。

**【例 2.6】** 数组示例。

```
DIME a(10)                  && 定义数组变量并进行初始化
```

```
a(1)=0                              && 使用命令对数组赋值
a(2)="123456"
a(3)=.f.
a(4)={^2002-09-18}                  && 注意此处为严格的日期格式
?a(1)                               && 使用命令在工作区输出
?a(2)
?a(3)
?a(4)
```

结果：

```
0,"123456",.f.,09/18/02
```

### 2.3.3　字段变量

字段变量是数据库管理系统中的一个重要概念。它与记录构成了数据表的基本结构。一个数据库是由若干相关的数据表组成的，一个数据表是由若干个具有相同属性的记录组成的，而每一条记录又是由若干个字段组成的。字段变量就是指数据表中已定义的任意一个字段。可以这样理解：在一个数据表中，同一个字段名下有若干个数据项，而数据项的值取决于该数据项所在记录行的变化，所以称它为字段变量。字段变量的数据类型与该字段定义的类型一致。字段变量的类型有数值型、浮点型、整型、双精度型、字符型、逻辑型、日期型、时间日期型、备注型和通用型等。使用字段变量首先要建立数据表，建立数据表时首先定义的就是字段变量属性（名字、类型和长度）。字段变量的定义及字段变量数据的输入输出需要在表设计器中进行。

### 2.3.4　变量的作用域

在 Visual FoxPro 应用程序中，一个大的应用程序通常由多个模块组成，在各个模块中又分别使用了多个变量，因此很难保证这些变量之间没有冲突。解决这一问题的办法就是限定变量（也包括数组）的作用范围。

（1）定义全局变量：使用 PUBLIC 命令可以定义全局型的变量和数组。这种方式定义的全局变量或数组，在全部程序、过程、自定义函数以及它调用的程序、过程和自定义函数中都有效，即使程序运行完成以后，这些变量或数组也不被释放，它们的数值仍保留在内存中。

（2）定义局部变量：使用 PRIVATE 命令可以定义局部型的变量和数组。这种方式定义的局部变量或数组，在定义它的程序以及被该程序调用的程序、过程和函数中有效。如果定义它的程序运行完毕，则系统将释放该变量或数组。

（3）定义本地型变量：使用 LOCAL 可以定义本地型变量和数组。这种方式定义的变量和数组只能在定义它的程序中使用，一旦程序运行完毕，系统就会将变量释放。本地型变量不能被高级或低级的程序调用。

# 2.4 函　数

在 Visual FoxPro 系统中提供了一批标准函数，可以使用户以简便的方式完成某些特定的操作。根据函数的功能，可将标准函数大致分为 6 类。下面列出常用函数的功能和使用方法。

## 2.4.1 数值类函数

**1. 取整函数**

格式：

```
INT(<数值表达式>)
```

功能：返回数值表达式值的整数部分。

**【例 2.7】** 取整函数示例。

```
?INT(37.78)                    && 运算结果为 37
NUM=-34.5
?INT(NUM)                      && 运算结果为-34
```

**2. 取模函数**

格式：

```
MOD(<被除数>,<除数>)
```

或

```
<被除数>%<除数>
```

功能：求余数。

**注意：**

(1) 除数不能为 0。

(2) 返回值的符号与除数的符号一致。

(3) 若两数能整除，结果为 0。

(4) 若不能整除，当被除数与除数同号时，结果为余数，即 MOD(X1,X2)＝X1－INT(X1/X2) * X2。

(5) 当被除数与除数异号时，结果应再加上除数，即 MOD(X1,X2)＝X1－INT(X1/X2) * X2＋X2。

**【例 2.8】** 取模函数示例。

```
?MOD(8,3)                      && 运算结果为 2
?MOD(-10,-3)                   && 运算结果为-1
?MOD(-10,3)                    && 运算结果为 2
```

```
?MOD(10,-3)                  && 运算结果为-2
?-3%-9                       && 运算结果为-3
?-3%9                        && 运算结果为 6
?3%-9                        && 运算结果为-6
```

### 3. 四舍五入函数

格式：

```
ROUND(<数值表达式 1>,<数值表达式 2>)
```

功能：完成数值的四舍五入。

说明：数值表达式 1 为四舍五入的值，数值表达式 2 为四舍五入的位置。

**【例 2.9】** 四舍五入函数示例。

```
?ROUND(43.116, 2)            && 返回值为 43.12
X=1024.0186
?ROUND(X,2)                  && 运算结果为 1024.02
?ROUND(X,-2)                 && 运算结果为 1000
```

### 4. 平方根函数

格式：

```
SQRT(<数值表达式>)
```

功能：求<数值表达式>的平方根。

如：

```
?SQRT(136)                   && 运算结果为 11.66
?SQRT(30.000)                && 返回值为 5.477
```

### 5. 绝对值函数

格式：

```
ABS(<数值表达式>)
```

功能：求<数值表达式>的绝对值。

如：

```
?ABS(-5)                     && 运算结果为 5
```

### 6. 指数函数

格式：

```
EXP(<数值表达式>)
```

功能：求以 e 为底的指数值。

如：

```
?EXP(10)                           && 运算结果为 e^10=22026.47
```

**7. 正弦函数**

格式：

```
SIN(<数值表达式>)
```

功能：计算三角函数中的正弦值。其中，数值表达式的值以弧度为单位。

如：

```
?SIN(2)                            && 运算结果为 0.91
```

**8. 最大值函数**

格式：

```
MAX(<x,y>)
```

功能：求 x、y 中的最大值。

如：

```
?MAX(11.3,23.7)                    && 运算结果为 23.7
```

**9. 最小值函数**

格式：

```
MIN(<x,y>)
```

功能：求 x、y 中的最小值。

如：

```
?MIN(11.3,23.7)                    && 运算结果为 11.3
```

### 2.4.2 字符类函数

**1. 取子串**

格式：

```
SUBSTR(C,n1,n2)
```

功能：返回从字符表达式或备注型字段中截取的一个子串。

说明：参数 C 是字符串表达式；n1、n2 为数值表达式，n1 指定要取得字符串的起始位置，n2 指定从字符串复制的字符数。若省略 n2，则复制字符串到最后一个字符。

【例 2.10】 取子串函数示例。

```
?SUBSTR("DATABASE",5,2)            && 运算结果为 BA
?SUBSTR("DATABASE",5)              && 运算结果为 BASE
?SUBSTR("Internation",6)           && 运算结果为 nation
```

**2. 产生空格字符**

格式：

```
SPACE(n)                          &&n为数值表达式
```

功能：返回指定数量的空格。

如：

```
?"200401"+SPACE(2)+"王大力"        &&运算结果为"200401  王大力"
```

**3. 删除字符串尾部空格**

格式：

```
TRIM(<字符表达式>)
```

如：

```
?TRIM("123456  ")                 &&运算结果为"123456"
```

**4. 删除字符串头部空格**

格式：

```
LTRIM(<字符表达式>)
```

如：

```
?LTRIM("  123456")                &&运算结果为"123456"
```

**5. 删除字符串头尾部空格**

格式：

```
ALLTRIM(<字符表达式>)
```

如：

```
?ALLTRIM("  数据库  技术  ")       &&运算结果为"数据库  技术"
```

**6. 复制最左字符串**

格式：

```
LEFT(<字符表达式>,<数值表达式>)
```

功能：按数值表达式指定的个数，从指定字符串的最左边复制字符串。

如：

```
?LEFT("ABCD",2)                   &&运算结果为AB
```

**7. 复制最右字符串**

格式：

```
RIGHT(<字符表达式>,<数值表达式>)
```

功能：按数值表达式指定的个数，从指定字符串的最右边复制字符串。

如：

```
?RIGHT("ABCD",2)                    && 运算结果为 CD
```

**8. 字符串查找**

格式：

```
AT(<字符表达式 1>,<字符表达式 2>[,<数值表达式>])
```

功能：若返回值是 0，表示＜字符表达式 1＞不是＜字符表达式 2＞的子串；若返回值为非 0，表示＜字符表达式 1＞在＜字符表达式 2＞中第＜数值表达式＞次出现的开始位置。

【例 2.11】 A="Visual FoxPro"

```
?AT("Fox",A)                        && 运算结果为 8
?AT("fox",A)                        && 运算结果为 0
```

**9. 取字符串长度函数**

格式：

```
LEN(<字符表达式>)
```

如：

```
?LEN("ABC")                         && 运算结果为 3
```

### 2.4.3 数据转换类函数

**1. 数值型转换成字符型**

格式：

```
STR(n,n1,n2)
```

功能：n、n1、n2 都是数值表达式，返回值是字符型数据。把数值表达式 n 转换成长度由 n1 确定、小数位数由 n2 来确定的字符串。若 n2 省略，则取整数，若 n1 同时省略，则取固定的 10 位。

如：

```
?STR(141.2,6,2)                     && 运算结果为 141.20
?STR(23.456)                        && 运算结果为 23
```

**2. 字符型转换成数值型**

格式：

```
VAL(<字符表达式>)
```

功能：从包含数字串的字符表达式中返回数值。

【例 2.12】 字符型转换成数值型函数示例。

```
?VAL("99.99")                  && 运算结果为 99.99
STORE "1.25E3" TO C
?2*VAL(C)                      && 运算结果为 2500.00
```

**3. 将字符串转换成大写字母**

格式：

```
UPPER(<字符表达式>)
```

如：

```
?UPPER("naTionAl")             && 运算结果为 NATIONAL
```

**4. 将字符串转换成小写字母**

格式：

```
LOWER(<字符表达式>)
```

【例 2.13】 将字符串转换成小写字母的函数示例。

```
S1="WINDOWS"
X1=SUBSTR(S1,1,1)
X2=SUBSTR(S1,2)
?UPPER(X1)+LOWER(X2)           && 运算结果为 Windows
```

**5. 日期型转换成字符型**

格式：

```
DTOC(<日期表达式>)
```

如：

```
?DTOC(^2003-10-31)             && 运算结果为 10/31/03
?DTOC({^2003-10-31},1)         && 运算结果为 20031031,参数 1 的作用是将返回
                               &&YYYYMMDD 格式的字符串
```

**6. 字符型转换成日期型**

格式：

```
CTOD(<字符表达式>)
```

如：

```
?CTOD("06/24/01")   && 运算结果为 06/24/01,虽然形式是一样的,但类型却是不同的,一个
                    && 是字符型,另一个是日期型
```

**7. ASCII 码转换成对应字符**

格式：

```
CHR(<数值表达式>)
```

如：

```
?CHR(65)                    && 运算结果为 A
```

**8. 字符转换成对应 ASCII 码**

格式：

```
ASC(<字符表达式>)
```

功能：取“字符表达式”第一个字符的 ASCII 码。

如：

```
?ASC("a")                   && 运算结果为 97
```

### 2.4.4 日期和时间类函数

**1. 取得系统日期**

格式：

```
DATE()
```

功能：返回当前系统日期。

如：

```
?DATE()                     && 返回当前使用计算机的系统日期
```

**2. 取得系统时间**

格式：

```
TIME()
```

功能：返回当前系统时间。

如：

```
?TIME()                     && 返回当前使用计算机的时间
```

**3. 取得年份**

格式：

```
YEAR(<日期表达式>)
```

功能：返回“日期表达式”中的年份，参数“日期表达式”可以是返回日期或日期型的内存变量、数组元素或字段的函数；也可以是日期字符串，例如{06/06/04}。

如：

```
?YEAR({06/06/04})              && 返回年份 2004
```

**4. 取得月份**

格式：

```
MONTH(<日期表达式>)
```

功能：返回给定日期或日期时间表达式的月份值。MONTH ()函数返回从 1 到 12 的一个数，一月是 1，十二月是 12。

如：

```
?MONTH({06/06/04})              && 返回月份 6
```

**5. 取得日期号**

格式：

```
DAY(<日期表达式>)
```

功能：返回给定日期表达式或日期时间表达式显示的是某月中的第几天。

DAY()返回该日期是某月中的第几天。日期表达式可以是一个日期字符串，也可以是一个日期型内存变量、数组元素或字段。

**【例 2.14】** 取得日期号函数示例。

```
DD=DATE()
Y1=YEAR(DD)
M1=MONTH(DD)
D1=DAY(DD)
?"今天的日期是: ",DD
?Y1,"年",M1,"月",D1,"日"
?"现在的时间是: ",TIME()
```

运算结果：

```
今天的日期是: 07/01/04
2004 年 7 月 1 日
现在的时间是: 13: 40: 10
```

**6. 取得周**

格式：

```
WEEK(<日期/时间表达式>[,nFirstWeek][,nFirstDayOfWeek])
```

功能：从日期表达式或日期时间表达式中返回代表一年中第几周的数值，即返回一年中的周的序号。如果省略可选参数 nFirstWeek 与 nFirstDayOfWeek，则 WEEK()函数把“星期日”作为每周的第一天。

WEEK()函数返回1到53之间的一个数,该数代表一年中周的序号。例如,WEEK()返回1,表明是一年中的第一周;返回2,为一年中的第二周,以此类推。注意,一周可以分在两年之中,即一年的第一周可以在当前年和前一年之中。

参数nFirstWeek用于指定一年中的第一周,nFirstWeek可取表2.6中的值。

参数nFirstDayOfWeek用于指定每周的第一天。nFirstDayOfWeek可取表2.7中的值。

**表2.6 nFirstWeek取值说明**

| nFirstWeek | 说　明 |
|---|---|
| 0 | WEEK()函数返回当前选定的周,选定值在"选项"对话框中"国际"选项卡中的"一年的第一周"列表中 |
| 1 | 第一周包含1月1日,省略nFirstWeek时为默认值 |
| 2 | 第一周后半部分(4天)在当前年内 |
| 3 | 第一周有7天 |

**表2.7 nFirstDayOfWeek取值说明**

| nFirstDayOfWeek | 说　明 |
|---|---|
| 0 | WEEK()函数返回当前选定的日,选定值在"选项"对话框中"国际"选项卡内"星期开始于"列表内 |
| 1 | 星期日。省略nFirstDayOfWeek时的默认值,并且是早期FoxPro版本中每周的第一天 |
| 2 | 星期一 |
| 3 | 星期二 |
| 4 | 星期三 |
| 5 | 星期四 |
| 6 | 星期五 |
| 7 | 星期六 |

如:

```
?WEEK(DATE())                    && 返回值为 28
```

### 2.4.5 输入和输出类函数

#### 1. INKEY()函数

返回一个编号,该编号对应于键盘缓冲区中第一个鼠标单击或按键操作。

格式:

```
INKEY([nSeconds][,cHideCursor])
```

参数nSeconds以s为单位,指定INKEY()函数对击键的等待时间。如果不包含

nSeconds，INKEY()函数立即返回一次击键的值；如果 nSeconds 为 0，INKEY()函数一直等待到有击键为止。

参数 cHideCursor 用于设置显示或隐藏光标，或者检查鼠标单击。若要显示光标，可在 cHideCursor 中包含 S；若要隐藏光标，可在 cHideCursor 中包含 H；如果既包含 S 又包含 H，则使用后一个字符的设置。在默认情况下，INKEY()函数不检查鼠标单击。如果要检查鼠标单击，可在 cHideCursor 中包含 M。若在 cHideCursor 中包含了 M，则 INKEY()函数返回 151 表示一次鼠标单击。

如果既要检查鼠标单击又要显示光标，可在 cHideCursor 中包含 M 和 S；若要检查鼠标单击并且隐藏光标，可包含 M 和 H。当为一个键或组合键指定了键盘宏时，在 cHideCursor 中包含 E 可以扩展键盘宏。包含 E 时，INKEY ()函数将返回指定给键盘宏的第一个击键所对应的值，重复执行包含 E 的 INKEY ()函数，可返回后续击键所对应的值；如省略 E，INKEY()函数将返回触发键盘宏的键或组合键本身的对应值。

在 cHideCursor 中，除了 H、M、S 和 E 之外的其他字符都被忽略。

表 2.8 列出了单键以及单键与 Shift、Ctrl 和 Alt 键组合时 INKEY()函数的返回值。

**表 2.8 INKEY()函数的返回值**

| 键名 | 单键 | +Shift | +Ctrl | +Alt | 键名 | 单键 | +Shift | +Ctrl | +Alt |
|---|---|---|---|---|---|---|---|---|---|
| F1 | 28 | 84 | 94 | 104 | c | 99 | 67 | 3 | 46 |
| F2 | -1 | 85 | 95 | 105 | d | 100 | 68 | 4 | 32 |
| F3 | -2 | 86 | 96 | 106 | e | 101 | 69 | 5 | 18 |
| F4 | -3 | 87 | 97 | 107 | f | 102 | 70 | 6 | 33 |
| F5 | -4 | 88 | 98 | 108 | g | 103 | 71 | 7 | 34 |
| F6 | -5 | 89 | 99 | 109 | h | 104 | 72 | 127 | 35 |
| F7 | -6 | 90 | 100 | 110 | i | 105 | 73 | 9 | 23 |
| F8 | -7 | 91 | 101 | 111 | j | 106 | 74 | 10 | 36 |
| F9 | -8 | 92 | 102 | 112 | k | 107 | 75 | 11 | 37 |
| F10 | -9 | 93 | 103 | 113 | l | 108 | 76 | 12 | 38 |
| F11 | 133 | 135 | 137 | 139 | m | 109 | 77 | 13 | 50 |
| F12 | 134 | 136 | 138 | 140 | n | 110 | 78 | 14 | 49 |
| 1 | 49 | 33 | | 120 | o | 111 | 79 | 15 | 24 |
| 2 | 50 | 64 | 33 | 121 | p | 112 | 80 | 16 | 25 |
| 3 | 51 | 35 | | 122 | q | 113 | 81 | 17 | 16 |
| 4 | 52 | 36 | | 123 | r | 114 | 82 | 18 | 19 |
| 5 | 53 | 37 | | 124 | s | 115 | 83 | 19 | 31 |
| 6 | 54 | 94 | 30 | 125 | t | 116 | 84 | 20 | 20 |
| 7 | 55 | 38 | | 126 | u | 117 | 85 | 21 | 22 |
| 8 | 56 | 42 | | 127 | v | 118 | 86 | 22 | 47 |
| 9 | 57 | 40 | | 128 | w | 119 | 87 | 23 | 17 |
| 0 | 48 | 41 | | 19 | x | 120 | 88 | 24 | 45 |
| a | 97 | 65 | 1 | 30 | y | 121 | 89 | 25 | 21 |
| b | 98 | 66 | 2 | 48 | z | 122 | 90 | 26 | 44 |

INKEY()函数的返回值为数值型。如果没有按任何键，则 INKEY()函数返回 0；如果键盘缓冲区中有多个键，INKEY()函数只返回第一个输入到缓冲区中的键的值。

```
?INKEY(2)                    && 按 2 键,返回 50
```

**2. MESSAGEBOX ()函数**

显示用户自定义对话框。

格式：

```
MESSAGEBOX(cMessageText[,nDialogBoxType[,cTitleBarText] ])
```

说明：参数 cMessageText 用于指定在对话框中显示的文本。在 cMessageText 中包含回车符（CHR(13)）可以使信息移到下一行显示。对话框的高度和宽度根据 cMessageText 适当增大，以包含全部信息。

参数 nDialogBoxType 用于指定对话框中的按钮和图标、显示对话框的默认按钮以及对话框的行为。在表 2.9～表 2.11 中，对话框按钮值从 0 到 5 指定了对话框中显示的按钮；图标值 16、32、48、64 指定了对话框中的图标；默认值 0、256、512 指定对话框中哪个按钮是默认按钮。当显示对话框时选择此默认按钮。当省略 nDialogBoxType 时，等同于指定 nDialogBoxType 值为 0。

有关按钮的设置如表 2.9 所示。

有关图标的设置如表 2.10 所示。

有关默认按钮的设置如表 2.11 所示。

**表 2.9　按钮取值说明**

| 数值 | 对话框按钮 | 数值 | 对话框按钮 |
|---|---|---|---|
| 0 | 仅有“确定”按钮 | 3 | “是”、“否”和“取消”按钮 |
| 1 | “确定”和“取消”按钮 | 4 | “是”、“否”按钮 |
| 2 | “放弃”、“重试”和“忽略”按钮 | 5 | “重试”和“取消”按钮 |

**表 2.10　图标取值说明**

| 数值 | 图标 | 数值 | 图标 |
|---|---|---|---|
| 16 | “停止”图标 | 48 | 惊叹号(!) |
| 32 | 问号(?) | 64 | 信息(I)图标 |

**表 2.11　默认按钮取值说明**

| 数值 | 默认按钮 | 数值 | 默认按钮 |
|---|---|---|---|
| 0 | 第一个按钮 | 512 | 第三个按钮 |
| 256 | 第二个按钮 | | |

nDialogBoxType 可以是 3 个值的和，从表 2.9～表 2.11 中分别选一个值。例如：若 nDialogBoxType 的值为 290(2＋32＋256)，则指定的对话框含有如下特征。

(1) 显示“放弃”、“重试”和“忽略”按钮。

(2) 消息框显示问号图标。

(3) 第二个按钮"重试"为默认按钮。

参数 cTitleBarText 用于指定对话框标题栏中的文本。若省略 cTitleBarText，标题栏中将显示 Microsoft Visual FoxPro。

MESSAGEBOX()的返回值为数值型。返回值表明选取了对话框中的哪个按钮。在含有"取消"按钮的对话框中，若按 Esc 键退出对话框，则与选取"取消"按钮一样，返回值为 2。

**注意**：*本函数的最短缩写形式为 MESSAGEB()。*

表 2.12 列出了 MESSAGEBOX()的每个按钮返回值。

**表 2.12　按钮返回值说明**

| 返回值 | 按钮 | 返回值 | 按钮 | 返回值 | 按钮 | 返回值 | 按钮 |
|---|---|---|---|---|---|---|---|
| 1 | 确定 | 3 | 放弃 | 5 | 忽略 | 7 | 否 |
| 2 | 取消 | 4 | 重试 | 6 | 是 | | |

**【例 2.15】** MESSAGEBOX()函数示例。

```
cMessageTitle="应用程序"
cMessageText="没有找到记录"
nDialogType=4+32+256
&&  4:   Yes 和 No 按钮
&&  32:  问号图标
&&  256: 将 No 按钮设为默认按钮
nAns=MESSAGEBOX(cMessageText,nDialogType , cMessageTitle)
DOCASE
  CASE nAns=6
    WAIT WINDOW            "您选择了 Yes"
  CASE nAns=7
    WAIT WINDOW            "您选择了 No"
ENDCASE
```

## 2.4.6 测试函数

### 1. RECNO()

RECNO()函数返回当前打开表的记录号。

**【例 2.16】** RECNO()函数示例。

```
?RECNO()
4
GOTO  5
?RECNO()
5
SKIP  4
```

```
?RECNO()
9
```

**2. EOF()**

其返回值为逻辑值。当记录指针在文件的结束处时(即最后一条记录的后面),EOF()函数的返回值为真;否则,EOF()函数的返回值为假。

**3. BOF()**

其返回值为逻辑值。当记录指针在文件的开始处时(即第一条记录的前面),BOF()函数的返回值为真。否则,BOF()函数的返回值为假。

**4. 数据类型函数**

格式:

```
TYPE(<expC>)
```

功能:计算一个字符表达式,并返回其内容的数据类型。

如:

```
STORE  "1.25E3" TO A
?TYPE(A)                    && 运算结果为 N
```

## 习 题 二

1. Visual FoxPro 6.0 有哪几种数据类型?
2. Visual FoxPro 6.0 有哪几种数据存储方式?
3. 内存变量、数组变量、字段变量之间有什么区别?
4. 变量的作用域如何定义?
5. 简述变量的作用域。
6. Visual FoxPro 6.0 有哪几种类型的函数?
7. Visual FoxPro 6.0 有多少种类型的表达式?它们的计算规则是什么?
8. 使用 MESSAGEBOX ()函数能否实现只有“是”与“否”按钮的对话框?若能,如何实现?
9. 写出将当前日期与时间分成年、月、日、时、分、秒的语句。
10. BOF()函数与 EOF()函数有什么区别?其一般用法是什么?

# 第3章　Visual FoxPro基本操作

表是处理数据和建立关系数据库及应用程序的基本单位。Visual FoxPro 的大多数命令和操作都是针对表的操作。本章介绍创建新表、使用表、处理记录等表的基本操作。

## 3.1　数据表的建立

Visual FoxPro 是关系数据库管理系统，它的表是规则的二维表。Visual FoxPro 的数据存储在表中，表文件的扩展名为.dbf。可以在 Visual FoxPro 中创建两种表：数据库表和自由表。数据库表是数据库的一部分，而自由表则独立存在于任何数据库之外。自由表可以添加到数据库中成为数据库表，数据库表也可以从数据库中移出成为自由表。自由表可以被多个数据库使用。自由表与数据库表的处理方法基本相同，不同的是自由表的关系不是持久的。

### 3.1.1　表的基本概念

**1. 数据表**

数据表是一组相关联的数据按行和列排列的二维表，简称为表(Table)。二维表的每一行称为一条记录，每一列称为一个字段。每个数据表均有一个表名。一个数据库由一个或多个数据表组成，各个数据表之间可以存在某种关系。表3.1～表3.4所示的均是数据表。数据表的文件名相当于二维表的表名，它是数据表的主要标识，用户可以依靠数据表名在磁盘上存取、使用指定的数据表。原则上表文件名能体现表的内容(例如表3.1的文件名是"学生表")。当文件名较长时可以采用英文缩写或者拼音缩写。

**表3.1　学生表**

| 学　号 | 姓名 | 性别 | 出生日期 | 年龄 | 家庭住址 | 电话号码 | 是否团员 | 简历 | 照片 |
|---|---|---|---|---|---|---|---|---|---|
| 0100901001 | 王红 | 女 | 01/11/80 | 24 | 石家庄 | 0311-6890123 | T | | |
| 0100901002 | 李鹏 | 男 | 12/02/81 | 23 | 张家口 | 0313-2091233 | T | | |
| 0100901003 | 李小明 | 男 | 08/24/81 | 23 | 保定 | 0312-2879086 | T | | |
| 0100901004 | 金叶 | 女 | 12/08/80 | 24 | 天津 | 022-12489087 | F | | |
| 0100901005 | 张大军 | 男 | 09/12/80 | 24 | 沧州 | 0318-23489870 | F | | |

续表

| 学　号 | 姓 名 | 性别 | 出生日期 | 年龄 | 家庭住址 | 电话号码 | 是否团员 | 简历 | 照片 |
|---|---|---|---|---|---|---|---|---|---|
| 0100901006 | 沈梅 | 女 | 03/24/81 | 23 | 张家口 | 0313-2090876 | T | | |
| 0100901007 | 王小强 | 男 | 07/11/82 | 22 | 廊坊 | 0314-5040781 | F | | |
| 0100901008 | 刘志明 | 男 | 05/16/80 | 24 | 衡水 | 0315-4062980 | T | | |
| 0100901009 | 董海燕 | 女 | 10/18/81 | 23 | 唐山 | 0316-3026626 | T | | |
| 0100901010 | 郑亮 | 男 | 03/18/80 | 24 | 保定 | 0312-8032456 | F | | |

**表 3.2　教师表**

| 教师号 | 姓 名 | 性别 | 职称 | 教师号 | 姓 名 | 性别 | 职称 |
|---|---|---|---|---|---|---|---|
| 01001 | 王利国 | 男 | 实验师 | 00004 | 徐克 | 男 | 讲师 |
| 00002 | 肖建斌 | 男 | 副教授 | 01005 | 刘建新 | 男 | 讲师 |
| 00003 | 李树华 | 女 | 教授 | 01003 | 耿静 | 女 | 助教 |

**表 3.3　课程表**

| 课程编号 | 课程名称 | 教师号 | 课时 | 授课地点 | 授课时间 |
|---|---|---|---|---|---|
| 20030101 | 大学体育 | 00002 | 24 | 操场 | |
| 20030102 | 英语 | 00003 | 80 | 教学楼 303 | |
| 20030103 | 数据结构 | 01005 | 60 | 多媒体教室 | |
| 20030104 | 组成原理 | 00004 | 60 | 教学楼 301 | |

**表 3.4　成绩表**

| 学　号 | 课程编号 | 课程名称 | 成绩 | 学　号 | 课程编号 | 课程名称 | 成绩 |
|---|---|---|---|---|---|---|---|
| 0100901001 | 20030101 | 大学体育 | 92 | 0100901004 | 20030103 | 数据结构 | 90 |
| 0100901001 | 20030102 | 英语 | 89 | 0100901009 | 20030103 | 数据结构 | 88 |
| 0100901002 | 20030103 | 数据结构 | 78 | 0100901009 | 20030104 | 组成原理 | 70 |
| 0100901002 | 20030104 | 组成原理 | 75 | | | | |

**2. 字段**

数据表都是由多行和多列构成的集合，每列称为一个字段(Field)。它对应表格中的数据项，每个数据项的名称称为字段名，如“学号”、“姓名”等都是字段名。字段名是一个字段的标识，由字母、数字和下划线组成，但是字段名的首字符不能是数字。自由表的字段名最长为10个字符，数据库表中的字段名最多可以由128个字符组成。数据库表可以对字段设置默认值而自由表不可以。在同一个表中，不能有两个相同的字段名存在。

表中的每一个字段都有特定的数据类型。可以将字段的数据类型设置为表3.5中所示的几种。

字段的宽度是表为字段预留存储空间的长度。它规定了字段能够输入数据的最大字符数。字符型、数值型、浮点型的字段宽度在建立表结构时由用户根据需要设置，其他类型的字段宽度则都是固定的。数值型、浮点型和双精度型字段还可以有小数位。在设置

表 3.5　字段的数据类型

| 类　型 | 代号 | 字段宽度 | 说　明 | 示　例 |
|---|---|---|---|---|
| 字符型 | C | 最多 256 个字符 | 字母、数字型文本 | 姓名 |
| 货币型 | Y | 8 | 货币单位 | 价格 |
| 数值型 | N | 最多 20 位 | 整数或小数 | 成绩分数 |
| 浮点型 | F | 最多 20 位 | 整数或小数 | 科学计算数据 |
| 日期型 | D | 8 | 年、月、日 | 出生日期 |
| 日期时间型 | T | 8 | 年、月、日、时、分、秒 | 上课时间 |
| 双精度型 | B | 8 | 双精度数值 | 实验要求的高精度数据 |
| 整型 | I | 4 | 不带小数点的数值 | 授课的节数 |
| 逻辑型 | L | 1 | 真或假 | 是否团员 |
| 备注型 | M | 4 | 不定长的字母数字文本 | 个人简历 |
| 通用型 | G | 4 | OLE(对象链接与嵌入) | Excel 电子表格 |

字段宽度时要考虑小数位、正负号和小数点。小数点和正负号均占一位字符宽度。需要说明的是，备注型和通用型的宽度均为 4 个字节，只用来存放一个指向备注文件的指针(相当于一个地址)而实际的备注内容被存放在一个与表文件同名的备注文件中，这个文件的扩展名为. fpt。

**3. 记录**

数据表的项目名称下面的每一行称为一条记录(Record)，它是字段值的集合，是数据表中不可分割的基本项。每行中具体的数据项内容组成的一条记录标明了某一事物的基本内容。如在学生表中姓名为“李鹏”的行中的所有数据即是一条记录。

记录中的每个字段的取值称为字段值或分量。记录中的数据随每一行记录的不同而变化。

**4. 关键字**

如果数据表中的某个字段值能唯一地确定一条记录，用以区分不同的记录，则称该字段名为候选关键字。一个表中可以存在多个候选关键字，选定其中一个关键字作为主关键字。如学生表中的“学号”是唯一的，可作为主关键字，“姓名”或“出生日期”存在相同情况，可将它们组合起来，作为组合关键字。

对数据表中的每个记录来说，主关键字必须具有一个唯一的值，即主关键字不能为空值。在数据库中，表与表之间是通过关键字来相互关联的。例如，学生表与成绩表之间就是用“学号”相互关联的。用来联系两个数据表的字段称为关键字段。根据一个表中记录与另一个表中记录之间的数量对应关系，分为一对一、一对多(或多对一)、多对多关系。常用的是一对多关系，一对一关系可看成是一对多关系的特例。

### 3.1.2　创建数据表

在 Visual FoxPro 中，创建表有两种方法：一种方法是使用表设计器；另一种方法是使用表向导。无论是使用表设计器，还是使用表向导，都必须遵循以下原则。

(1) 必须用足够长的字段来容纳数据。

(2) 数值型字段和浮点型字段必须有适当的小数位数。

(3) 数据的字段类型必须与准备在其中存入的数据类型相匹配。

(4) 如果想使字段能够接收空值，那么必须选中NULL栏。

**1. 使用表设计器创建表的操作步骤**

(1) 从“文件”菜单中选择“新建”命令，或者单击常用工具栏中的“新建”按钮。则打开“新建”对话框，如图3.1所示。

(2) 在“新建”对话框中选中“表”单选按钮，然后单击“新建文件”按钮，打开“创建”对话框。

(3) 在“创建”对话框中，输入表的名称(例如：学生)并单击“保存”按钮。

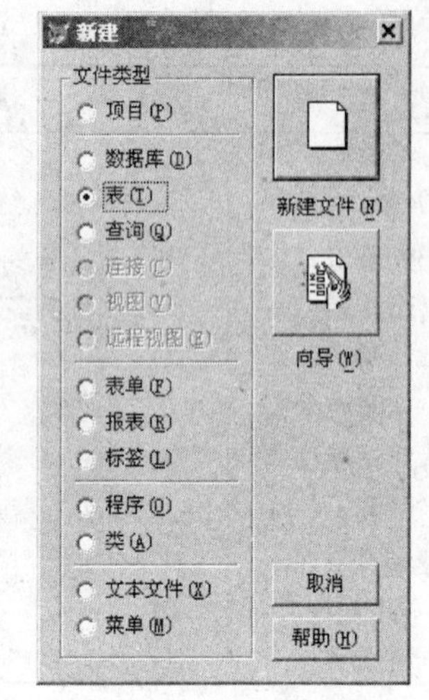


图3.1 “新建”对话框

(4) 在如图3.2所示的“表设计器”对话框中，有“字段”、“索引”、“表”3个选项卡。“字段”选项卡用于建立和编辑字段属性。“索引”选项卡用于建立索引、排序和筛选。“表”选项卡用来显示一些统计信息。下面选择“字段”选项卡来建立表结构。

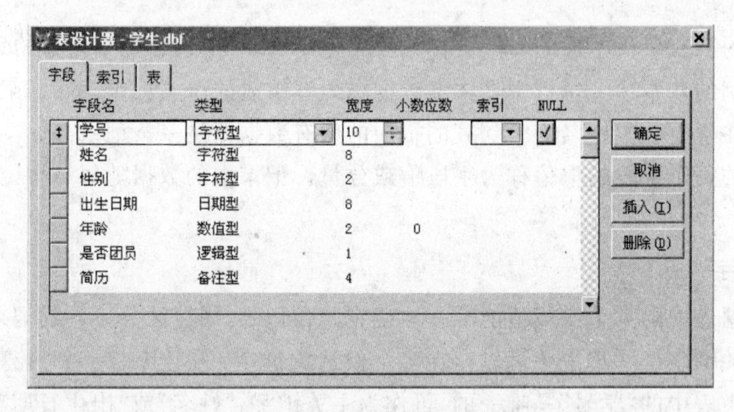


图3.2 “表设计器”对话框

① 在“字段名”列中输入字段名。

② 在“类型”列中，选择列表中的某一字段类型。注意，字段的数据类型应与将要存储在其中的信息类型相匹配。

③ 在“宽度”列中，设置以字符为单位的列宽，使字段的宽度足够容纳将要显示的信息内容。注意，一个汉字需占两个字符的宽度。

④ 如果“字段类型”是“数值型”或“浮点型”，要设置“小数位数”列中的小数位数。

⑤ 如果希望为字段添加索引，就在“索引”列中选择一种排序方式。

⑥ 如果想让字段接受NULL值，选中NULL选项。NULL无明确的值，它不等同于零或空格。不能认为一个NULL值比某个值(包括另一个NULL值)大或小，相等或

不同。

⑦ 一个字段定义完后，单击下一个字段名，输入另一组字段定义，一直把所有字段都定义完。

"插入"按钮：在已选定字段前插入一个新字段。

"删除"按钮：从表中删除选定字段。

**注意**：当鼠标指针指向字段名左端的方块时，将变为上下双向箭头，拖动上下箭头可以改变字段的顺序。另外，在输入过程中，不能按 Enter 键，否则表示"创建"结束。定义好各个字段后单击"确定"按钮，就完成了表结构的定义工作，这时会出现一个确认对话框，显示"现在输入数据记录吗?"，若需要马上输入记录，则单击"是"按钮，不输入记录，则单击"否"按钮。

**2. 利用表向导创建表的操作步骤**

(1) 从"工具"菜单指向"向导"子菜单，然后选择"表"命令，打开"表向导"对话框(图 3.3)。"表向导"对话框包含一个表结构的内嵌设置，用于简化表的设计。"样表"列表框中列出了 Visual FoxPro 提供的全部样表，可以从中选择要用的样表。"可用字段"列表框中列出了样表中预先设计的字段，可以从中选择要在新表中使用的字段。"可用字段"列表框右侧有 4 个垂直排列的按钮，上面两个按钮用于把字段从"可用字段"列表框移动到"选定字段"列表框中，最上面的按钮只移动选择的字段，而第二个按钮用于移动所有的有效字段；下面两个按钮用于将字段从"选定字段"列表框中移除，以便在做出选择后，还可以改变主意。

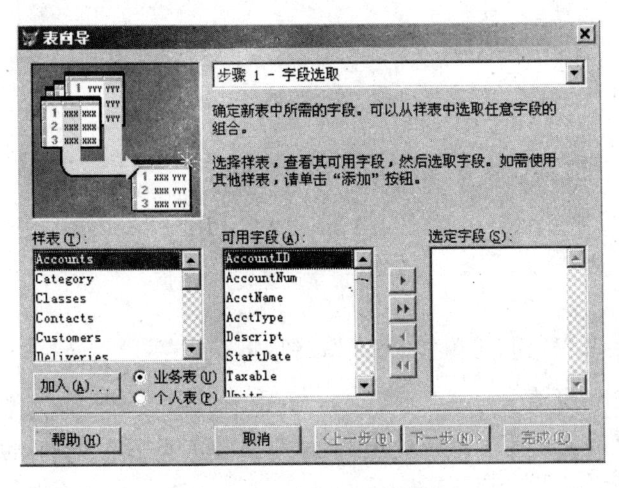


图 3.3　"表向导"对话框

(2) 如果需要的样表不在"样表"列表框中，则单击"加入"按钮，选择自己需要的样表添加到"表向导"对话框(例如将学生表导入)。然后按照步骤(1)从"可用字段"列表框中选择需要的字段移动到"选定字段"列表框中。

(3) 单击"下一步"按钮，在"选择数据库"对话框中，选中"创建独立的自由表"单选按钮(图 3.4)。

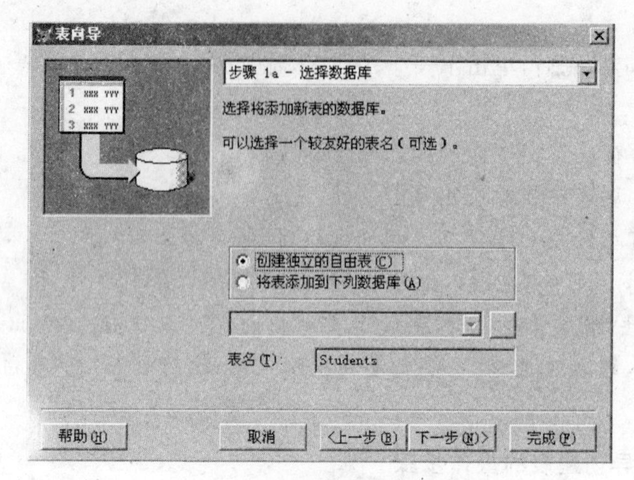


图 3.4 “选择数据库”对话框

(4) 单击“下一步”按钮，在“修改字段设置”对话框中可以修改已经选定字段的名称、类型、宽度等属性(图 3.5)。

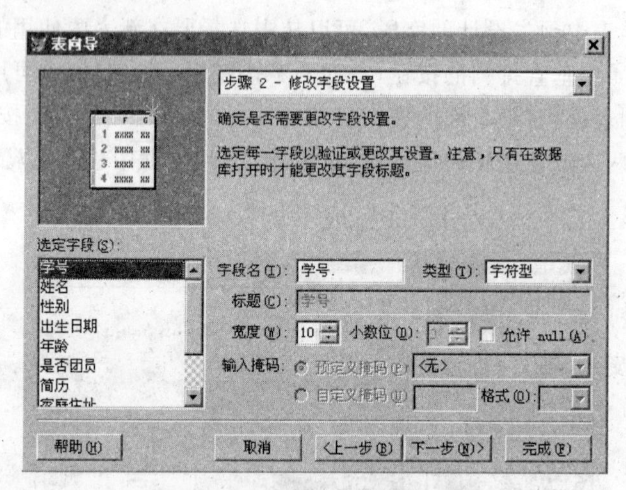


图 3.5 “修改字段设置”对话框

(5) 单击“下一步”按钮，再单击“完成”按钮，将表保存。

**3. 使用命令创建新表**

在“命令”窗口中或是在代码中使用命令，是专业人员所习惯的，也更能发挥 Visual FoxPro 的强大功能。

使用 CREATE 命令也可以打开“表设计器”对话框，创建一个新的表文件结构。

格式：

```
CREATE<新表文件名>
```

功能：创建一个新的表，表的名称由＜新表文件名＞指出。

**【例 3.1】** 在“命令”窗口输入以下命令：

```
CREATE 学生
```

可以创建“学生”表，打开表设计器，然后在表设计器中设计表的结构，输入表的记录等。

### 3.1.3　打开和关闭表文件

**1. 使用菜单或者工具栏上的按钮打开表**

(1) 选择“文件”菜单中的“打开”命令或者单击工具栏上的“打开”按钮，出现“打开”对话框，如图 3.6 所示。

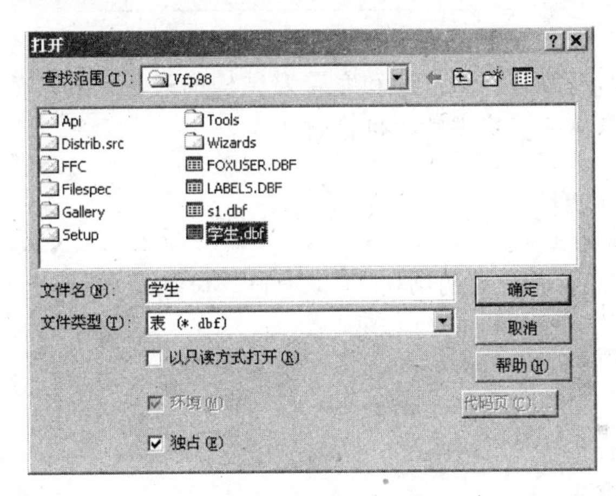


图 3.6　“打开”对话框

(2) 在“打开”对话框中，在“查找范围”组合框中选择要打开的表的路径。在“文件类型”组合框中选择“表(*.dbf)”选项。从“文件名”列表中选择要打开的表文件名。

单击“确定”按钮，打开表。如果需要修改表结构和数据，还需要在“打开”对话框中选中“独占”复选框。以“独占”方式打开的表文件，可以进行浏览、输入和编辑等操作，不允许别人再打开该文件。如果选中“以只读方式打开”复选框，则只能浏览记录内容而不能输入和编辑数据。

**2. 使用命令打开表**

格式：

```
USE [<表文件名>][EXCLUSIVE][SHARED]
```

功能：打开一个已经存在的数据表。

说明：EXCLUSIVE 选项指明用“独占”方式打开表文件；SHARED 选项指明用“共享”方式打开表文件，选择共享方式，则不允许修改表结构或数据，可以保持数据不被修改。

**【例 3.2】** 在“命令”窗口中输入以下命令：

```
USE 学生
```

即可打开表文件“学生”。

**3. 关闭表**

当一个表不再被应用时应该将它关闭。关闭表的方法有很多。

(1) 打开另一个表的同时将自动关闭当前工作区已经打开的表。

(2) 使用不带参数的 USE 命令关闭当前工作区打开的表,格式：USE。

(3) 使用 CLEAR ALL、CLOSE ALL 命令关闭所有工作区的数据表。

## 3.2 表结构的显示和修改

在建立表结构后,一般有不断修改和完善表结构的过程。在对表进行操作时需要显示表结构,发现问题后还需要对表结构进行修改。

### 3.2.1 显示表结构

显示在当前工作区打开的表的结构,可以通过表设计器查看,也可以用 LIST 命令或 DISPLAY 命令查看。

格式：

```
LIST|DISPLAY STRUCTURE [TO PRINTER|TO FILES<文件名>]
```

功能：显示当前表的结构。

说明：LIST 和 DISPLAY 两个命令的区别在于显示方式不同。LIST 命令一次性显示全部表结构,DISPLAY 则可以分屏显示。TO PRINTER 表示打印表结构,TO FILES ＜文件名＞是将表结构的显示内容存入文本文件中。

### 3.2.2 修改表结构

修改表结构需在“表设计器”对话框中进行。在对表进行修改之前,要先打开表,然后选择“显示”菜单中的“表设计器”命令或者在“命令”窗口中输入 MODIFY STRUCTURE 命令,打开表设计器进行表结构的修改。

打开表设计器后可分别对字段类型、字段长度以及索引等进行添加、删除或其他修改操作。

(1) 要插入新字段,单击需要插入的字段行,然后单击“插入”按钮,则在该字段行之前插入了一个新字段,之后即可对新字段进行相应设置。

(2) 要删除字段,单击要删除的字段行,然后单击“删除”按钮。

(3) 要移动字段,用鼠标指向需要移动字段行的左侧按钮上,然后拖动字段到相应的位置。

## 3.3 表记录的输入和删除

### 3.3.1 表记录的输入

在设置表结构后单击“确认”按钮，这时会出现一个确认对话框，显示“现在输入数据记录吗?”，若单击“是”按钮，则打开表编辑窗口，如图 3.7 所示。浏览窗口提供两种方式：一种是浏览方式(图 3.8)，另一种是编辑方式。要从浏览方式转为编辑方式，可选择“显示”菜单中的“编辑”命令；反之，要从编辑方式转为浏览方式，可选择“显示”菜单中的“浏览”命令。无论是浏览方式还是编辑方式，用户都可以进行输入数据、查找记录、修改数据内容等操作。

图 3.7 编辑窗口

学生

| 学号 | 姓名 | 性别 | 出生日期 | 年龄 | 是否团员 | 简历 | 家庭住址 |
|---|---|---|---|---|---|---|---|
| 0100901001 | 王红 | 女 | 01/11/80 | 24 | T | memo | 石家庄 |
| 0100901002 | 李鹏 | 男 | 01/20/81 | 23 | T | memo | 张家口 |
| 0100901003 | 李小明 | 男 | 08/24/81 | 23 | T | memo | 保定 |
| 0100901004 | 金叶 | 女 | 12/08/80 | 24 | F | memo | 天津 |
| 0100901005 | 张大军 | 男 | 09/12/80 | 24 | T | memo | 沧州 |
| 0100901006 | 沈梅 | 女 | 03/24/81 | 23 | T | memo | 张家口 |
| 0100901007 | 王小强 | 男 | 07/11/82 | 22 | F | memo | 廊坊 |
| 0100901008 | 刘志明 | 男 | 05/16/80 | 24 | T | memo | 衡水 |
| 0100901009 | 董海燕 | 女 | 10/18/81 | 23 | T | memo | 唐山 |
| 0100901010 | 郑亮 | 男 | 03/18/80 | 24 | F | memo | 保定 |

图 3.8 浏览窗口

在表编辑窗口中输入数据时，一条记录分为一组，字段的名称被显示在窗口左边，将字段的值填在相应字段名后面。

在表浏览窗口中输入数据时，一条记录显示在一行内，字段的名称显示在窗口的最上面一行，将字段的值填在字段名的下面。

无论在哪种窗口中输入数据，数据都将自动保存到表文件中，不需要另外进行保存操作。数据输入完毕后直接关闭窗口即可。

另外需要说明的是备注型字段和通用型字段的数据输入。

(1) 备注型字段宽度是 4，只用于存放一个指针。备注的内容存放在备注文件中。输入备注内容时，双击备注字段或按 Ctrl＋PgDn 键打开编辑窗口，将内容输入编辑窗口中。输入完毕后直接关闭编辑窗口即可不用另做保存工作。如果不想保存输入的内容，按 Esc 键退出即可。

(2) 通用型字段宽度是 4，也只用于存放一个指针。为通用字段输入内容时，双击通用字段打开编辑窗口，选择“编辑”菜单中的“插入对象”命令将打开“插入对象”对话框。单击“浏览”按钮选择插入对象的路径，然后单击“确定”按钮。输入数据后直接关闭编辑窗口，按 Esc 键将直接退出不保存数据。要将已保存的数据删除，可以选择“编辑”菜单中的“清除”命令。

### 3.3.2 记录指针及其定位

打开一个表文件时，记录指针指向第一条记录。要对某条记录进行操作就要将指针指向那条记录，这就涉及记录的定位。记录定位就是将记录指针移动到某条记录上，使其成为当前记录。

**1. 菜单操作**

使用滚动条可以来回移动表的记录指针，显示表中不同的字段和记录。也可以用箭头键和 Tab 键移动。若要查看不同的记录，可以采用以下方法。

(1) 从“表”菜单中选择“转到记录”子菜单。

(2) 在子菜单中选择“第一个”、“最后一个”、“下一个”、“前一个”或“记录号”选项。

(3) 如果选择了“记录号”选项，在“转到记录”对话框中输入待查看记录的编号，然后单击“确定”按钮。

如果选择“定位”命令，会打开如图 3.9 所示的对话框。

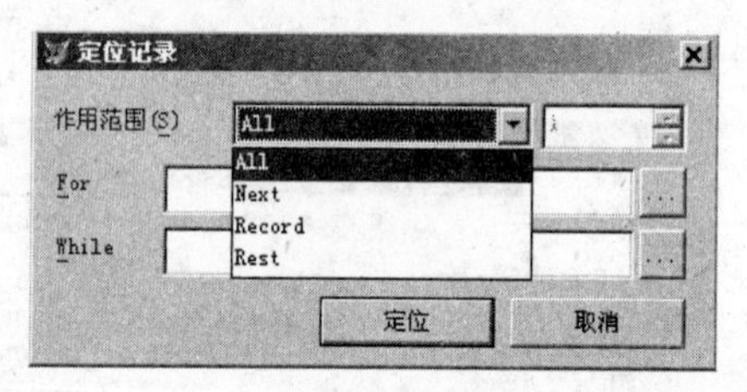


图 3.9 “定位记录”对话框

(1) 在“作用范围”下拉列表框中可以看到有 All、Next、Record、Rest 共 4 个选项。

① All：指全部记录。

② Next：配合其右边的数字(如 8)，表示对从当前记录起的多少条(如 8 条)记录进行操作。

③ Record：配合其右边的数字，表示对某条记录进行操作。

④ Rest：表示对从当前记录开始，到文件的最后一条记录为止的所有记录进行操作。

(2) For、While 文本框是可选项，可以输入或选择表达式作为操作的条件。其右边的“...”按钮是表达式生成按钮，单击它会打开一个对话框，以方便选择操作条件。For、While 虽然都表示操作条件，但也有区别：For 表示对满足表达式条件的所有记录进行操作；While 则表示从表中的当前记录开始向下顺序判断，只要出现不满足表达式条件的记录就终止，而不管其后是否还有满足条件的记录。

**2. 使用命令**

可以在“命令”窗口中或程序中使用命令来移动记录指针。移动记录指针的命令分为绝对定位和相对定位两种。

(1) 绝对定位。

格式一：

```
GO|GOTO [BOTTOM|TOP|<记录号>]
```

功能：将记录指针指向指定记录。

说明：BOTTOM 表示末记录，TOP 表示首记录，<记录号>可以是数值表达式，四舍五入取整数，但是必须保证其值为正数且位于有效的记录数范围之内。

格式二：

```
[GO|GOTO] n
```

说明：GO或者GOTO可以省略，直接指明记录号。

(2) 相对定位。

格式：

```
SKIP[n|-n]
```

说明：n为数值表达式，四舍五入取整数。若是正数，向记录号增大的方向移动，若是负数，向记录号减小的方向移动。若省略，则记录指针移向下一条记录。

**【例3.3】** 打开“学生”表，进行有关指针操作并显示其结果。

```
USE 学生                    && 打开“学生”表文件
? RECNO()                   && 显示当前记录号
1
SKIP                        && 将记录指针向后移动一条记录
?RECNO()
2
GO BOTTOM                   && 使记录指针指向表的最后一条记录
?RECNO()
10
GO 4                        && 使记录指针指向第4条记录
?RECNO()
4
```

### 3.3.3 记录的追加

**1. 利用浏览窗口追加记录**

在打开表的前提下打开浏览或者编辑窗口，将浏览和编辑窗口设置为“追加方式”。在“追加方式”中，文件底部显示了一组空字段，可以在其中输入数据来建立新记录。设置“追加方式”的方法为：从“显示”菜单中选择“追加方式”命令或在“表”菜单中选择“追加新记录”命令。在新记录中填充字段，按Tab键可以在字段间进行切换。每完成一条记录，在文件的底端就会又出现一条新记录。

**2. 从另一个表文件成批追加记录**

打开表，选择“表”菜单中的“追加记录”命令，会打开“追加来源”对话框，如图3.10所示。在“类型”下拉列表框中选择数据源的类型。单击按钮...，会打开下一级对话框，从中选择追加的来源文件。如果单击“选项”按钮，会打开“追加来源选项”对话框，如图3.11所示。单击For按钮，打开“表达式生成器”对话框(图3.12)，在对话框中输入关系表达式，可以从来源表中筛选出符合此关系的记录追加到表中。例如在对话框中输入表达式：家庭住址="石家庄"，那么将从来源表中筛选出家庭住址是石家庄的学生记录追加到已打开的表中。

**3. 命令方式**

格式一：

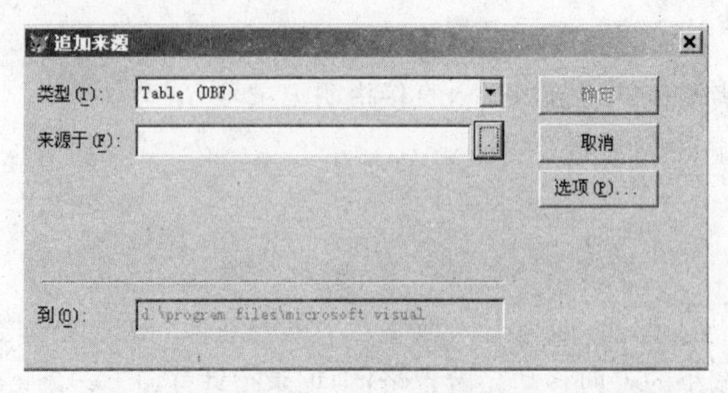


图 3.10 “追加来源”对话框

图 3.11 “追加来源选项”对话框

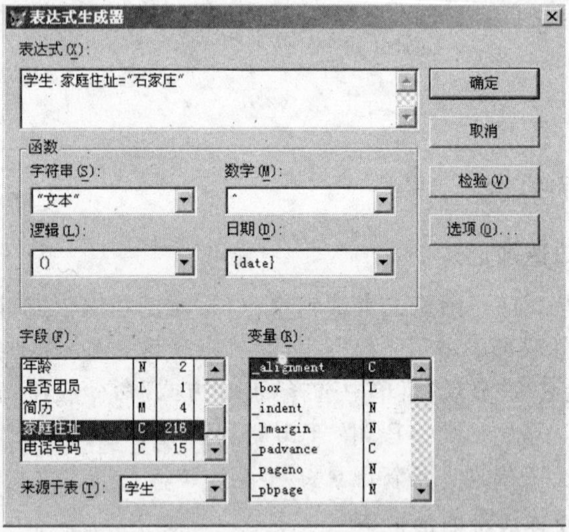

图 3.12 “表达式生成器”对话框

```
APPEND FROM<文件名>|?[FIELDS<字段名表>] [FOR<条件表达式>]
```

功能：将由＜文件名＞指定的数据表中的记录追加到当前表中。

说明：＜文件名＞用于指定将被追加的数据表。使用？将打开“打开”对话框，用户可以从中选择被追加的数据表。FIELDS＜字段名表＞用来指定追加哪些字段，FOR＜条件表达式＞表示满足条件的记录将被追加，如果省略 FOR 子句，那么所有记录均会被追加到当前表中。

格式二：

```
APPEND [BLANK]
```

功能：在当前表的最后追加一条或多条记录。

说明：如果使用 BLANK 子句，则在当前表的最后追加一条空白记录。

### 3.3.4　记录的插入

格式：

```
INSERT[BLANK][BEFORE]
```

功能：在当前表中的指定位置插入记录。

说明：使用 BLANK 子句可以在表中当前记录之后插入一条新记录，若省略该子句，则执行命令后出现记录编辑窗口等待用户进行插入操作。使用 BEFORE 子句可以在当前记录之前插入一条新记录。

### 3.3.5　表记录的删除

当表中的记录不需要再被保留下来，就可以将该记录从表中删除了。执行删除操作时表必须以"共享"方式打开。删除表中的记录共有两个步骤：先进行逻辑删除，如果要真正删除该记录，则必须再对其进行物理删除。进行了逻辑删除的记录只是做了删除标记，并没有真正删除，必要的时候可以将其恢复。进行了物理删除的记录不能将其恢复。

**1. 在浏览或编辑窗口中删除记录**

若要从表中删除记录：单击记录左边的小方框，小方框变成黑色，这样就标记了待删除的记录，如在图 3.13 中"王红"这条记录就加上了删除标记。

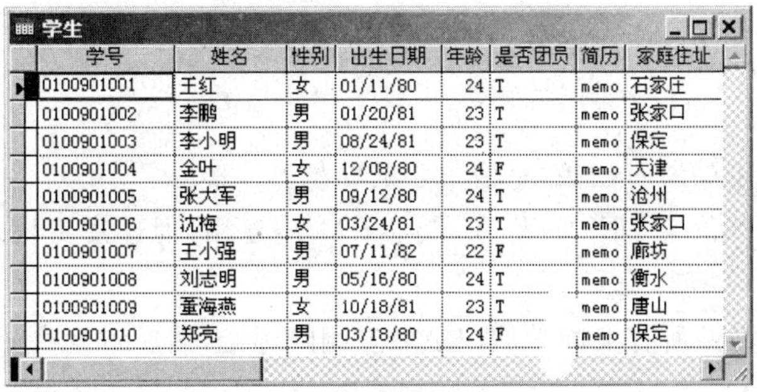

学生

| 学号 | 姓名 | 性别 | 出生日期 | 年龄 | 是否团员 | 简历 | 家庭住址 |
|---|---|---|---|---|---|---|---|
| 0100901001 | 王红 | 女 | 01/11/80 | 24 | T | memo | 石家庄 |
| 0100901002 | 李鹏 | 男 | 01/20/81 | 23 | T | memo | 张家口 |
| 0100901003 | 李小明 | 男 | 08/24/81 | 23 | T | memo | 保定 |
| 0100901004 | 金叶 | 女 | 12/08/80 | 24 | F | memo | 天津 |
| 0100901005 | 张大军 | 男 | 09/12/80 | 24 | T | memo | 沧州 |
| 0100901006 | 沈梅 | 女 | 03/24/81 | 23 | T | memo | 张家口 |
| 0100901007 | 王小强 | 男 | 07/11/82 | 22 | F | memo | 廊坊 |
| 0100901008 | 刘志明 | 男 | 05/16/80 | 24 | T | memo | 衡水 |
| 0100901009 | 董海燕 | 女 | 10/18/81 | 23 | T | memo | 唐山 |
| 0100901010 | 郑亮 | 男 | 03/18/80 | 24 | F | memo | 保定 |

图 3.13　有删除标记的浏览窗口

标记记录并不等于删除记录，属于"逻辑删除"。要想真正地删除记录(物理删除)，应从"表"菜单中选择"彻底删除"命令，当出现提示"是否从表中移去已删除的记录?"时，单击"是"按钮。这个过程将删除所有标记过的记录，并重新构造表中余下的记录。删除记录后将关闭浏览窗口，若要继续工作，要重新打开浏览窗口。

若要有选择地删除一组记录，可从"表"菜单中选择"删除记录"命令，则打开"删除"对话框，输入删除条件，选择删除记录的范围。如果待删除记录能够描述出来，可以建立一个描述表达式。单击 For 后面的…按钮，打开"表达式生成器"对话框。

**2. 使用命令**

(1) 逻辑删除记录命令可以对数据表中指定范围内满足条件的记录加上删除标记。

格式：

```
DELETE [<范围>][FOR<条件表达式>]
```

功能：对指定范围和满足条件的记录进行逻辑删除。

说明：该命令属于逻辑删除命令，执行后记录仍能被操作(修改、复制、显示等)。

(2) 恢复记录命令可以恢复数据表中指定范围内满足条件的被逻辑删除的记录，撤销删除标记。

格式：

```
RECALL [<范围>][FOR<条件表达式>]
```

功能：取消删除标记，恢复成正常记录。

(3) 物理删除记录命令可以将数据表中所有具有删除标记的记录真正从表文件中删掉。

格式：

```
PACK
```

功能：真正删除所有带删除标记的记录，即物理删除，该操作是不可恢复的。

(4) 直接删除所有记录命令可一次删除数据表中的全部记录且仅保留表结构。

格式：

```
ZAP
```

功能：清除表中的所有记录，只留下表的结构。

说明：该命令等价于 DELETE ALL 与 PACK 连用，但速度更快。属于物理删除命令，一旦执行，无法恢复。

**【例 3.4】** 首先给所有女同学的记录加上删除标记，然后对这些记录进行恢复。

```
USE 学生                    && 打开"学生"表
DELETE FOR 性别="女"        && 删除女同学的记录
```

结果如图 3.14 所示。

```
RECALL FOR 性别="女"        && 对加了删除标记的女同学的记录进行恢复
```

结果如图 3.15 所示。

学生

| 学号 | 姓名 | 性别 | 出生日期 | 年龄 | 是否团员 | 简历 | 家庭住址 |
|---|---|---|---|---|---|---|---|
| 0100901001 | 王红 | 女 | 01/11/80 | 24 | T | memo | 石家庄 |
| 0100901002 | 李鹏 | 男 | 01/20/81 | 23 | T | memo | 张家口 |
| 0100901003 | 李小明 | 男 | 08/24/81 | 23 | T | memo | 保定 |
| 0100901004 | 金叶 | 女 | 12/08/80 | 24 | F | memo | 天津 |
| 0100901005 | 张大军 | 男 | 09/12/80 | 24 | T | memo | 沧州 |
| 0100901006 | 沈梅 | 女 | 03/24/81 | 23 | T | memo | 张家口 |
| 0100901007 | 王小强 | 男 | 07/11/82 | 22 | F | memo | 廊坊 |
| 0100901008 | 刘志明 | 男 | 05/16/80 | 24 | T | memo | 衡水 |
| 0100901009 | 董海燕 | 女 | 10/18/81 | 23 | T | memo | 唐山 |
| 0100901010 | 郑亮 | 男 | 03/18/80 | 24 | F | memo | 保定 |

图 3.14　逻辑删除女同学记录

学生

| 学号 | 姓名 | 性别 | 出生日期 | 年龄 | 是否团员 | 简历 | 家庭住址 |
|---|---|---|---|---|---|---|---|
| 0100901001 | 王红 | 女 | 01/11/80 | 24 | T | memo | 石家庄 |
| 0100901002 | 李鹏 | 男 | 01/20/81 | 23 | T | memo | 张家口 |
| 0100901003 | 李小明 | 男 | 08/24/81 | 23 | T | memo | 保定 |
| 0100901004 | 金叶 | 女 | 12/08/80 | 24 | F | memo | 天津 |
| 0100901005 | 张大军 | 男 | 09/12/80 | 24 | T | memo | 沧州 |
| 0100901006 | 沈梅 | 女 | 03/24/81 | 23 | T | memo | 张家口 |
| 0100901007 | 王小强 | 男 | 07/11/82 | 22 | F | memo | 廊坊 |
| 0100901008 | 刘志明 | 男 | 05/16/80 | 24 | T | memo | 衡水 |
| 0100901009 | 董海燕 | 女 | 10/18/81 | 23 | T | memo | 唐山 |
| 0100901010 | 郑亮 | 男 | 03/18/80 | 24 | F | memo | 保定 |

图 3.15　将删除标记去掉后的结果

## 习　题　三

1. 简答题

(1) 备注型字段和通用型字段的宽度是多少？如何进行数据输入？

(2) 自由表和数据表有什么区别和联系？

(3) 物理删除与逻辑删除有什么区别？

2. 选择题

(1) 一个表的全部备注字段的内容存储在(　　)中。

A) 同一表备注文件　　B) 不同表备注文件

C) 同一数据库文件　　D) 同一文件文本

(2) 在 Visual FoxPro 的表结构当中，逻辑型、日期型和备注型字段的宽度分别是(　　)。

A) 1,8,10　　B) 1,8,4　　C) 3,8,256　　D) 3,8,任意

(3) 对表结构进行操作是在(　　)环境下完成的。

A) 表向导　　B) 表设计器　　C) 表浏览窗口　　D) 表编辑窗口

(4) 学生表中有学号、姓名、出生日期等字段，要显示所有 1980 年出生的学生名单，下列命令正确的是(　　)。

A) LIST 姓名 FOR 出生日期=1980

B) LIST 姓名 FOR 出生日期="1980"

C) LIST 姓名 FOR YEAR(出生日期)=1980

D) LIST 姓名 FOR YEAR("出生日期")=1980

(5) 当前记录指针指向第4条记录,执行SKIP命令后,记录指针定位在第(　　)条记录。

A) 3　　B) 4　　C) 5　　D) 6

(6) 顺序执行下列命令后,最后一条命令显示的结果是(　　)。

```
USE 成绩
GO 6
SKIP -3
?RECNO()
```

A) 3　　B) 4　　C) 5　　D) 9

(7) DELETE命令的作用是(　　)。

A) 删除当前表文件中的所有记录

B) 物理删除当前记录

C) 为当前记录做删除标记

D) 出现提问对话框,确认后将物理删除当前记录

(8) 下列命令或命令组合中可以将所有记录彻底从磁盘上删除的有(　　)。

A) ZAP　　B) DELETE ALL

C) DELETE ALL<br>PACK　　D) RECALL ALL

(9) 若数据表中的记录暂时不想使用,为提高数据表的使用效率,对这些数据可以进行(　　)。

A) 物理删除　　B) 数据过滤　　C) 逻辑删除　　D) 不加任何处理

# 第 4 章　表的维护及基本应用

利用上一章中介绍的内容可以建立表并对表进行一些基本的操作。本章中介绍如何对已建立的表进行相应的维护和应用来满足用户的需要。

## 4.1　表的编辑修改

### 4.1.1　编辑修改命令

格式：

```
EDIT|CHANGE [FIELDS<字段名表>][<范围>] [FOR<条件表达式>]
[WHILE<条件表达式>]
```

功能：对满足条件的记录在编辑窗口进行显示、编辑和修改。

说明：

(1) EDIT 和 CHANGE 的功能相同。

(2) FIELDS＜字段名表＞用来显示和编辑指定记录的字段。

(3) 通过 FOR＜条件表达式＞、WHILE＜条件表达式＞和＜范围＞来指定需要编辑的记录。默认范围和条件为从当前记录编辑到最后一条记录。

(4) 在浏览或者编辑窗口中也可以对记录直接进行编辑修改。若要改变“字符型”字段、“数值型”字段、“逻辑型”字段、“日期型”字段或“日期时间型”字段中的信息，可以把光标置于字段中并编辑信息，或者选定整个字段并输入新的信息。

**【例 4.1】** 修改“学生”表中的“学号”、“姓名”和“家庭住址”这 3 个字段。

```
USE 学生
EDIT FIELDS 学号,姓名,家庭住址
```

执行命令后将打开编辑窗口，表中的所有记录只显示学号、姓名、家庭住址 3 个字段，并可以对它们的值进行修改。

### 4.1.2　浏览命令

格式：

```
BROWSE[FIELDS<字段名表>][<范围>] [FOR<条件表达式>]
```

```
[WHILE<条件表达式>]
```

功能：打开浏览窗口并显示记录。

说明：FIELDS＜字段名表＞用来指定需要修改的字段。浏览窗口中显示的字段顺序与＜字段名表＞给出的顺序一致。通过FOR＜条件表达式＞、WHILE＜条件表达式＞或＜范围＞子句来指定需要编辑的记录。

### 4.1.3 替换命令

替换命令REPLACE可对字段内容成批自动地进行修改(替换)，而不必在编辑状态下逐条修改。

格式：

```
REPLACE <字段名 1>WITH<表达式 1>[,<字段名 2>WITH<表达式 2>…][<范围>] [FOR|WHILE
<条件表达式>]
```

功能：对满足指定范围和条件的记录用相应表达式的值更新指定字段的内容。

其中范围选项及其说明如表4.1所示。

**表4.1 范围选项及其说明**

| 选　项 | 说　明 |
|---|---|
| ALL | 对全部记录进行操作，替换操作结束后记录指针指向末条记录的后面 |
| NEXT(n) | 只对包括当前记录在内的后面连续的 $n$ 条记录进行操作 |
| RECORD(n) | 只对第 $n$ 条记录进行操作 |
| REST | 对从当前记录起到文件尾的所有记录进行操作。操作后记录指针指向末条记录的后面 |

**【例4.2】** 将所有不是团员的学生记录中的“是否团员”字段值改成.T.。

```
USE 学生
REPLACE 是否团员 WITH .T. ALL FOR NOT 是否团员
```

还可以通过菜单进行替换操作。先打开浏览窗口，然后选择“表”菜单中的“替换”命令。在如图4.1所示的“替换字段”对话框中设置要替换的字段、替换的表达式、替换的范

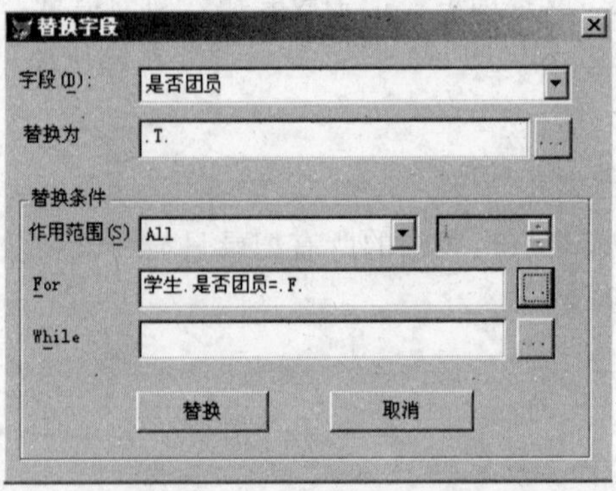

图4.1 “替换字段”对话框

围等进行替换工作。这种方式一次只能对一个字段进行替换操作，而 REPLACE 命令可以对多个字段同时进行替换操作。

### 4.1.4 修改表文件结构命令

建立表之后，还可以修改表的结构和属性。例如，可能要添加、更改或删除字段的名称、宽度、数据类型，改变默认值或规则，或添加注释、标题等。

在修改表结构前，必须以"独占"方式访问该表。可以打开"表设计器"对话框修改表的结构，也可以使用 ALTER TABLE 命令来更改表的结构。

在"命令"窗口中可以使用如下命令打开表设计器：

```
MODIFY STRUCTURE
```

(1) 如果要在最后增加字段，在"表设计器"对话框的"字段"选项卡中最后一行直接输入即可。如果要将增加的字段插入到某字段的前面，可以在"表设计器"对话框中将光标移到该字段，单击"插入"按钮，就会在该字段前面插入一个名为"新字段"的字段，编辑该字段即可。

(2) 在"字段名"、"类型"、"宽度"、NULL 等列中输入或选择相应内容。

(3) 单击"确定"按钮，出现如图 4.2 所示的确认对话框。

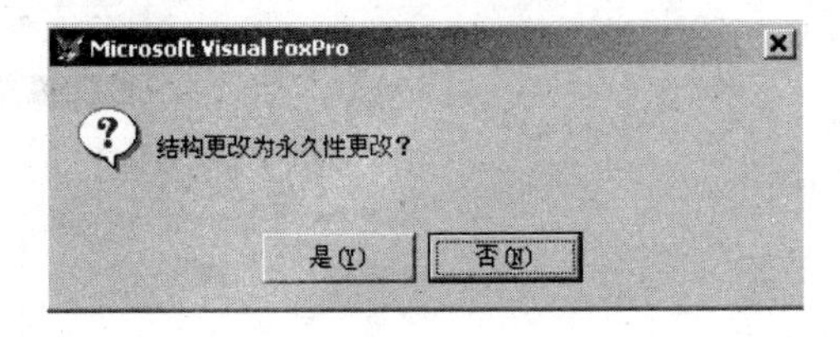


图 4.2 确认对话框

单击"是"按钮，将改变的表结构保存。

另外，"表设计器"中的字段也可以通过拖动来改变顺序。拖动方法在上一章利用表设计器创建表的操作中已经讲过，不再赘述。

要删除表中的字段，选定该字段，单击"删除"按钮即可。

## 4.2 表的排序和索引

表中的数据记录通常是按照输入顺序来存放的。在实际应用中通常需要对表中数据记录的顺序进行修改，这时就需要用到排序。如果需要用到某种逻辑顺序则需要通过索引来完成。

### 4.2.1 记录的排序

根据当前表的数据创建新的表文件，新表文件按照指定的字段、指定的排序方式重新排列表中的记录。排序命令不改变原表的记录排序，只是根据原表的数据以指定的数据排列方式创建一个新的文件。

格式：

```
SORT TO<表文件名>ON<字段名 1></A|/D>[,<字段名 2></A|/D>][范围][FOR|WHILE<条件>]
[FIELDS<字段名表>]
```

功能：根据排序的字段产生新的排序文件。

说明：排序有升序和降序两种方式。按照 ON 子句中的字段名排序，选/A 表示按照升序顺序排列，选/D 表示按照降序顺序排列。若省略表示按升序顺序排列。排序字段不能是备注型字段或通用型字段。ON 子句后面可以有多个字段名，先按照第一个字段进行排序，如果有相同记录值的记录，再按照第二个字段进行排序，以此类推。范围和 FOR、WHILE 子句用于指定参与排序的记录。FIELDS<字段名表>用于指定新表当中包含的字段，省略表示和原表的字段一致。

**【例 4.3】** 将"学生"表中的男生记录按年龄进行降序排列，年龄相同的按学号升序排列。排列后产生的新表名为 Nan，要求新表中只包括"学号"、"姓名"、"性别"、"年龄"4 个字段。

```
USE 学生
SORT TO Nan ON 年龄/D,学号 FIELDS 学号,姓名,性别,年
龄 FOR 性别="男"
USE Nan
BROWSE
```

显示结果如图 4.3 所示。

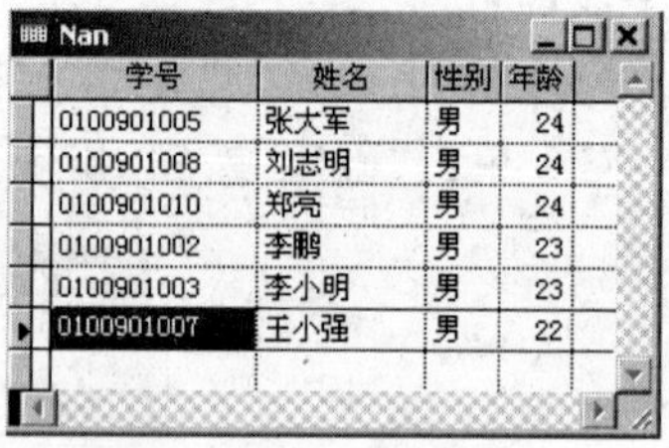

Nan

| 学号 | 姓名 | 性别 | 年龄 |
|---|---|---|---|
| 0100901005 | 张大军 | 男 | 24 |
| 0100901008 | 刘志明 | 男 | 24 |
| 0100901010 | 郑亮 | 男 | 24 |
| 0100901002 | 李鹏 | 男 | 23 |
| 0100901003 | 李小明 | 男 | 23 |
| 0100901007 | 王小强 | 男 | 22 |

图 4.3 显示结果窗口

## 4.2.2 索引

### 1. 基本概念

索引是对数据进行快速显示、快速查询的重要手段，也是创建表之间关联关系的基础。而且 SQL 查询语言必须在索引技术的支持下使用。

Visual FoxPro 的索引与书的索引类似，书的索引是一份页码目录，用于指示读者查找书中特定的页码。表的索引是记录号列表，用于确定记录的处理顺序。索引并不改变表中数据的存储顺序，而是改变 Visual FoxPro 用户读取每条记录的顺序。每个索引都有一个索引表达式用于确定索引的顺序，索引表达式可以是一个字段，也可以是多个字段的组合。可以为一个表生成多个索引，每个索引各以不同的顺序处理数据。索引一般被存储在结构化复合索引文件中。结构化复合索引文件在表被使用时被打开并更新，其文件名与相关的表名相同，扩展名是.cdx。

由于建立索引的方法很简单而且应用方便，或许用户想为每个字段建立一个索引，但是，不常用的索引往往会降低程序的执行速度，所以不常用的索引要删除。

### 2. 索引类型

索引类型有 4 种，即主索引(Primary Index)、候选索引(Candidate Index)、普通索引(Regular Index)和唯一索引(Unique Index)。索引类型是根据索引字段的数据是否有重

复值而确定的。

(1) 主索引。主索引用于确保在字段中输入的是唯一值并确定记录的处理顺序，只能为包含在数据库中的每个表创建一个主索引。如果该表已经有一个主索引，那么可以添加一个候选索引。主索引主要用在持久关系的主表中或者建立参照完整性的被引用表中。每个表只能有一个主索引。主索引中不允许指定的字段或者表达式有重复值。如果指定的字段或者表达式中已经有重复值，那么 Visual FoxPro 将产生错误。

(2) 候选索引。与主索引一样，候选索引也不允许有重复值，其表达式值是唯一标识每个记录处理顺序的值。在数据库表和自由表中可以有多个候选索引，候选索引在特定环境下可以视为主索引。

(3) 普通索引。普通索引用于确定记录的处理顺序，允许将重复值输入到字段中，可以在表中加入多个普通索引。普通索引适合用在包含重复关键字值的表中进行逻辑排序和查询记录。

(4) 唯一索引。为了保持同早期版本的兼容性，还可以建立一个唯一索引，以指定字段的首次出现值为基础，选定一组记录，并对记录进行排序。唯一索引允许进行索引的字段或表达式在各个记录中有重复值，但在索引文件中只存储第一次出现该值的记录号而将其他重复值的记录号忽略。

**3. 索引的存储方式**

(1) 结构化复合索引文件：以结构化复合索引文件存储索引时，索引文件的名字和表名相同，但扩展名为.cdx。只要打开表，就会打开结构化复合索引文件。主索引和候选索引必须用结构化复合索引文件来存储，以确保修改表时可以将索引打开，使索引得到自动修改。这是因为主索引和候选索引都需要唯一值，要改变其值就必须将其打开。此外，为了维护参照完整性，也必须将主索引和候选索引与表一起打开。

(2) 独立化复合索引文件：独立化复合索引文件与结构化复合索引文件的不同之处在于，当表打开时，独立化复合索引文件不会自动打开。通常在需要某一个特殊命令而又不想更新索引时，可以使用独立化复合索引文件。

(3) 独立.idx文件：独立.idx文件是只包含一个索引键的文件，与非结构化复合索引文件一样，独立.idx文件必须由人工来打开。

### 4.2.3　建立索引文件

**1. 使用表设计器建立索引**

使用表设计器建立索引的步骤如下。

(1) 从“文件”菜单中选择“打开”命令，选定要打开的表。

(2) 从“显示”菜单中选择“表设计器”命令，表的结构将显示在“表设计器”对话框中。

(3) 在“表设计器”对话框中选择“索引”选项卡，如图4.4所示。

(4) 在“索引名”列中输入索引名。

(5) 从“类型”列表中选定索引类型。

(6) 在“表达式”列中输入作为记录排序依据的字段名。或者，通过单击“表达式”列

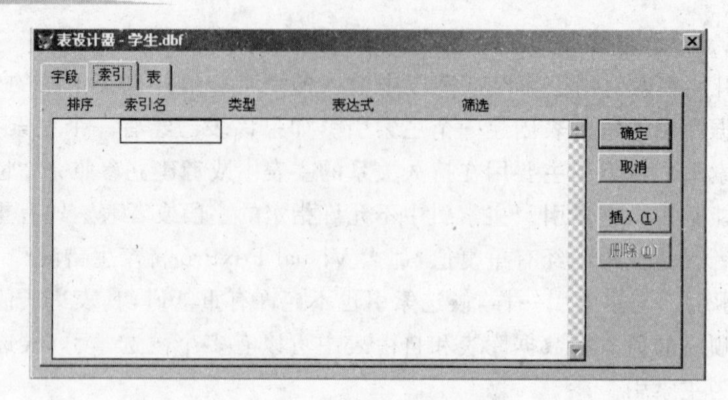


图 4.4 “表设计器”对话框

后面的...按钮，打开“表达式生成器”对话框来建立表达式。

(7) 若想有选择地输出记录，可在“筛选”列中输入筛选表达式，或者单击该列后面的...按钮来建立表达式。

**2. 使用命令建立索引**

(1) 创建复合索引文件(.cdx)。

格式：

```
INDEX ON<索引表达式>TAG<索引名>[OF<复合索引文件名>][UNIQUE|CANDIDATE]
[ASCENDING|DESCENDING] [ADDITIVE] [FOR<条件表达式>]
```

功能：创建复合索引文件。

说明：ASCENDING|DESCENDING 子句表示选择升序或降序。ASCENDING 表示升序，DESCENDING 表示降序。OF＜复合索引文件名＞子句表示建立独立复合索引，省略时将建立结构化复合索引。UNIQUE 子句表示建立唯一索引，如果多条记录具有相同的关键字段值，索引时只取其中的第一条记录。不选此项索引时包括所有记录。使用 CANDIDATE 子句表示创建候选索引。ADDITIVE 子句表示建立索引文件时不关闭其他已经打开的索引文件，省略该子句会关闭其他所有已打开的索引文件。

**【例 4.4】** 为“学生”表建立复合索引文件。

```
USE 学生
INDEX ON 学号 TAG XH          && 以“学号”为关键字，XH 为普通索引标识建立复合索引文件
LIST
```

显示结果如图 4.5 所示。

| 记录号 | 学号 | 姓名 | 性别 | 出生日期 | 年龄 | 是否团员 | 简历 | 家庭住址 | 电话号码 | 照片 |
|---|---|---|---|---|---|---|---|---|---|---|
| 1 | 0100901001 | 王红 | 女 | 01/11/80 | 24 | .T. | memo | 石家庄 | 0311-6890123 | gen |
| 2 | 0100901002 | 李鹏 | 男 | 01/20/81 | 23 | .T. | memo | 张家口 | 0313-2091233 | gen |
| 3 | 0100901003 | 李小明 | 男 | 08/24/81 | 23 | .T. | memo | 保定 | 0312-2879086 | gen |
| 4 | 0100901004 | 金叶 | 女 | 12/08/80 | 24 | .F. | memo | 天津 | 022-12489087 | gen |
| 5 | 0100901005 | 张大军 | 男 | 09/12/80 | 24 | .T. | memo | 沧州 | 011-23489870 | gen |
| 6 | 0100901006 | 沈梅 | 女 | 03/24/81 | 23 | .T. | memo | 张家口 | 0313-2090876 | gen |
| 7 | 0100901007 | 王小强 | 男 | 07/11/82 | 22 | .F. | memo | 廊坊 | | gen |
| 8 | 0100901008 | 刘志明 | 男 | 05/16/80 | 24 | .T. | memo | 衡水 | | gen |
| 9 | 0100901009 | 董海燕 | 女 | 10/18/81 | 23 | .T. | memo | 唐山 | | gen |
| 10 | 0100901010 | 郑亮 | 男 | 03/18/80 | 24 | .F. | memo | 保定 | | gen |

图 4.5 例 4.4 的结果 1

```
INDEX ON 姓名 TAG XM CANDIDATE      && 以“姓名”为关键字,XM 为候选索引标识添加到索引文
                                    && 件中
LIST
```

显示结果如图 4.6 所示。

| 记录号 | 学号 | 姓名 | 性别 | 出生日期 | 年龄 | 是否团员 | 简历 | 家庭住址 | 电话号码 | 照片 |
|---|---|---|---|---|---|---|---|---|---|---|
| 9 | 0100901009 | 董海燕 | 女 | 10/18/81 | 23 | .T. | memo | 唐山 | | gen |
| 4 | 0100901004 | 金叶 | 女 | 12/08/80 | 24 | .F. | memo | 天津 | 022-12489087 | gen |
| 2 | 0100901002 | 李鹏 | 男 | 01/20/81 | 23 | .T. | memo | 张家口 | 0313-2091233 | gen |
| 3 | 0100901003 | 李小明 | 男 | 08/24/81 | 23 | .T. | memo | 保定 | 0312-2879086 | gen |
| 8 | 0100901008 | 刘志明 | 男 | 05/16/80 | 24 | .T. | memo | 衡水 | | gen |
| 6 | 0100901006 | 沈梅 | 女 | 03/24/81 | 23 | .T. | memo | 张家口 | 0313-2090876 | gen |
| 1 | 0100901001 | 王红 | 女 | 01/11/80 | 24 | .T. | memo | 石家庄 | 0311-6890123 | gen |
| 7 | 0100901007 | 王小强 | 男 | 07/11/82 | 22 | .F. | memo | 廊坊 | | gen |
| 5 | 0100901005 | 张大军 | 男 | 09/12/80 | 24 | .T. | memo | 沧州 | 011-23489870 | gen |
| 10 | 0100901010 | 郑亮 | 男 | 03/18/80 | 24 | .F. | memo | 保定 | | gen |

图 4.6 例 4.4 的结果 2

(2) 创建独立索引文件(.idx)。

格式:

```
INDEX ON<索引关键字>TO<单索引文件名>[FOR<条件>][UNIQUE] [COMPACT][ADDITIVE]
```

功能:创建独立索引文件。

说明:

① INDEX 每次只能建立一个索引文件。使用 COMPACT 子句可以创建一个压缩型的单索引文件。

② 单索引文件只能按索引关键字表达式的值升序索引。对于数值型的索引关键字表达式,可加负号实现降序。

③ UNIQUE 表示建立唯一索引的索引文件。

④ ADDITIVE 表示建立索引文件时不关闭其他已经打开的索引文件。

**【例 4.5】** 以年龄为关键字、NL 为索引标识,为“学生”表建立独立索引。

```
USE 学生
INDEX ON 年龄 TO NL
LIST
```

显示结果如图 4.7 所示。

| 记录号 | 学号 | 姓名 | 性别 | 出生日期 | 年龄 | 是否团员 | 简历 | 家庭住址 | 电话号码 | 照片 |
|---|---|---|---|---|---|---|---|---|---|---|
| 7 | 0100901007 | 王小强 | 男 | 07/11/82 | 22 | .F. | memo | 廊坊 | | gen |
| 2 | 0100901002 | 李鹏 | 男 | 01/20/81 | 23 | .T. | memo | 张家口 | 0313-2091233 | gen |
| 3 | 0100901003 | 李小明 | 男 | 08/24/81 | 23 | .T. | memo | 保定 | 0312-2879086 | gen |
| 6 | 0100901006 | 沈梅 | 女 | 03/24/81 | 23 | .T. | memo | 张家口 | 0313-2090876 | gen |
| 9 | 0100901009 | 董海燕 | 女 | 10/18/81 | 23 | .T. | memo | 唐山 | | gen |
| 1 | 0100901001 | 王红 | 女 | 01/11/80 | 24 | .T. | memo | 石家庄 | 0311-6890123 | gen |
| 4 | 0100901004 | 金叶 | 女 | 12/08/80 | 24 | .F. | memo | 天津 | 022-12489087 | gen |
| 5 | 0100901005 | 张大军 | 男 | 09/12/80 | 24 | .T. | memo | 沧州 | 011-23489870 | gen |
| 8 | 0100901008 | 刘志明 | 男 | 05/16/80 | 24 | .T. | memo | 衡水 | | gen |
| 10 | 0100901010 | 郑亮 | 男 | 03/18/80 | 24 | .F. | memo | 保定 | | gen |

图 4.7 例 4.5 的结果

### 4.2.4 打开与关闭索引文件

利用索引进行操作时必须先打开索引文件。可以同时打开多个索引文件,但只有一

个索引文件起主控作用。索引文件必须和表一起使用才有意义。

**1. 独立.idx 文件的打开**

格式一：

```
USE<表文件名>INDEX<索引文件名表>
```

功能：在打开表的同时打开索引文件。

格式二：

```
SET INDEX TO<索引文件名表>[ADDITIVE]
```

功能：在打开表后，再打开索引。

说明：若省略 ADDITIVE 选项在打开索引文件时会关闭其他的独立索引文件和独立复合索引文件。

关闭表将同时关闭所有索引文件。用户可以同时打开独立索引文件，第一个索引文件为主控索引文件。

**【例 4.6】** 打开独立的.idx 文件 NL 并显示结果。

```
USE 学生
SET INDEX TO NL
LIST                    && 结果同例 4.5
```

**2. 结构化复合索引的打开**

格式一：

```
USE<数据表名>ORDER [TAG]<索引标记名>[ASCENDING|DESCENDING]
```

功能：打开表的同时指定结构化复合索引文件的主控索引标记。

格式二：

```
SET ORDER TO[[TAG<索引标记名>] ASCENDING|DESCENDING]
```

功能：打开了数据表之后，指定主控索引标识。

说明：ASCENDING|DESCENDING 用于重新指定索引关键字表达式值的排列顺序。

使用以下命令可以取消主控索引：

```
SET ORDER TO
```

**【例 4.7】** 结构化复合索引文件的打开。

```
USE 学生 ORDER XH
LIST                    && 结果同例 4.4 的第一个结果

SET ORDER TO TAG XM
LIST                    && 结果同例 4.4 的第二个结果
```

**3. 独立复合索引的打开**

格式一：

```
USE<数据表名>INDEX<独立复合索引文件名>ORDER [TAG]<索引标记名>[OF<独立复合索引文件名>] [ASCENDING|DESCENDING]
```

功能：打开表的同时打开独立复合索引文件并且指定主控索引标识。

格式二：

```
SET INDEX TO<独立复合索引文件名>ORDER [TAG]<索引标记名>[OF<独立复合索引文件名>]
```

功能：打开表之后，再打开独立复合索引文件并且指定主控索引标记。

**4. 关闭索引文件**

格式一：

```
SET INDEX TO
```

格式二：

```
CLOSE INDEX
```

功能：关闭所有单索引文件和独立复合索引文件。

另外，如果将表关闭，那么所有的索引文件也将被关闭。

### 4.2.5　删除索引

可通过删除.cdx文件中的标识来删除不再使用的索引，或者通过删除.idx文件本身来删除独立索引。删除无用的索引标识可以提高性能。

**1. 删除结构化复合索引文件中的索引标识**

若要删除结构化复合索引文件中的索引标识，有以下两种方法。

(1) 在表设计器中的“索引”选项卡中选择并删除索引。

(2) 使用DELETE TAG命令。

格式：

```
DELETE TAG ALL|<索引标记1>[,<索引标记2>]…
```

使用ALL子句将删除复合索引文件中的所有索引标记。如果所有索引标记都删除了，该索引文件也会被删除。

**【例4.8】** 删除索引标记XH。

```
USE 学生
DELETE TAG XH
```

**2. 删除独立复合索引文件中的索引标识**

独立复合索引和它的标识在表设计器中不可见，只能使用命令从独立复合索引文件中删除标识。

若要删除独立复合索引文件中的索引，可以使用DELETE TAG命令。

格式：

```
DELETE TAG
```

**3. 删除独立.idx索引文件**

(1) 由于独立索引文件只包含独立索引关键字表达式,所以可通过从磁盘上删除.idx文件来删除表达式。

(2) 若要删除独立.idx文件,可以直接使用DELETE FILE命令。

格式:

```
DELETE FILE<文件名>
```

说明:在删除索引文件操作前必须先关闭索引文件。

**【例4.9】** 删除独立.idx文件NL。

```
SET INDEX TO
DELETE  FILE  NL.idx
```

## 4.3 表记录的查找

### 4.3.1 顺序查找

**1. 查找当前数据表中满足条件的第一条记录**

格式:

```
LOCATE[<范围>]FOR<条件表达式1>[WHILE<条件表达式2>]
```

说明:

(1) <范围>项省略时,系统默认为ALL。

(2) 若找到满足条件的首记录,则指针指向该记录,否则指向范围尾或文件尾。

(3) 若省略所有可选项,则记录指针指向1号记录。

(4) 若想继续找,可以利用下面的继续查找命令(CONTINUE)。

**2. 继续查找命令**

格式:

```
CONTINUE
```

功能:使用最近一次LOCATE命令继续往下搜索,指针指向满足条件的下一条记录。

说明:

(1) 使用本命令前,必须使用过LOCATE命令。

(2) 此命令可反复使用,直到超出<范围>或指针指向文件尾。

**【例4.10】** 查找女同学的记录。

```
LOCATE FOR 性别= "女"
```

```
DISPLAY                          && 显示第 1 条记录
CONTINUE                         && 继续查找
DISPLAY                          && 显示第 4 条记录
CONTINUE                         && 继续查找
DISPLAY                          && 显示第 6 条记录
CONTINUE                         && 继续查找
DISPLAY                          && 显示第 9 条记录
CONTINUE
?EOF()                           && 显示.T.表示记录指针指向表结束标志
?FOUND()                         && 显示.F.表示没有找到记录
```

## 4.3.2　索引查找

建立索引后可以进行索引查询,这样查询速度会有所提高。使用索引查询命令必须先打开表文件和索引文件。

**1. 字符串查找命令**

查找关键字与所给字符串相匹配的第一个记录,若找到,指针指向该记录;否则指向文件尾,给出信息"没找到"。

格式:

```
FIND<常数>
```

说明:

(1) FIND 只能查找字符串或常数,而且表必须按相应字段索引。

(2) 查找的字符串无须加引号。

(3) 该命令只能找出符合条件的第一条记录,若要继续查找其他符合条件的记录,可使用 SKIP 命令。

(4) 使用该命令时,若是找到了符合条件的首记录,则函数 FOUND()的值为.T.;否则函数 FOUND()的值为.F.。

**2. 表达式查找命令**

在已经建立索引并且表文件和索引文件均已打开的表中查找与给定的表达式相符的第一条记录或扫描至文件尾。

格式:

```
SEEK<表达式>
```

说明:

(1) 只能找出符合条件的第一条记录。

(2) 该命令可查找字符、数值、日期和逻辑型索引关键字。

(3) 若<表达式>为字符串,则须用定界符括起来(如'',"")。

(4) 使用本命令时,若是找到了符合条件的记录,则函数 FOUND()的值为.T.,否则其值为.F.。

【例 4.11】 按姓名查找学生记录。

```
USE 学生
SET ORDER TO XM                   && 选择 XM 作为主索引关键字
FIND 金叶                          && 在主索引关键字段中查找“金叶”
DISPLAY                           && 显示所找到的记录
SEEK "郑亮"                        && 在主索引关键字段中查找“郑亮”
DISPLAY                           && 显示所找到的记录
```

## 4.4 表中数值字段的统计

Visual FoxPro 系统提供以下一些统计命令可以对数据进行常规的统计。

### 4.4.1 计数命令

格式：

```
COUNT [<范围>] [FOR|WHILE<条件表达式>] [TO<内存变量>]
```

功能：统计当前表中指定范围内符合条件的记录数。

说明：默认的<范围>是全部记录。根据 FOR 或 WHILE 子句给出的条件确定参与运算的记录。TO <内存变量>子句指定用于存储记录数的内存变量。

【例 4.12】 统计团员的人数。

```
USE 学生
COUNT TO a FOR 是否团员=.T.
?"团员总数为:",a
```

显示结果如下：

```
团员总数为: 6
```

### 4.4.2 求和命令

格式：

```
SUM[<数值表达式表>] [<范围>] [FOR|WHILE<条件表达式>] [TO<内存变量>|TO ARRAY<数组名>]
```

功能：在指定范围内按给定条件在当前表中对<数值表达式表>的各个表达式求和，将结果存入对应的内存变量中。

说明：<数值表达式表>指定要进行求和的满足表达式的字段。如果省略表达式表，则对当前表的所有数值型字段求和。如果省略范围和条件，则对所有记录进行求和，实际上就是对表中数值型字段纵向求和。将每个求和值存入一个内存变量或者数组中。<内存变量>中的内存变量的数目要与<数值表达式表>所指定的项目数相同，内存变量之间要用逗号分隔。

### 4.4.3　求平均值命令

格式：

```
AVERAGE[<数值表达式表>][<范围>][FOR|WHILE<条件表达式>][TO<内存变量>|TO ARRAY<数组名>]
```

功能：在指定范围内按给定条件在当前表中对<数值表达式表>的各个表达式求平均值，将结果存入对应的内存变量中。

说明：求平均值命令与求和命令的各子句的功能相同。

**【例 4.13】** 求所有学生的平均年龄。

```
USE 学生
AVERAGE 年龄 TO 平均年龄
?"学生的平均年龄为：",平均年龄
```

显示结果如下：

```
学生的平均年龄为：23.4
```

### 4.4.4　分类汇总命令

格式：

```
TOTAL ON<关键字>TO<新表文件名>[FIELDS<字段名表>][<范围>][FOR|WHILE<条件表达式>]
```

功能：按指定的范围和条件对当前表按照相同关键字进行分类统计汇总，并将汇总结果作为一条新记录自动存入一个新表中。

说明：在应用分类汇总命令前要对操作的表按<关键字>进行排序或索引。对当前数据表中具有相同<关键字>值的所有记录求和，将所求的和作为一条新记录送入一个表中。FIELDS 子句用于列出要进行汇总的字段，省略该子句表示对表中所有数值型的字段都进行汇总。

**【例 4.14】** 根据"性别"字段对"学生"表进行分类汇总并将结果存入表文件 HZ 中。

```
USE 学生
INDEX ON 性别 TAG XB
TOTAL ON 性别 TO HZ
USE HZ
LIST
```

显示结果如图 4.8 所示。

| 记录号 | 学号 | 姓名 | 性别 | 出生日期 | 年龄 | 是否团员 | 家庭住址 | 电话号码 | 照片 |
| --- | --- | --- | --- | --- | --- | --- | --- | --- | --- |
| 1 | 0100901002 | 李鹏 | 男 | 01/20/81 | 140 | .T. | 张家口 | 0313-2091233 | gen |
| 2 | 0100901001 | 王红 | 女 | 01/11/80 | 94 | .T. | 石家庄 | 0311-6890123 | gen |

图 4.8　例 4.14 的结果

## 4.5 多表操作

### 4.5.1 多工作区的概念

前面所介绍的表的操作都是对内存中的当前表文件进行的。要对哪个表文件进行操作就要用 USE 命令将该表文件调入内存。在内存中在同一时刻只能打开一个表文件，如果要对其他表文件进行操作，则必须关闭当前表文件，把这种操作叫做单工作区操作，即在内存中只开辟出一块临时区域，但是在实际应用中经常要对多个表进行数据传递等操作，这样单工作区操作显然已经不能满足要求，这时就要用到多工作区。Visual FoxPro 最多可以开辟 32767 个工作区。系统规定工作区的编号为 1、2、3、…、32767，还为前 10 个工作区提供了等效的名称 A、B、C、…、J。英文字母表示工作区。在每个工作区里都可以打开一个表文件。在工作区打开的数据表别名可作为工作区别名使用。

### 4.5.2 工作区的选择

在一个工作区中只能打开一个表文件，如果在同一个工作区中再打开另一个表文件，则自动将原来的表文件关闭，所以要打开多个表时必须在多个不同的工作区中分别打开。系统启动时自动进入 1 号工作区，也就是 A 工作区。用户也可以通过选择工作区命令 SELECT 来选择任何一个工作区。

格式：

```
SELECT<工作区号|别名|0>
```

功能：选择不同的工作区。

说明：通过＜工作区号|别名＞指定一个工作区，然后在这个工作区中使用 USE 命令打开表，那么当前工作区即为＜工作区号|别名＞所指定的工作区。SELECT 0 表示让系统自动选择工作区号最小的空闲工作区作为当前工作区。

如果不想改变当前工作区而要在另外的工作区打开其他表，可以使用下面的命令来实现。

格式：

```
USE<数据表名>IN<工作区号|别名>
```

功能：在＜工作区号|别名＞指定的工作区打开＜数据表名＞指定的表。

说明：不想改变当前工作区而要在另外的工作区打开其他表时用这个命令来实现。当前工作区仍是原来的工作区，而不是＜工作区号|别名＞指定的工作区。

### 4.5.3 表文件之间的关联

在实际应用中要用到多个表而且多个表应该是相互关联的，使得它们可以协同工作。数据之间的联系是通过两个表中的关联字段来实现的。关联字段必须是索引关键字。两表之间的一对多联系是通过“一方”表的主索引或候选索引和“多方”表的普通索引来建立的。建立关联的命令如下。

格式：

```
SET RELATION TO [<关键字表达式 1> INTO<别名 1> [,<关键字表达式 2> INTO<别名 2>…]
[ADDITIVE]]
```

功能：将表进行关联。

说明：＜关键字表达式＞的值必须是相关联的两个表文件共同具有的字段，表文件必须已经按关键字表达式建立了索引文件并处于打开状态。当两个表文件建立关联后，当前表文件的记录指针移到某一记录时，被关联的表文件的记录指针也自动指向关键字值相同的记录上。如果被关联的表文件具有多个关键字值相同的记录，则指针只指向关键字值相同的第一条记录。如果在被关联的表文件中没有找到匹配的记录，指针指向文件尾，即函数 EOF()的值为.T.。ADDITIVE 可以保证在建立关联时原先已存在的关联仍然保留。

解除关联用以下命令。

格式：

```
SET RELATION TO
```

功能：解除关联。

**【例 4.15】** 以“学生”表为主表，“成绩”表为子表建立“一对多关联”。

```
USE 学生                              && 在当前工作区中打开“学生”表
SELECT 2                              && 选择 2 工作区作为当前工作区
USE 成绩                              && 在 2 工作区中打开“成绩”表
SET ORDER TO XH                       && 设置“姓名”为主控索引标识
SELECT 学生                           && 选择“学生”表所在工作区作为当前工作区
SET RELATION TO 学号 INTO 成绩        && 建立关联
```

建立关联之后就可以对这两个表进行多表查询了。

例如：查找女同学选修的数据结构的成绩，要求列出的字段有学号、姓名、性别、成绩。

```
LIST FIELDS 姓名,性别,B.成绩 FOR 性别="女"AND B.课程名称="数据结构"
```

显示结果如图 4.9 所示。

| 记录号 | 学号 | 姓名 | 性别 | 成绩->成绩 |
|---|---|---|---|---|
| 4 | 0100901004 | 金叶 | 女 | 90.0 |
| 9 | 0100901009 | 董海燕 | 女 | 88.0 |

图 4.9 例 4.15 的结果

## 4.5.4 表文件的联接

有时需将两个表联接起来作为一个新表进行各种操作，这时就要用到联接命令，新表文件中的字段从两个表中选取。

格式：

```
JOIN WITH<别名>TO <新文件名>[FIELDS<字段名表>]FOR<条件>
```

功能：将两个表联接并生成一个＜新文件名＞的新表。

说明：使用该命令之前必须在＜别名＞工作区中打开一个要被联接的表并且在当前工作区中打开一个要联接的表。新表当中的字段名在＜字段名表＞中给出，如果是＜别名＞工作区表中的字段要用＜别名＞->＜字段名＞或者＜别名＞.＜字段名＞给出。若省略＜字段名表＞，则两个库中的所有字段都包含在新表当中。FOR＜条件＞用于给出筛选条件，从＜别名＞工作区中的表中筛选出符合条件的记录与当前工作区中的当前记录联接成一条记录写入新表中。

**【例 4.16】** 将“学生”表与“成绩”表进行联接。

```
CLOSE ALL                                   && 关闭所有文件
USE 学生                                    && 在当前工作区打开“学生”表
SELECT 2                                    && 选择 2 工作区作为当前工作区
USE 成绩                                    && 在 2 工作区打开“成绩”表
JOIN WITH a TO LIANJIE FOR 学号=A.学号      && 在 1 工作区中联接两表
USE LIANJIE
LIST
```

显示结果如图 4.10 所示。

| 记录号 | 学号 | 课程编号 | 课程名称 | 成绩 | 姓名 | 性别 | 出生日期 | 年龄 | 是否团员 | 家庭住址 | 电话号码 | 照片 |
|---|---|---|---|---|---|---|---|---|---|---|---|---|
| 1 | 0100901001 | 20030101 | 大学体育 | 92 | 王红 | 女 | 01/11/80 | 24 | .T. | 石家庄 | 0311-6890123 | gen |
| 2 | 0100901001 | 20030102 | 英语 | 89 | 王红 | 女 | 01/11/80 | 24 | .T. | 石家庄 | 0311-6890123 | gen |
| 3 | 0100901002 | 20030103 | 数据结构 | 78 | 李鹏 | 男 | 01/20/81 | 23 | .T. | 张家口 | 0313-2091233 | gen |
| 4 | 0100901002 | 20030104 | 組成原理 | 75 | 李鹏 | 男 | 01/20/81 | 23 | .T. | 张家口 | 0313-2091233 | gen |
| 5 | 0100901004 | 20030103 | 数据结构 | 90 | 金叶 | 女 | 12/08/80 | 24 | .F. | 天津 | 022-12489087 | gen |
| 6 | 0100901009 | 20030103 | 数据结构 | 88 | 董海燕 | 女 | 10/18/81 | 23 | .T. | 唐山 | | gen |
| 7 | 0100901009 | 20030104 | 組成原理 | 70 | 董海燕 | 女 | 10/18/81 | 23 | .T. | 唐山 | | gen |

图 4.10 例 4.16 的结果

### 4.5.5 表文件的更新

表文件的更新指的是利用一个表的数据对另一个表的数据进行更新。使用的命令如下。

格式：

```
UPDATE ON<关键字段名>FROM<工作区号>/<别名>REPLACE<字段名 1>WITH<表达式 1>[,<字段名 2>WITH<表达式 2>…] [RANDOM]
```

功能：利用一个表的数据对另一个表的数据进行更新。

说明：使用该命令前首先在＜别名＞工作区中打开提供数据的表，在当前工作区中打开被更新的表文件。这两个表文件必须预先按照＜关键字段名＞建立索引文件。打开表文件时同时打开关键字段索引的索引文件。＜字段名 1＞、＜字段名 2＞指的是被更新表文件的字段。＜表达式＞中可含有＜别名＞工作区提供数据的表的字段。

别名工作区中表的相应记录根据当前表中每个记录的关键字查询。如果找到,那么就用<表达式>的结果替换当前表中相应的字段的值。如果找到多条记录,那么只有第一条记录有效;如果找不到,那么不进行替换操作。

## 4.6　表文件的其他操作

### 4.6.1　表文件的复制

**1. 同时复制结构与记录数据**

格式:

```
COPY TO<文件名>[<范围>][FIELDS<字段名表>] [FOR|WHILE<条件表达式>]
```

功能:将当前表文件指定范围的、符合条件的或字段名表列出的字段的数据与结构复制到用户指定的表文件中。

说明:通过<范围>、<条件>和<字段名表>选择出当前表文件中的部分记录和部分字段复制成一个新的表文件。如果省略,则复制所得的新表文件为当前表文件的一个副本。

**【例 4.17】** 复制"学生"表中的学号、姓名、性别、年龄、出生日期 5 个字段的值并以学生副表为文件名另存。

```
USE 学生
COPY TO 学生副表 FIELDS 学号,姓名,性别,年龄,出生日期
USE 学生副表
LIST
```

显示结果如图 4.11 所示。

| 记录号 | 学号 | 姓名 | 性别 | 年龄 | 出生日期 |
|---|---|---|---|---|---|
| 1 | 0100901001 | 王红 | 女 | 24 | 01/11/80 |
| 2 | 0100901002 | 李鹏 | 男 | 23 | 01/20/81 |
| 3 | 0100901003 | 李小明 | 男 | 23 | 08/24/81 |
| 4 | 0100901004 | 金叶 | 女 | 24 | 12/08/80 |
| 5 | 0100901005 | 张大军 | 男 | 24 | 09/12/80 |
| 6 | 0100901006 | 沈梅 | 女 | 23 | 03/24/81 |
| 7 | 0100901007 | 王小强 | 男 | 22 | 07/11/82 |
| 8 | 0100901008 | 刘志明 | 男 | 24 | 05/16/80 |
| 9 | 0100901009 | 董海燕 | 女 | 23 | 10/18/81 |
| 10 | 0100901010 | 郑亮 | 男 | 24 | 03/18/80 |

图 4.11　例 4.17 的结果

**2. 单独复制表文件的结构**

格式:

```
COPY STRUCTURE TO<新文件名>[FIEDLS<字段名表>]
```

功能:只复制当前表的表结构而不复制表中的数据。

说明:由<字段名表>指出新表当中所含的字段名及排列顺序。

**3. 单独复制表文件的记录**

格式:

```
COPY TO<文本文件名>[<范围>][FIELDS<字段名表>] [FOR|WHILE<条件表达式>][SDF]|
[DELIMITED[WITH<定界符>|BLANK]]
```

说明:根据[<范围>]、[FOR| WHILE <条件表达式>]及[FIELDS<字段名表>]确定出当前表中要复制的记录和字段,然后将这些数据按 SDF 格式单独复制到文

本文件中(文本文件的扩展名为.txt)。SDF 指明当前表文件的数据按系统存储格式复制到文本文件中。如果选择 DELIMITED[WITH<定界符>|BLANK]子句表示为非标准数据格式文件,每个字段之间用逗号分开,字符型数据用指定的<定界符>括起来。

**【例 4.18】** 将"学生"表复制成标准文本文件。

```
USE 学生
COPY TO XUESHENG SDF                          && 复制成标准文本 XUESHENG.txt
TYPE XUESHENG.txt                             && 显示 XUESHENG.txt 文件的内容
```

显示结果如图 4.12 所示。

```
COPY TO XUESHENG2 DELIMITED WITH #            && 复制成非标准文本文件,自带定界符#
TYPE XUESHENG2.txt                            && 显示 XUESHENG2 文件的内容
```

显示结果如图 4.13 所示。

```
0100901002李鹏    男1981120223T张家口
0100901003李小明  男1981082423T保定
0100901004金叶    女1980120824F天津
0100901005张大军  男1980091224F沧洲
0100901006沈梅    女1981032423T张家口
0100901007王小强  男1982071122F廊坊
0100901008刘志明  男1980051624T衡水
0100901009董海燕  女1981101823T唐山
0100901010郑亮    男1980031824F保定
```

图 4.12 例 4.18 的结果 1

```
#0100901001#,#王红#,#女#,01/11/1980,24,T,#石家庄#,#0311-6890123#,
#0100901002#,#李鹏#,#男#,12/02/1981,23,T,#张家口#,#0313-2091233#,
#0100901003#,#李小明#,#男#,08/24/1981,23,T,#保定#,#0312-2879086#,
#0100901004#,#金叶#,#女#,12/08/1980,24,F,#天津#,#022-12489087#,
#0100901005#,#张大军#,#男#,09/12/1980,24,F,#沧洲#,#011-23489870#,
#0100901006#,#沈梅#,#女#,03/24/1981,23,T,#张家口#,#0313-2090876#,
#0100901007#,#王小强#,#男#,07/11/1982,22,F,#廊坊#,##,
#0100901008#,#刘志明#,#男#,05/16/1980,24,T,#衡水#,##,
#0100901009#,#董海燕#,#女#,10/18/1981,23,T,#唐山#,##,
#0100901010#,#郑亮#,#男#,03/18/1980,24,F,#保定#,##,
```

图 4.13 例 4.18 的结果 2

### 4.6.2 表结构文件的建立

结构文件专用于存储某一个表文件的结构,这种特殊文件的结构由系统按固定的模式自动生成。

格式:

```
COPY TO<结构文件名>STRUCTURE EXTENDED
```

功能:把当前表文件的结构参数作为记录复制到新生成的结构文件中去。

**【例 4.19】** 为"学生"表的结构建立文件 SJIEGOU。

```
USE 学生
COPY TO SJIEGOU STRUCTURE EXTENDED
USE SJIEGOU
LIST
```

### 4.6.3 磁盘文件操作命令

下面列出了一些常用的磁盘文件操作命令。

**1. RENAME**

格式：

```
RENAME<旧文件名>TO<新文件名>
```

功能：将磁盘文件重命名。

**2. COPY**

格式：

```
COPY FILE<源文件名>TO<目标文件名>
```

功能：复制磁盘文件。

**3. ERASE|DELETE**

格式：

```
ERASE|DELETE FILE<文件名>
```

功能：删除磁盘文件。

**4. DIR**

格式：

```
DIR [<驱动器>][<通配符>][TO PRINT]
```

功能：显示磁盘文件目录。

**5. TYPE**

格式：

```
TYPE<文件名>[TO PRINT]
```

功能：显示文本文件的内容。

## 习　题　四

1. 选择题

(1) 下列命令当中不能对记录进行编辑修改的是(　　)。

　　A) CHANGE　　　　B) BROWSE

　　C) MODIFY STRUCTURE　　　　D) EDIT

(2) 使用 REPLACE 命令时，如果范围短语为 ALL 或 REST，则执行该命令后记录指针指向(　　)。

　　A) 末记录　　B) 末记录后面　　C) 首记录　　D) 首记录的前面

(3) 当前表中有 4 个数值型字段：英语、数据结构、组成原理和总分。要求将 3 科成绩求和后填入总分字段。下面命令正确的是(　　)。

　　A) REPLACE 总分 WITH 英语＋数据结构＋组成原理 ALL

B) REPLACE 总分 TO 英语、数据结构、组成原理

C) REPLACE 总分 WITH 英语＋数据结构＋组成原理 FOR ALL

D) REPLACE 总分 TO 英语＋数据结构＋组成原理 ALL

(4) 对“学历”为大学的职工按“工资”由高到低排序，“工资”相同的按“年龄”由大到小排序，下列命令正确的是(　　)。

A) SORT TO GZ ON 工资/A,出生日期/D FOR 学历＝"大学"

B) SORT TO GZ ON 工资/D,出生日期/A FOR 学历＝"大学"

C) SORT TO GZ ON 工资/A,出生日期/A FOR 学历＝"大学"

D) SORT TO GZ ON 工资/D,出生日期/D FOR 学历＝"大学"

(5) 记录中不允许出现重复索引值的索引是(　　)。

A) 主索引、候选索引和唯一索引　　B) 主索引

C) 主索引、候选索引和普通索引　　D) 主索引和候选索引

(6) 随着表的打开而自动打开的索引是(　　)。

A) 复合索引文件(.cdx)　　B) 独立索引文件(.idx)

C) 结构化复合索引文件　　D) 独立复合索引文件

(7) 在建立唯一索引时出现重复字段值时只存储重复出现的(　　)记录。

A) 第一条　　B) 最后一条　　C) 全部　　D) 第一条和最后一条

(8) 打开建立了结构复合索引的数据表，表记录的顺序将按(　　)。

A) 第一个索引标识　　B) 最后一个索引标识

C) 原来的顺序　　D) 主索引标识

(9) 如果使用 LOCATE 命令没有找到要查找的记录，则 FOUND()的返回值为(　　)，EOF()的返回值为(　　)。

A) .F.、.F.　　B) .F.、.T.　　C) .T.、.F.　　D) .T.、.T.

(10) 在成绩表打开的前提下，要把记录指针定位在第一条成绩大于 80 分的记录上，应使用命令(　　)。

A) SEEK　成绩＞80　　B) FIND　成绩＞80

C) FIND FOR 成绩＞80　　D) LOCATE FOR 成绩＞80

(11) “成绩”表中一共有 50 条记录，当前记录指针指向第 5 条记录，用 SUM 命令计算成绩总和时，若省略范围子句，则系统将(　　)。

A) 计算前 5 条记录的成绩总和

B) 只计算第 5 条记录的成绩总和

C) 计算从第 5 条记录开始的后面所有记录的成绩总和

D) 计算全部记录的成绩总和

(12) 要打开多个数据表文件，应该在(　　)。

A) 多个数据库中　　B) 多个项目中

C) 多个工作区中　　D) 一个工作区中

(13) 将表文件 A.dbf 复制成以＃为定界符的文本文件 B.txt，应使用命令(　　)。

A) COPY TO B DELIMITED WITH ＃

B) COPY TO B DELIMITED WITH "＃"

C) COPY FROM A DELIMITED WITH ＃

D) COPY FROM A DELIMITED WITH "＃"

2. Visual FoxPro 索引有哪几种类型？它们各自有什么样的特点？

3. 学生表(学号(7)，姓名 C(6)，性别 C(2)，出生日期 D(8)，奖学金 N(6,2)，是否团员 L)；课程表(课程号 C(3)，课程名称 C(16)，课时 N(2)，学分 N(1))；成绩表(学号 C(7)，课程号 C(3)，成绩 N(3))，用命令完成以下操作。

(1) 对成绩表进行复制，包含“姓名”、“课程名”、“成绩”字段。

(2) 对学生表中的男生人数进行统计。

(3) 对学生表进行复制，要求只复制所有团员的记录，包含“学号”、“姓名”、“性别”、“是否团员”4 个字段，新表按年龄的升序进行排列。

# 第 5 章　Visual FoxPro 数据库及其操作

数据库是 Visual FoxPro 的主要处理对象。数据库内容是否完整，结构是否合理，将直接影响数据的分析与使用。本章介绍 Visual FoxPro 数据库的设计、建立、使用、修改，数据库表的设置，表间关系和数据完整性等内容。

## 5.1　Visual FoxPro 数据库

### 5.1.1　Visual FoxPro 数据库设计概述

开发数据库应用系统的首要任务之一就是设计一个结构合理的数据库，它不仅能存储所需要的数据信息，而且能正确反映数据之间的联系，以便能方便、快速地访问所需要的信息，并得到准确的结果。

以构建“教学管理”数据库为例，数据库设计过程如下。

(1) 分析数据需求，确定数据库要存储哪些信息。一方面要弄清用户需求，另一方面还要充分考虑数据库可能的扩充和改变，以提高数据库的灵活性。

建立“教学管理”数据库是为了管理和方便获取与教学有关的信息。因此，要收集教与学两方面信息，如学生情况、教师情况、课程安排、考试成绩等。

(2) 确定需要的表。为使信息存储清晰，使用灵活，在设计数据库时，应将不同主题的信息存储在不同的表中。

对于“教学管理”数据库，根据上述原则，可确定此数据库包括“学生”表、“教师”表、“课程”表和“成绩”表。

(3) 确定表中需要的字段。根据各表所需存储的信息，确定该表字段。确定时应注意以下几点。

① 描述不同主题的字段应属于不同的表。例如，“成绩”表中不必有学生“性别”字段。

② 字段必为原始数据。通常不必把那些可以由其他字段推导或计算得到的数据存储在表中。例如，若“学生”表中有“出生日期”字段，就可以计算出年龄，所以在一般情况

下，表中就不必再有“年龄”字段了。

③ 确保所需信息都包括在设计的表中，或能由表中数据导出。

④ 使用主关键字，也就是使每一个表都必有一个或一组字段可以唯一确定存储在表中的每一条记录。利用主关键字，还可以迅速关联多个表中的数据，把它们组合在一起。例如，在“学生”表中可以以“学号”作为主关键字。

至此，可以得到教学管理数据库中的各表，如下所示，其中，加下划线的为主关键字。

学生(学号，姓名，性别，出生日期，家庭住址，电话号码，是否团员，简历，照片)

教师(教师号，姓名，性别，职称)

课程(课程编号，课程名称，教师号，课时，授课地点，授课时间)

成绩(学号，课程编号，课程名称，成绩)

(4) 确定表间的关系。在各表间建立联系，以便使信息能重新组合，更有意义。

数据表之间的关系可分为 3 种：一对一、一对多和多对多关系。例如，“学生”表和“课程”表间是多对多关系等。

(5) 改进设计，反复修改，逐步完善数据库。

知道了如何设计一个数据库之后，就可以在 Visual FoxPro 中创建一个数据库了。

### 5.1.2　建立数据库

建立数据库的常用方法有 3 种：在项目管理器中建立数据库、通过菜单方式建立数据库、使用命令建立数据库。

#### 1. 在项目管理器中建立数据库

新建一个名为“教学”的项目文件，同时打开项目管理器，如图 5.1 所示(项目管理器使用方法见 11.1.2 节)，首先在“数据”选项卡或“全部”选项卡中选择“数据库”选项，然后单击“新建”按钮，在打开的“新建数据库”对话框中单击“新建数据库”按钮，接着在“创建”对话框中输入数据库的名称。例如，输入“教学管理”，即创建一个“教学管理”数据库，再单击“保存”按钮完成数据库的建立，并同时打开“数据库设计器”，如图 5.2 所示。在没有添加任何表和其他对象之前，它是一个空数据库。

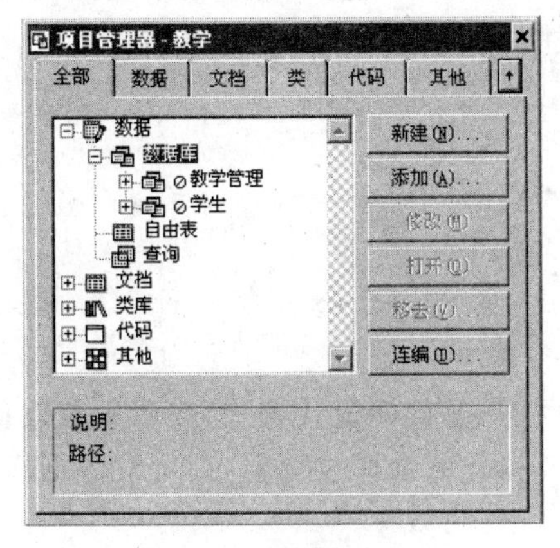


图 5.1　项目管理器

图 5.2　数据库设计器

在建立 Visual FoxPro 数据库时，相应的数据库名称实际是扩展名为.dbc 的文件名。与之相关的还会自动建立一个扩展名为.dct 的数据库备注(Memo)文件和一个扩展名为.dcx 的数据库索引文件，这 3 个文件是供 Visual FoxPro 数据库管理系统管理数据库使用的。用户一般不能直接使用这些文件。

**2. 菜单方式**

单击工具栏上的“新建”按钮或者选择“文件”菜单中的“新建”命令，打开“新建”对话框，选择“数据库”文件类型，然后单击“新建文件”按钮。后面的操作步骤与在项目管理器中建立数据库相同。

**3. 命令方式**

格式：

```
CREATE DATABASE [<数据库文件名>]
```

功能：创建指定的数据库文件。

例如，创建“教学管理”数据库的命令如下：

```
CREATE DATABASE E: \VFP6\教学管理.dbc
```

以上 3 种方式都可以建立一个新的数据库，如果指定的数据库已经存在，很可能被新数据库覆盖。若系统参数 SAFETY 被设置为 OFF 状态，会直接覆盖，否则会出现警告对话框请用户确认。因此，为安全起见，可以先执行命令 SET SAFETY ON，再执行 CREATE DATABASE 命令。

### 5.1.3 数据库的基本操作

**1. 打开数据库**

(1) 项目管理器方式。如果数据库属于某个项目，可以在项目管理器中选定要打开的数据库，然后单击“打开”按钮。双击数据库文件，或者选定数据库后单击“修改”按钮，可打开相应的数据库设计器。

(2) 菜单方式。选择“文件”菜单中的“打开”命令，在“打开”对话框中选择“数据库”类型及文件存储位置，双击要打开的数据库文件，相应的数据库设计器也同时打开。

(3) 命令方式。

格式：

```
OPEN DATABASE [<数据库文件名>]
```

功能：打开数据库。

**2. 修改数据库**

在 Visual FoxPro 中修改数据库实际上是打开数据库设计器，完成各种修改操作。使用项目管理器和菜单打开数据库的同时也会打开数据库设计器，即可对数据库进行修改。

还可以使用以下命令打开数据库设计器，修改数据库。

格式：

```
MODIFY DATABASE[<数据库文件名>][NOEDIT] [NOWAIT]
```

NOWAIT 子句只在程序中使用，其作用是在打开数据库设计器后继续执行命令之后的语句，如果不使用该选项，在打开数据库后，应用程序会暂停，直到数据库关闭后，应用程序才会继续执行。

使用 NOEDIT 子句只打开数据库设计器，而不能对数据库进行修改。

**3. 关闭数据库**

(1) 在项目管理器中，选定需要关闭的数据库文件，然后单击“关闭”按钮。如果要关闭数据库设计器，只需单击窗口右上角的“关闭”按钮即可。

(2) 命令方式。

格式：

```
CLOSE DATABASE [ALL]
```

功能：关闭数据库。

说明：不带 ALL 子句时，只关闭当前数据库文件；带 ALL 子句时，将关闭所有打开的数据库文件及其他所有类型的文件。

**4. 删除数据库**

(1) 在项目管理器中，选定需要删除的数据库文件，单击“移去”按钮，出现提示对话框，单击“移去”按钮，将从项目中移去选定的数据库文件，但还保存在磁盘上；单击“删除”按钮，选定的数据库文件将永久地从磁盘上删除。

(2) 命令方式。

格式：

```
DELETE DATABASE<数据库文件名>[DELETETABLES]
```

功能：删除数据库。

**注意**：若带 DELETETABLES 子句，则数据库中的所有表将同数据库一起从磁盘上被永久删除；若无此子句，则只删除数据库，同时，库中的数据库表都变为自由表(数据库表和自由表见 5.2 节)。

## 5.2　数据库表

在 Visual FoxPro 中，根据表是否属于数据库，可以把表分为以下两类。

(1) 数据库表：属于某数据库的表。

(2) 自由表：不属于任何数据库而独立存在的表。

数据库表和自由表可以相互转换。当把自由表加入数据库时，自由表就变成了数据库表，同时具有数据库表的某些属性；当数据库表从数据库中移去时，数据库表就变成了自由表，数据库表的某些属性也同时消失。

在 Visual FoxPro 中，任何一个数据库表都只能属于一个数据库，如果要将一个数据库表移到另一个数据库中，必须先将其变为自由表，再重新添加。

## 5.2.1 在数据库中建立表

数据库表是与数据库相关联的表，它具有自由表没有的一些属性，如字段显示格式可以设定，数据有效性规则可以定义等。因此，在开发数据库应用系统时，更多的是使用数据库表。

当数据库打开后，新建的数据表都是数据库表，都保存在当前数据库中。

下面以在上一节建立的“教学”项目包含的“教学管理”数据库中建立新表为例，介绍建立数据库表的方法。

### 1. 在项目管理器中建立新表

打开“教学.pjx”文件，这时会打开项目管理器，然后选择“数据”选项卡，单击“数据库”选项前的＋，再单击“教学管理”选项，展开该数据库，最后选择“表”选项，单击右面的“新建”按钮，打开“新建表”对话框，如图 5.3 所示。后面的操作与建立自由表类似，按表结构和表内容定义字段并输入内容。

### 2. 在数据库设计器中建立新表

打开“教学管理.dbc”文件，这时会打开数据库设计器，然后在数据库设计器中空白处右击，在弹出的快捷菜单中选择“新建表”命令，如图 5.4 所示。或从 Visual FoxPro 系统的“数据库”菜单中选择“新建表”命令。后面的操作与建立自由表类似，按表结构和表内容定义字段并输入内容。

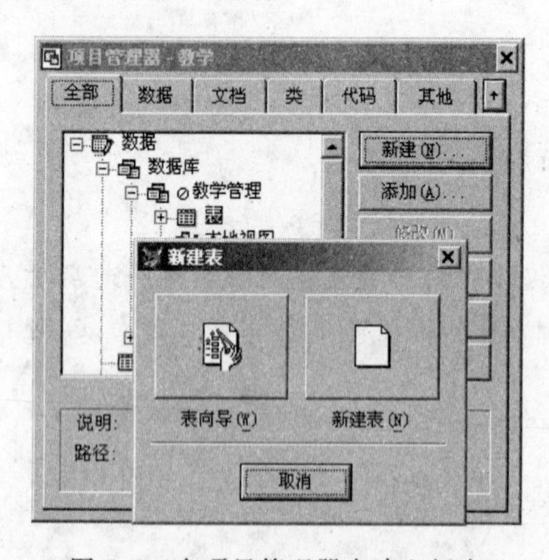


图 5.3 在项目管理器中建立新表

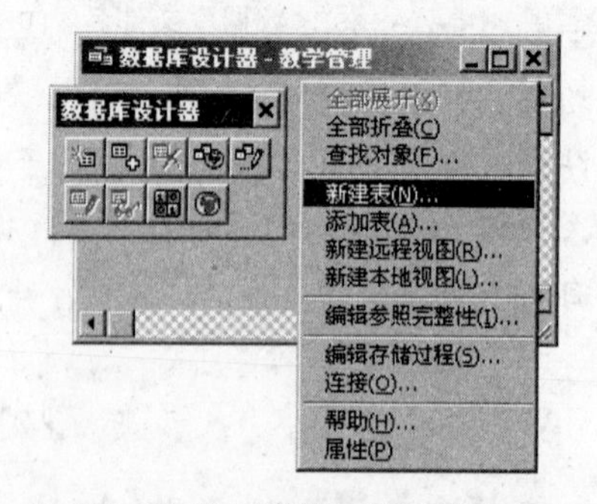


图 5.4 在数据库设计器中建立新表

### 3. 命令方式

当数据库处于打开状态时，用建立自由表的方法创建的新表将包含在该数据库中。

例如，在“教学管理”数据库中建立“学生”表(假设“教学管理”数据库存放在 E 盘根目录下)，命令如下：

```
OPEN  DATABASE E: \教学管理
CREATE  E: \DATA\学生
```

## 5.2.2　向数据库中加入自由表

数据库建立好后，可以把自由表加入到其中，使自由表成为数据库表。假设已经建立了“学生”表，要把它加入“教学管理”数据库中，可以使用以下方法。

**1. 项目管理器方式**

打开“教学.pjx”文件，这时打开项目管理器，然后选择“数据”选项卡，单击“数据库”选项前的“＋”，再单击“教学管理”选项，展开该数据库，最后选择“表”选项，单击右面的“添加”按钮，打开“打开”对话框，从中选择“学生”表文件，单击“确定”按钮即可。加入“学生”表后的项目管理器如图5.5所示。

**2. 命令方式**

格式：

```
ADD TABLE<数据表文件名>
```

功能：向已打开的数据库中添加指定的数据表。

图5.5　加入“学生”表后的项目管理器

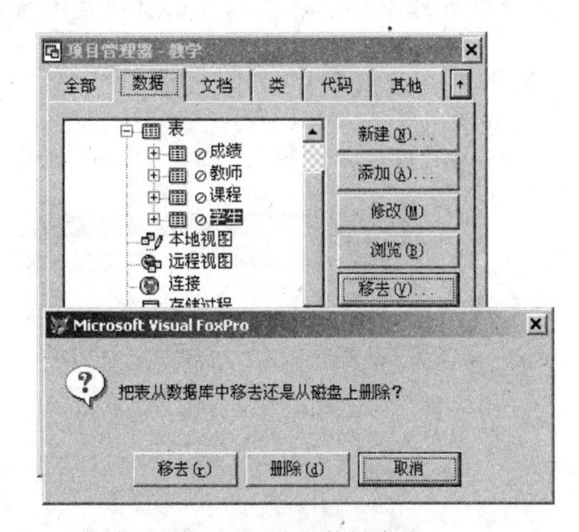


图5.6　移去数据库表

## 5.2.3　从数据库中移去表

**1. 项目管理器方式**

在项目管理器中，将数据库中的表展开，选中要移去的表，然后单击右面的“移去”按钮，如图5.6所示，再在打开的对话框中单击“移去”按钮即可。若在弹出的对话框中单击了“删除”按钮，则在将该表移出本数据库的同时从磁盘上将该表删除。

**2. 数据库设计器方式**

打开数据库设计器，选择要移去的表，然后右击，在弹出的快捷菜单中选择“移去表”

命令,或从系统的菜单“数据库”中选择“移去表”命令。

**3. 命令方式**

格式:

```
REMOVE TABLE<数据表文件名>[DELETE][RECYCLE]
```

功能:从当前数据库中移去或删除指定的数据表。

**注意**:带 DELETE 子句表示在从数据库中移去数据表的同时从磁盘上删除该表,不带 DELETE 子句表示只从数据库中移去该数据表,使其成为自由表。同时带 DELETE 和 RECYCLE 子句表示从数据库中移去该数据表,然后把该表放入 Windows 操作系统回收站中,而不从磁盘上删除。

## 5.3 表的设置

在数据库操作环境下,数据库表的表设计器比自由表的表设计器多了许多新属性,这些属性会作为数据库的一部分保存在数据字典中(数据字典用来保存数据库中各种对象的定义和设置信息,包括表属性、字段属性、记录有效性规则、表间关系以及参照完整性等)。下面介绍数据库表的属性信息及其设置方法。

### 5.3.1 设置表的字段属性

数据表有许多扩展属性,通过表设计器可以对这些属性进行设置,如图 5.7 所示。

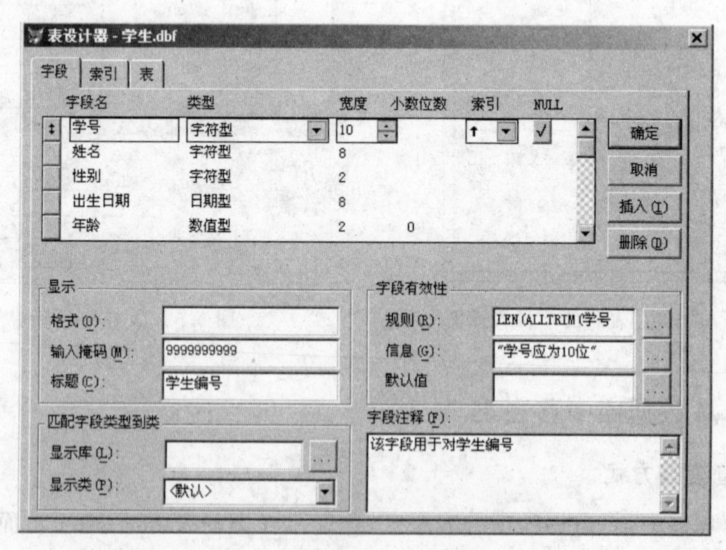


图 5.7 数据库表的字段属性

**1. 显示**

“显示”区域用于设置字段显示格式和输入格式,包括 3 项内容:格式、输入掩码和标题。

(1) 格式。“格式”文本框用于输入格式表达式，确定字段在浏览窗口、表单或报表中显示时采用的大小写、字体和样式。格式实质上是一种输出掩码。例如，设置被选中字段为大写，需在文本框中输入!。

(2) 输入掩码。“输入掩码”文本框用于输入掩码，以指定字段的输入格式，限制输入数据的范围，控制输入的正确性。输入掩码中常用的字符有以下几种。

X　允许输入字符

9　允许输入数字

#　允许输入数字、空格、+、-

$　显示 SET CURRENCY 命令指出的货币符号

*　在指定宽度内，值左边显示'*'

.　指出小数点位置

,　分隔小数点左边的数字

A　只允许输入输出字母、字符

N　只允许输入字母和数字

D　使用当前系统设置的日期格式

Y　只允许输入逻辑字符 Y、y、N、n，并将 y、n 转换成 Y、N

与“格式”文本框不同，输入掩码必须按位指定格式。

例如，限制“学号”字段只能输入数字，输入掩码可设置为 9999999999；再如，把“成绩”表中“成绩”字段设置为共有 5 位，小数占一位，输入掩码可设置为 999.9。

(3) 标题。“标题”文本框用于为浏览窗口、表单或报表中的字段指定显示标题。

例如，先选中“学号”字段，然后在“标题”文本框中输入“学生编号”，以后浏览时，“学号”字段名便显示为“学生编号”4 个字。

**2. 字段有效性**

“字段有效性”区域用于为选中的字段设置某些限制。

(1) 规则。“规则”文本框用于设置字段级有效性检查规则。用户可直接输入表达式，也可在表达式生成器(单击文本框右边的省略号即可打开表达式生成器)中输入。字段级规则在字段值发生改变时起作用，它实际上是一个条件。

例如，“学号”字段长度为 10 位，可设置字段规则为 LEN(ALLTRIM(学号))=10。当再次修改记录中的字段值时，新值必须为 10 位，否则系统会提示出错。

(2) 信息。“信息”文本框用于指定出错信息。当输入的字段数据违反有效性规则时，将显示此处提供的出错信息。

例如，若设置信息为“学号只能为 10 位”，而修改时输入的学号值不为 10 位，则出错提示框中就会显示所设置的信息。

(3) 默认值。“默认值”文本框用于指定字段的默认值。当增加记录时，字段默认值会在新记录中显示出来。

**3. 字段注释**

“字段注释”区域用来对字段的用途、功能等进行说明，以提高数据库表的使用效率及其共享性。

**4. 匹配字段类型到类**

使用面向对象程序设计时，指定字段的默认控件类，设置将字段拖放到表单时要创建的库和类。类的概念与表单的设计参见第 8 章内容。

(1) 显示库。指定类库的路径和文件名。

(2) 显示类。指定该字段的默认控件类。

## 5.3.2 设置表属性

选择表设计器的“表”选项卡后就可设置表属性，如图 5.8 所示。

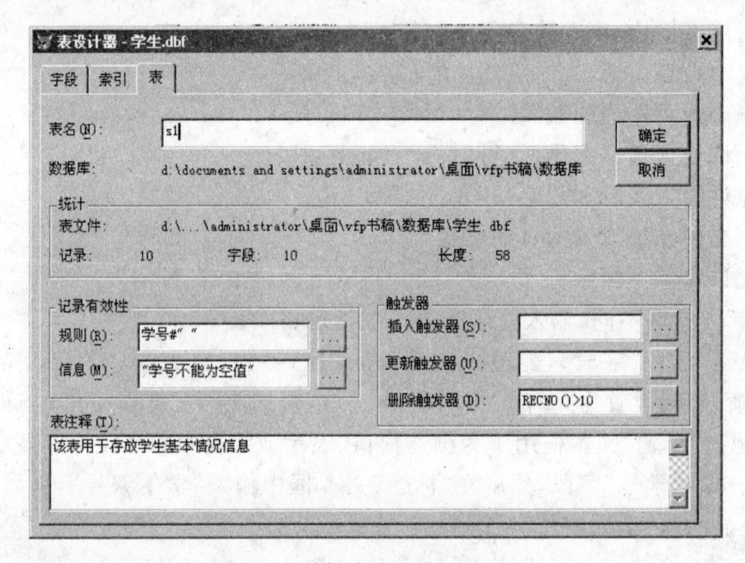


图 5.8 数据库表的表属性设置

**1. 表名**

在“表名”文本框中可以为数据库表指定最长不超过 128 个字符的长表名，但该名称只是表的别名，可以在项目管理器、数据库设计器和表单设计器中显示。

例如，把“学生”表的别名设置为 s1。

**2. 记录有效性**

“记录有效性”区域用来检查同一记录中不同字段间的逻辑关系。使用在此区域设置的规则可以控制输入到记录中的数据。通常是比较同一记录中两个或多个字段值，以确保它们遵守一定的规则。记录有效性规则通常在输入或修改记录时被激活，在删除记录时一般不起作用。

(1) 规则。“规则”文本框用于输入指定的规则内容。用户可直接输入表达式，也可在表达式生成器中输入，还可以是已经编辑存储好的存储过程名。

(2) 信息。“信息”文本框用于指定出错提示信息，即记录违反规则时的提示。

例如，在“学生”表打开的情况下，在“表”选项卡中的“规则”文本框中输入如下表达式：学号#""，在“信息”文本框中输入："学号不能为空值"。按照上述规则，在输入学生记录时，只要违反了规则中的条件，系统就会给出相应的出错信息，并拒绝接受该条记录。

**3. 触发器**

触发器是指在数据库表中对记录进行插入、删除、更新等操作时系统自动启动的一个程序。在 Visual FoxPro 中有 3 种触发器。

(1) 插入触发器。在数据库表中插入记录时触发的检测程序，该程序可以是表达式或自定义函数。检测结果为真时，接受插入记录；否则拒绝插入记录。

(2) 更新触发器。在数据库表中修改记录后按 Enter 键确认时触发的检测程序，该程序可以是表达式或自定义函数。检测结果为真时，保存修改后的记录；否则不保存修改后的记录，同时恢复成修改前的记录值。

(3) 删除触发器。在数据库表中删除记录时触发的检测程序，该程序可以是表达式或自定义函数。检测结果为真时，可以删除该记录；否则禁止删除该记录。

例如，将删除触发器设置为 RECNO()＞10，表示只有记录号大于 10 的记录才可以被逻辑删除。如果逻辑删除记录号为 10 以内的记录时，系统将会给出提示信息（见图 5.9），拒绝删除操作。

**4. 表注释**

“表注释”区域用于指定注释信息，设置好后，此信息通常出现在项目管理器底部的“说明”一项中。

例如，在“表注释”区域输入“该表用于存放学生基本情况信息”后，项目管理器状态如图 5.10 所示。

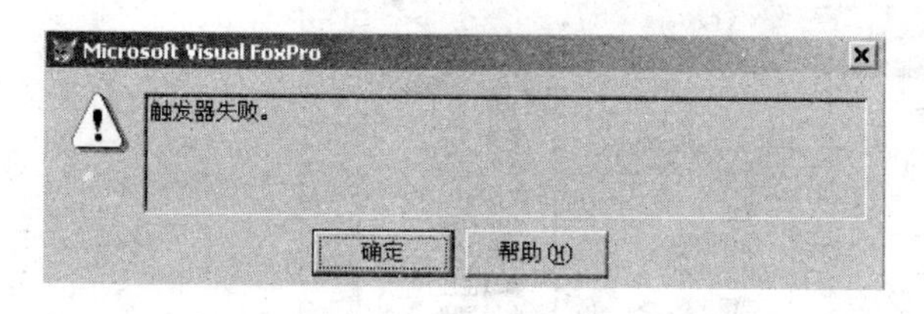


图 5.9 拒绝删除操作提示对话框

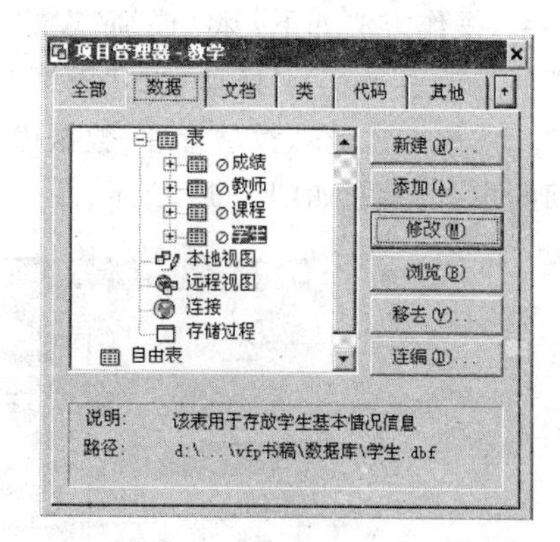


图 5.10 表注释显示在项目管理器中

## 5.4 表与表之间的关系

数据库中的表不是独立存在的，它们相互之间是有关系的，这样使得数据库表之间的数据能同时被引用、处理，所以建立数据库时不仅要在库中建立表，而且要建立表之间的联系（关联）。

### 5.4.1 建立表间关系

永久关系可作为数据库的一部分保存起来，它的用途主要表现在以下几方面。

(1) 在“查询设计器”和“视图设计器”中自动作为默认联接条件。

(2) 在“数据库设计器”中显示为联系数据表索引的关系线。

(3) 作为表单和报表的默认关系在“数据环境设计器”中显示。

(4) 用来存储参照完整性。

在数据库中建立关系的两个表通常具有公共字段或语意相关的字段。其中，包含主关键字段(即建立主索引的字段)的表称为父表，另一个包含外关键字段的表称为子表。

在一对多关系中，主表必须使用主索引关键字(主索引标识)或候选关键字(候选标识)，子表使用普通索引关键字(普通索引标识)。

在一对一关系中，两个表必须都用主索引关键字(主索引标识)或候选索引(候选索引标识)。

**1. 创建永久关系**

创建永久关系可以通过以下步骤完成。

(1) 确定两个具有一对多或一对一关系的表。

(2) 建立主表的主索引或候选索引。

(3) 建立子表索引。

(4) 从主表的主索引或候选索引到子表的相关索引建立永久关系。

例如，在“教学管理”数据库中“学生”表和“成绩”表具有一对多关系。建立两表永久关系，操作方法如下：将“成绩”表的字段“学号”设置为普通索引 sno，将鼠标移到“学生”表的主索引 sno 上，拖动它到“成绩”表的索引关键字 sno 上，形成连线，关系建立完成。

按此方法，在“教学管理”数据库中建立“学生”表、“成绩”表、“课程”表和“教师”表之间的永久关系，如图 5.11 所示。

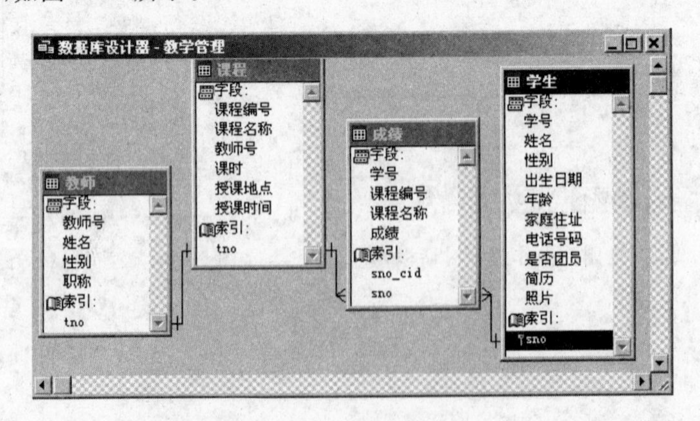


图 5.11 建立永久关系

**2. 编辑关系**

在数据库设计器中可以对已建立的关系重新进行编辑修改，方法是：右击要修改的关系线，线条变粗，从快捷菜单中选择"编辑关系"命令，打开"编辑关系"对话框，如图 5.12 所示，从下拉列表框中重新选择表或相关表的索引名即可修改关系。

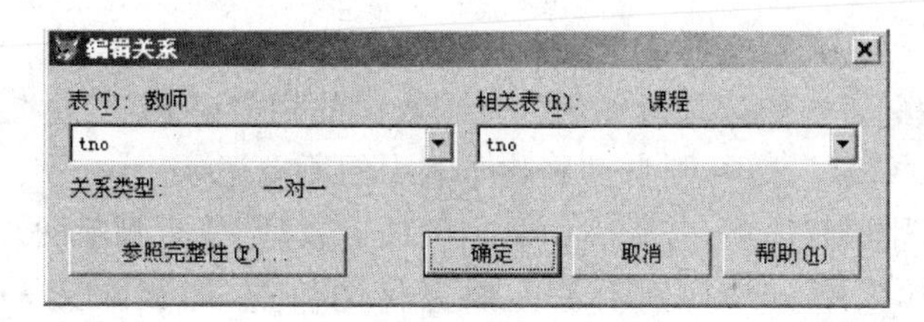


图 5.12　"编辑关系"对话框

### 3. 删除关系

在数据库设计器中单击两表间的关系线，选中它(关系线变粗)，按 Delete 键即可。

## 5.4.2　数据表间的参照完整性

建立永久关系后，可设置数据库关联记录的规则，即参照完整性。所谓参照完整性，简单地说就是控制数据一致性，尤其是不同表之间关系的规则。

在建立参照完整性之前，先打开数据库设计器，选择"数据库"菜单中的"清理数据库"命令，再选择"数据库"菜单中的"编辑参照完整性"命令，打开"参照完整性生成器"对话框，如图 5.13 所示。对话框中包含"更新规则"、"删除规则"和"插入规则"选项卡，分别用来定义更新规则、删除规则和插入规则。

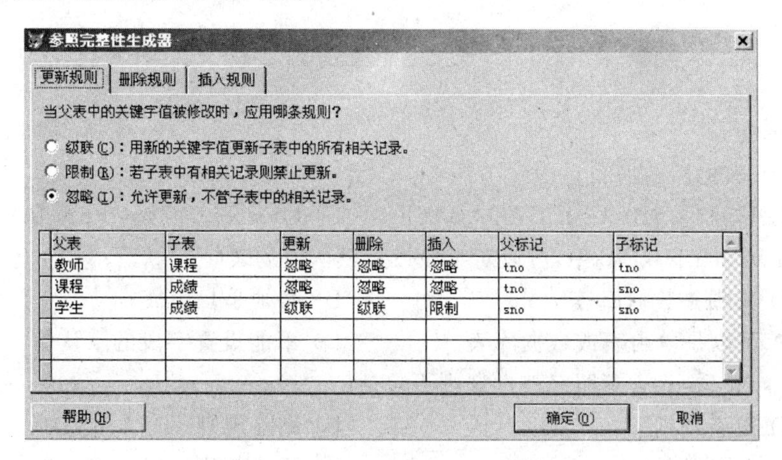


图 5.13　"参照完整性生成器"对话框

### 1. 更新规则

规定了当更新父表中的联接字段(主关键字)值时如何处理子表中的相关记录。

(1) 如果选择"级联"选项，则用父表中新的联接字段值自动修改子表中相关的所有记录的联接字段值。

(2) 如果选择"限制"选项，若子表中有相关的记录，则禁止修改父表中相关的联接字段值。

(3) 如果选择“忽略”选项，则不做参照完整性检查，即更新父表的记录时与子表无关，可以随意更新父表记录的联接字段值。

**2. 删除规则**

规定了当删除父表中的记录时如何处理子表中的相关记录。

(1) 如果选择“级联”选项，则自动删除子表中的所有记录。

(2) 如果选择“限制”选项，若子表中有相关的记录，则禁止删除父表中的记录。

(3) 如果选择“忽略”选项，则不做参照完整性检查，即删除父表的记录时与子表无关。

**3. 插入规则**

规定了当插入子表中的记录时是否进行参照完整性检查。

(1) 如果选择“限制”选项，若父表中没有相匹配的联接字段值，则禁止在子表中插入记录。

(2) 如果选择“忽略”选项，则不做参照完整性检查，即可随意在子表中插入记录。

例如，为已经建立了永久关系的“学生”表和“成绩”表设置参照完整性。

打开“教学管理”数据库，然后打开参照完整性生成器，在对话框中分别设置更新规则、删除规则为“级联”，插入规则为“限制”，然后单击“确定”按钮，完成设置，这时打开“学生”表修改字段“学号”的值，然后查看“成绩”表，会发现“成绩”表中的相应记录也发生了变化；删除“学生”表中的某条记录，则“成绩”表中的相关记录也会被删除。

## 习　题　五

1. 选择题

(1) 打开数据库的命令是(　　)。

A) USE　B) USE DATABASE　C) OPEN　D) OPEN DATABASE

(2) 在 Visual FoxPro 中，可以对字段设置默认值的表(　　)。

A) 必须是数据库表　B) 必须是自由表

C) 可以是自由表或数据库表　D) 不能设置字段的默认值

(3) Visual FoxPro 参照完整性规则不包括(　　)。

A) 更新规则　B) 删除规则

C) 查询规则　D) 插入规则

2. 思考题

(1) 数据库设计的步骤包括哪些?

(2) 什么是自由表和数据库表? 怎样把自由表转化为数据库表? 怎样将数据库表转化为自由表?

(3) 怎样在项目中添加或新建数据库? 怎样在数据库中添加或新建数据库表?

# 第6章　查询和视图

Visual FoxPro 系统为用户提供了两个可视化工具：查询设计器和视图设计器，用于完成对数据的查询。使用这两个可视化工具的基础是掌握 SQL 语言的基本用法。

## 6.1　关系数据库标准语言 SQL

### 6.1.1　SQL 概述

**1. 概述**

SQL(Structure Query Language，结构化查询语言)的功能主要包括数据定义、数据控制、数据操纵和数据查询，其中最重要的是数据查询功能。

SQL 语言创建于 20 世纪 70 年代的 IBM 公司。1986 年，美国国家标准委员会(ANSI)为 SQL 制定了标准。目前的 SQL 标准是 1992 年由国际标准化组织制定的。它已经成为关系数据库通用的查询语言，适用于绝大多数的关系数据库系统。

**2. SQL 语言的特点**

SQL 语言具有数据查询、数据操纵、数据定义和数据控制功能，数据的所有操作都可以通过 SQL 语言来完成。

SQL 语言是一种非过程化的语言。用 SQL 语句解决一个问题时，用户只需要告诉系统要干什么就可以了，实现过程是由系统自动完成的。SQL 语言还具有面向集合操作、语法简单、易学易用等特点。

### 6.1.2　数据定义

SQL 中的数据定义语句提供了操作表所必需的命令。使用相应的命令，可以完成数据表的建立、修改和删除等操作。

**1. 建立表命令**

格式：

```
CREATE TABLE|DBF<表名 1>[NAME<长表名>][FREE]
(<字段名 1><字段类型>[字段长度[,小数位数]])
```

```
[NULL|NOT NULL]
[CHECK<逻辑表达式 1>[ERROR<出错信息 1>]]
[DEFAULT<表达式 1>]
[PRIMARY KEY|UNIQUE]
[REFERENCES<表名 2>[TAG<索引标识 1>]]
[NOCPTRANS]
[,字段名 2…]
[,PRIMARY KEY<表达式 2>TAG<索引标识 2>
|,UNIQUE<表达式 3>TAG<索引标识 3>]
[FOREIGN KEY <表达式 4>TAG<索引标识 4>]
…
```

功能：创建表。

说明：CREATE TABLE|DBF<表名 1>[NAME<长表名>]：指定要创建表的名称。如果数据库处于打开状态，则创建的表被自动添加到数据库中。NAME<长表名>子句只有在数据库打开的状态下才能使用。长表名最多可包括 128 个字符。

FREE：表示创建的表是自由表，不会被添加到数据库中。

(<字段名 1><字段类型>[字段长度[,小数位数]])：指定表中的字段名、字段类型和字段宽度，字段类型用单个字符表示。

[NULL|NOT NULL]：指定字段是否可以为空值。

[CHECK<逻辑表达式 1>[ERROR<出错信息 1>]]：设置字段有效性检查规则。

[DEFAULT<表达式 1>]：设置字段默认值。

[PRIMARY KEY|UNIQUE]：设置表的主关键字或候选关键字。

[FOREIGN KEY<表达式 4>TAG<索引标识 4>]：创建一个外部索引(非主索引)，并建立和父表的关系。

[REFERENCES<表名 2>[TAG<索引标识 1>]]：指定建立永久关系的父表。

[CHECK<逻辑表达式 2>[ERROR<出错信息 2>]]：指定表级有效性规则。

FROM ARRAY<数组名>：指定使用一个已存在的数组创建表，数组中包含表的每个字段的名称、类型以及宽度。

**【例 6.1】** 创建表“学生.dbf”。

```
CREATE TABLE FEEE 学生 (学号 C(10) PRIMARY KEY,姓名 C(8),
性别 C(2),
年龄 N(2) CHECK(年龄>=10 AND 年龄<100) ERROR"年龄范围有误")
```

本例创建了一个自由表“学生.dbf”，该表包含 4 个字段。其中字段“年龄”为数值型，长度为 2，该字段的约束条件是输入数值必须在 10 到 99 之间，否则会显示出错信息“年龄范围有误”。

**2. 修改表命令**

格式一：

```
ALTER TABLE <表名 1>
```

```
ADD|ALTER [COLUMN] <字段名><字段类型>[(<字段宽度>[,<小数位数>])]
[NULL|NOT NULL]
[CHECK <逻辑表达式>[ERROR <出错信息>]]
[DEFAULT <表达式>]
[PRIMARY KEY|UNIQUE]
[REFERENCES <表名 2>[TAG<索引标识>]]
```

功能：添加新字段或修改已有字段。

格式二：

```
ALTER TABLE<表名>
ALTER [COLUMN]<字段名>
[NULL|NOT NULL]
[SET CHECK<逻辑表达式>[ERROR<出错信息>]]
[SET DEFAULT<表达式>]
[DROP CHECK]
[DROP DEFAULT]
```

功能：定义、修改、删除有效性规则和默认值定义。

格式三：

```
ALTER TABLE <表名 1>[DROP [COLUMN] <字段名>]
[SET CHECK <逻辑表达式>[ERROR <出错信息>]]
[DROP CHECK]
[ADD PRIMARY KEY <主关键字>TAG <索引标识 1>[FOR<条件 1>]]
[DROP PRIMARY KEY]
[ADD UNIQUE KEY <候选关键字>TAG <候选索引标识 1>[FOR<条件 2>]]
[DROP UNIQUE TAG <候选索引标识 2>]
[ADD FOREIGN KEY <外部关键字>TAG <索引标识 2>[FOR<条件 3>]]
REFERENCES <表名 2>[TAG <索引标识 3>]]
[DROP FOREIGN KEY TAG <索引标识 4>[SAVE]]
[RENAME COLUMN <原字段名>TO <新字段名>]
```

功能：修改表的结构，完成删除字段，修改字段，定义、修改和删除表级有效性规则等操作。

说明：格式一和格式二均不能删除字段，也不能更改字段名称，所做的修改都属于字段级，第三种格式可以在表级对字段进行修改。

**【例 6.2】** 修改表命令示例。

```
ALTER TABLE 学生 ADD COLUMN 爱好 C(12)              && 添加字段
ALTER TABLE 学生 RENAME COLUMN 爱好 TO 特长          && 重命名字段
ALTER TABLE 学生 DROP COLUMN 特长                   && 删除字段
```

### 6.1.3 数据操纵

利用 SQL 中的数据操纵语句可以完成基本的数据操作，包括插入、更新和删除等操作。

**1. 插入记录**

格式一：

```
INSERT INTO<表名>[(<字段 1>[,<字段 2>,…])]
VALUES(<表达式 1>[,<表达式 2>, …])
```

格式二：

```
INSERT INTO<表名>FROM ARRAY<数组名>|FROM MEMVAR
```

功能：向表中插入记录。

说明：

(1) INSERT INTO <表名>：向指定表中插入记录，如果插入的不是完整的记录，可以用字段名表来指定字段。

(2) VALUES(<表达式 1>[,<表达式 2>, …])：给出插入记录的具体值。

(3) FROM ARRAY<数组名>：表示从指定的数组向表中插入记录。

(4) FROM MEMVAR：根据同名的内存变量来插入记录值，如果同名变量不存在，则相应的字段为默认值或空。

**【例 6.3】** 向学生表 "学生.dbf"中插入一条记录。

```
INSERT INTO 学生(学号,姓名,性别,年龄);
VALUES("0100901011","张三","男",22)
```

**2. 修改记录**

格式：

```
UPDATE<表名>
SET<字段名 1>=<表达式 1>[,<字段名 2>=<表达式 2>…][WHERE<条件表达式>]
```

功能：用指定值更新记录。

说明：更新记录时，一般使用 WHERE 子句指定更新条件，如果省略条件，则更新全部记录。

**【例 6.4】** 修改学生信息。

```
UPDATE  学生  SET 姓名="李四",年龄=23;
WHERE  学号="0100901011"
```

**3. 删除记录**

格式：

```
DELETE FROM<表名>
[WHERE<条件表达式>]
```

功能：从指定表中逻辑删除记录。

说明：如果省略 WHERE 子句将删除所有记录。

【例 6.5】 删除学生表中学号为 0100901011 的学生记录。

```
DELETE FROM 学生 WHERE 学号="0100901011"
```

本命令只是逻辑删除指定的记录。

### 6.1.4 数据查询

数据查询是数据库中最基本的操作。

在 SQL 中最常用的是 SELECT 命令，其基本功能就是把数据表中的数据检索出来，以便用户浏览和使用。

**1. 简单查询**

SELECT 命令的基本结构如下。

格式：

```
SELECT[ALL|DISTINCT][TOP<数值表达式>[PERCENT]]
[<别名 1>.]<选项 1>[AS<显示别名 1>][,<别名 2>.]<选项 2>[AS<显示别名 2>]…
FROM<表名 1>[<别名 1>][,<表名 2>[<别名 2>]…]
WHERE<条件表达式>
[ORDER BY<关键字表达式>[ASC|DESC]]
```

功能：查询记录。

说明：在 SELECT 命令中经常使用 3 个子句，即 SELECT、FROM 和 WHERE。SELECT 子句用于指定查询结果中包含的字段、常量和表达式，FROM 子句用于指定检索的表名，WHERE 子句用于指定检索条件。

ALL 选项表示输出所有记录，包括重复记录。

DISTINCT 选项表示输出无重复结果的记录。

TOP<数值表达式>[PERCENT]用于在符合查询条件的所有记录中，选取指定数量或百分比(包含 PERCENT 关键字时)的记录。TOP 子句必须与 ORDER BY 子句同时使用。TOP 子句根据 ORDER BY 子句的排序选定最开始的 $n$ 个或 $n\%$ 的记录。

<别名>的作用是当选择多个数据表中的字段时用来区分相同名称的字段。

【例 6.6】 列出学生表“学生.dbf”中的男生记录。

```
SELECT 学号,姓名,性别,年龄;
FROM 学生;
WHERE 性别="男"
```

显示结果如下：

```
学号          姓名     性别   年龄
0100901002    李鹏     男     23
0100901003    李小明   男     23
0100901005    张大军   男     24
0100901007    王小强   男     22
```

```
0100901008    刘志明    男    24
0100901010    郑亮      男    24
```

**【例 6.7】** 列出“学生”表中年龄在23岁到24岁之间的学生记录。

```
SELECT  学号,姓名,性别,年龄;
FROM    学生;
WHERE   年龄 BETWEEN 23 AND 24
```

本例中的条件表达式为BETWEEN 23 AND 24,其中BETWEEN称为谓词演算符。表6.1给出了这些运算符的含义和用途。

**表 6.1 WHERE 子句中的谓词演算符**

| 运算符 | 用法 | 功能 |
| --- | --- | --- |
| ALL | <字段>ALL(<子查询>) | 满足子查询中所有值的记录 |
| ANY | <字段>ANY(<子查询>) | 字段内容满足一个条件即可 |
| BETWEEN…AND | <字段>BETWEEN<范围开始值>AND<范围终止值> | 字段内容在指定范围内 |
| EXISTS | EXISTS(<子查询>) | 总存在一个值满足条件 |
| IN | <字段>IN<结果集合>或者<字段>IN(<子查询>) | 字段内容在结果集合中或者是子查询中的一部分 |
| LIKE | <字段>LIKE<字符表达式> | 字符串匹配运算符,在字符串中可以使用通配符%和_ |
| SOME | <字段>SOME(<子查询>) | 满足集合中的某一个值 |

**【例 6.8】** 列出“学生”表中的“姓名”字段中含有“明”的学生记录。

```
SELECT  学号,姓名,性别,年龄;
FROM    学生;
WHERE   姓名 LIKE"%明%"
```

显示结果如下:

```
学号          姓名      性别    年龄
0100901003    李小明    男      23
0100901008    刘志明    男      24
```

在字符串中,通配符%可以表示若干个字符,_可以表示一个字符。本例中如果在LIKE前加上NOT,表示查询姓名中不含“明”的学生。

**2. 多表查询**

使用SELECT命令可以方便地实现多表查询。多表查询通过公共字段将若干个表联接起来。

**【例 6.9】** 列出所有学生的成绩,要求给出学号、姓名、课程名称和成绩。

本例查询涉及两个表:成绩.dbf和学生.dbf,“成绩”表中含有学号、课程名称、成绩等字段。学生姓名可以从“学生”表中查到,两个表的公共字段是“学号”。

```
SELECT a.学号,a.姓名,b.课程名称,b.成绩;
FROM 学生 a,成绩 b;
WHERE a.学号=b.学号
```

显示结果如下:

| 学号 | 姓名 | 课程名称 | 成绩 |
|---|---|---|---|
| 0100901001 | 王红 | 大学体育 | 92 |
| 0100901001 | 王红 | 英语 | 89 |
| 0100901002 | 李鹏 | 组成原理 | 75 |
| 0100901002 | 李鹏 | 数据结构 | 78 |
| 0100901004 | 金叶 | 数据结构 | 90 |
| 0100901009 | 董海燕 | 数据结构 | 88 |
| 0100901009 | 董海燕 | 组成原理 | 70 |

**3. 查询结果输出**

使用SELECT命令得到的查询结果会显示在屏幕上,可以使用相应的子句得到各种不同的结果。

(1) 输出重定向。

格式:

```
[INTO<目标>]|[TO FILE<文件名>[ADDITIVE]|TOPRINTER[PROMPT]
```

功能:使用INTO子句,将结果输出给不同的目标。

说明:INTO子句中的<目标>有以下几种形式。

ARRAY<数组名>:将查询结果存放到数组中。使用二维数组,每行一条记录,每列对应查询结果的一列。

CURSOR<临时表>:将查询结果保存到一个临时表中,查询结束后,临时表为当前文件。临时表可以像其他表一样使用,只是该文件是只读的,当关闭该文件时,系统会自动把它删除。

DBF<表>|TABLE<表>:将查询结果保存到表中。SELECT命令执行结束后,该表处于打开状态。

TO FILE<文件名>[ADDITIVE]:将查询结果输出到文本文件中。使用[ADDITIVE]子句,表示将该结果添加到该文件后面,否则会覆盖原有文件。

TOPRINTER:将结果传送给打印机,如果使用PROMPT子句,在开始打印前会打开“打印设置”对话框。

(2) 分组和筛选。使用GROUP BY子句可以将查询结果分组,常用于分组统计。

格式:

```
[GROUP BY<>[,…]]HAVING<筛选条件>
```

HAVING 子句必须用在 GROUP BY 子句后，不可单独使用。

**【例 6.10】** 按课程号分类，查询分数大于 70 分的学生成绩。

```
SELECT 学号,课程编号,成绩 FROM 成绩 GROUP BY 课程编号 HAVING 成绩>70
```

查询结果如下：

| 学号 | 课程编号 | 成绩 |
|---|---|---|
| 0100901001 | 20030101 | 92 |
| 0100901001 | 20030102 | 89 |
| 0100901009 | 20030103 | 88 |

(3) 输出结果排序。如果希望 SELECT 语句的查询结果按照一定的顺序输出，可以使用 ORDER BY 子句，格式如下：

```
[ORDER BY<关键字>[ASC|DESC]]
```

ASC 表示升序，DESC 表示降序。

**【例 6.11】** 按学号顺序输出女生名单。

```
SELECT 学号,姓名,性别,年龄 FROM 学生 WHERE 性别="女"ORDER BY 学号
```

查询结果如下：

| 学号 | 姓名 | 性别 | 年龄 |
|---|---|---|---|
| 0100901001 | 王红 | 女 | 24 |
| 0100901004 | 金叶 | 女 | 24 |
| 0100901009 | 沈梅 | 女 | 23 |
| 0100901009 | 董海燕 | 女 | 23 |

## 6.2 查询设计器

查询设计器是系统提供的可视化工具之一。利用查询设计器可以方便地设定查询条件，并且将这些条件保存到查询文件中。

### 6.2.1 启动查询设计器

在"文件"菜单中选择"新建"命令，在打开的"新建"对话框中选中"查询"单选按钮，单击"新建文件"按钮，会打开添加表对话框。选择对话框中参与查询的表文件，就打开了"查询设计器"窗口，如图 6.1 所示。

如图 6.1 所示，在启动查询设计器后，在菜单栏中会增加"查询"菜单。在窗口中还添加了"查询设计器"工具栏用于添加或删除表。

在查询设计器下面的窗格中包含有 6 个选项卡，其含义如下。

(1) 字段：用来指定 SELECT 命令要输出的字段。双击"可用字段"列表框中的字段，可以将其添加到右边的列表框中，单击"全部添加"按钮，可以添加全部字段。

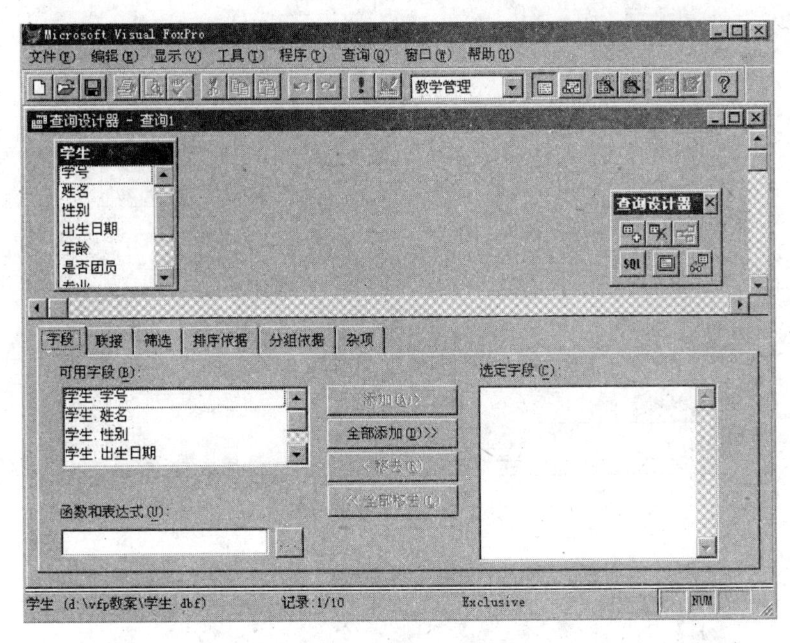


图 6.1 “查询设计器”窗口

(2) 联接：如果要查询多个表，需要在“联接”选项卡中输入联接表达式。

(3) 筛选：用来指定选择记录的条件，对应 SELECT 命令中的 WHERE 子句的表达式。

(4) 排序依据：用来指定排序条件，对应 ORDER BY 子句的表达式。

(5) 分组依据：对应 GROUP BY 子句的表达式。

(6) 杂项：用来指定是否要对重复记录进行排序。

### 6.2.2 查询设计器的使用

下面举例说明查询设计器的使用方法。

**【例 6.12】** 查询“学生”表中男生的学号、姓名、年龄，并按“学号”字段排序。

(1) 启动查询设计器，打开“添加表或视图”对话框，在该对话框中添加学生表“学生.dbf”，然后单击“关闭”按钮，打开“查询设计器”窗口，如图 6.1 所示。

(2) 在“字段”选项卡中选择字段“学号”、“姓名”和“年龄”，单击“添加”按钮将其添加到“选定字段”列表框中。或双击上述各字段，如图 6.2 所示。

(3) 选择“筛选”选项卡，在“字段名”组合框中选择筛选的字段“学生.性别”，在“条件”组合框中选择=选项，在“实例”文本框中输入：'男'，如图 6.3 所示。

(4) 选择“排序依据”选项卡，双击字段“学生.学号”，设置查询结果按“学号”排序，如图 6.4 所示。

(5) 选择“查询”菜单中的“运行查询”命令，显示结果如图 6.5 所示。

(6) 从“查询”菜单中选择“查看 SQL”命令，可以显示上述操作过程所创建的 SELECT 语句，如图 6.6 所示。

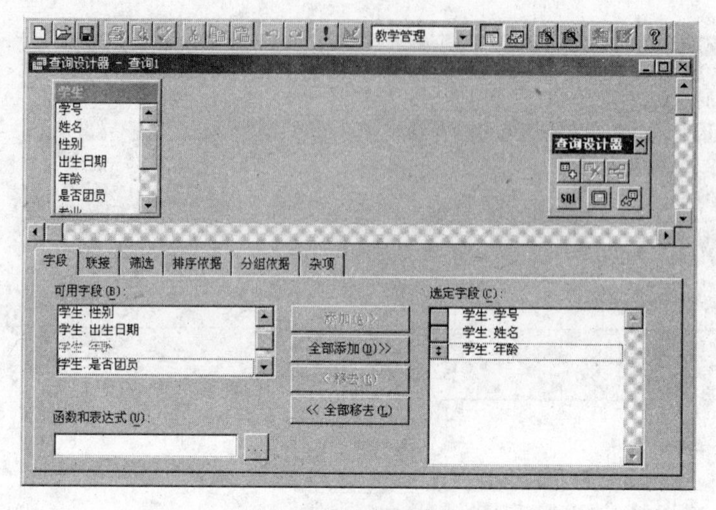


图 6.2 选择输出字段

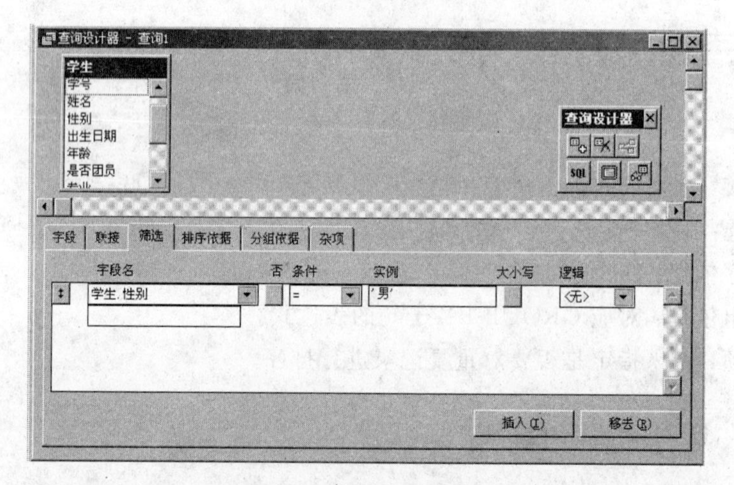


图 6.3 设置筛选条件

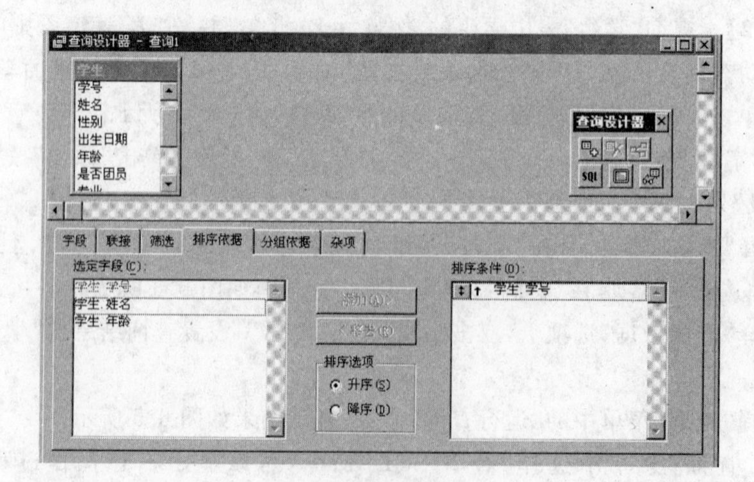


图 6.4 设置排序依据

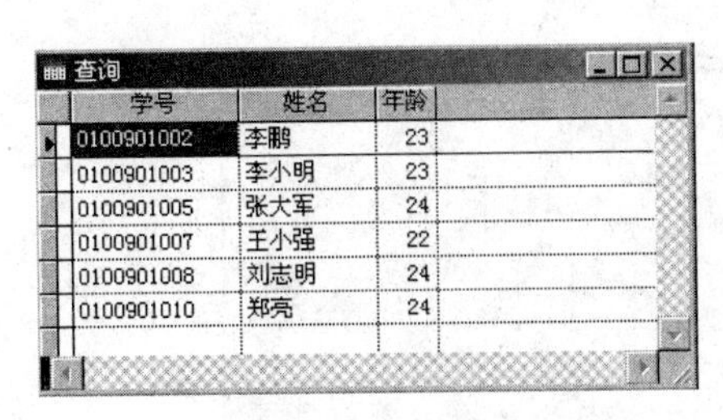

| 学号 | 姓名 | 年龄 |
| --- | --- | --- |
| 0100901002 | 李鹏 | 23 |
| 0100901003 | 李小明 | 23 |
| 0100901005 | 张大军 | 24 |
| 0100901007 | 王小强 | 22 |
| 0100901008 | 刘志明 | 24 |
| 0100901010 | 郑亮 | 24 |

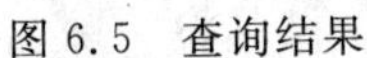

图 6.5　查询结果

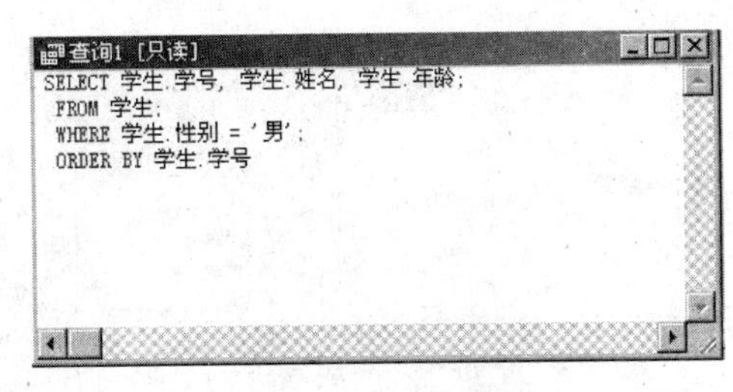


图 6.6　SQL 命令

(7) 选择“文件”菜单中的“保存”或“另存为”命令，输入文件名，可以将上述查询过程保存为查询文件，查询文件的扩展名为.qpr.使用 DO<查询文件名>可以运行查询文件得到查询的结果。

### 6.2.3　建立多表查询

多表查询涉及两个以上的表。要实现多表查询，必须将表联接起来。下面通过实例来说明多表查询的建立方法。

**【例 6.13】**　列出“李鹏”同学的各科成绩，要求给出学号、姓名、课程名称和成绩，并按照“成绩”进行排序。

(1) 启动查询设计器，在“添加表或视图”对话框中，分别将“学生”表和“成绩”表添加到查询设计器中，这时会打开“联接条件”对话框，如图 6.7 所示。

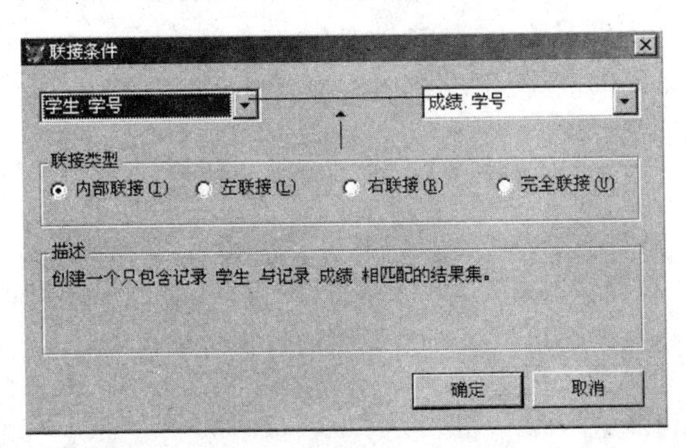


图 6.7　“联接条件”对话框

(2) 在“联接条件”对话框中，默认联接条件为学生.学号=成绩.学号，联接类型为内部联接，单击“确定”按钮，使用默认条件。

(3) 关闭“添加表或视图”对话框，在“字段”选项卡中选择字段：学生.学号、学生.姓名、成绩.课程名称和成绩.成绩，如图 6.8 所示。

(4) 选择“筛选”选项卡，设定筛选条件为：学生.姓名="李鹏"。

(5) 选择“排序依据”选项卡，双击字段“成绩.成绩”，添加到“排序条件”列表框中，运行查询，显示如图 6.9 所示的结果。

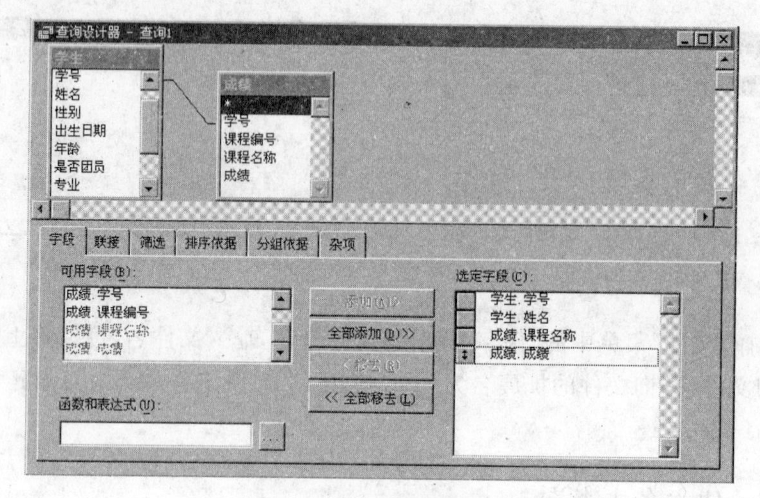


图 6.8 选择输出字段

查询

| 学号 | 姓名 | 课程名称 | 成绩 |
| --- | --- | --- | --- |
| 0100901002 | 李鹏 | 组成原理 | 75 |
| 0100901002 | 李鹏 | 数据结构 | 78 |

图 6.9 查询结果

## 6.3 视图设计器

视图设计器是系统提供的又一个可视化查询工具,通过视图设计器可以从一个或多个相关联的表中提取信息,还可以更新相关表的数据。

### 6.3.1 视图的概念

视图不是图而是一种逻辑表,是数据库中的对象,存在于某个数据库文件中,是基于数据表的可更新的信息集合。它依赖于数据表,不能单独存在。视图与查询类似,都可以从一个或多个相关联的表中查询信息,但通过查询只能查询数据,输出的结果是只读的。而通过视图不但可以查阅数据,还可以更新数据并把更新结果送到源表中。

### 6.3.2 创建视图

视图是数据库对象,启动视图设计器前,首先要打开数据库。本例使用一个数据库文件“教学管理.dbc”说明启动视图设计器的方法。

从“文件”菜单中选择“新建”命令，在打开的“新建”对话框中选择“视图”选项，单击“新建文件”按钮，会打开“添加表或视图”对话框，如图 6.10 所示。在视图中添加表后关闭该对话框，打开“视图设计器”窗口，如图 6.11 所示。

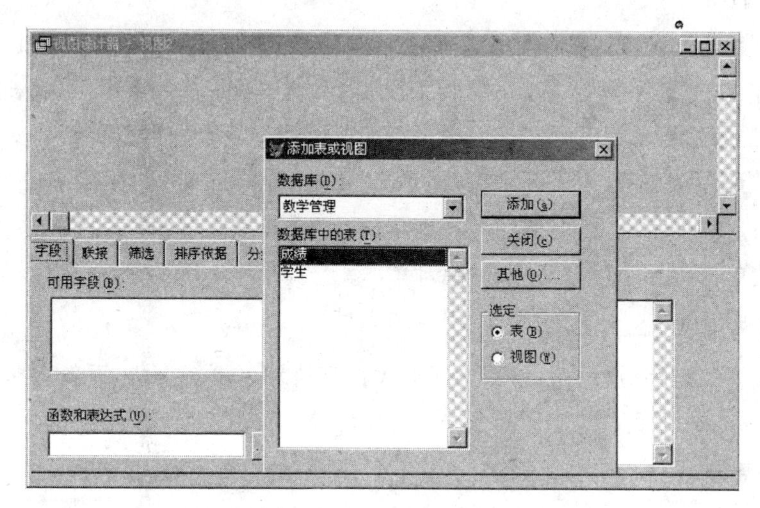


图 6.10　“添加表或视图”对话框

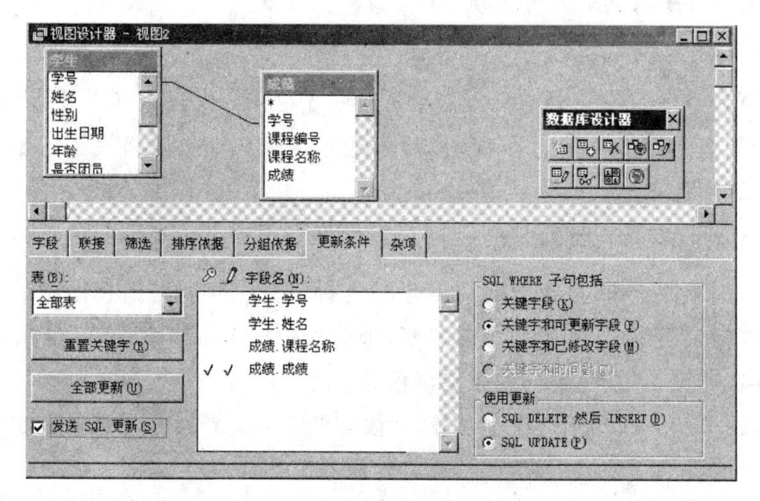


图 6.11　“视图设计器”窗口

### 6.3.3　视图设计器的使用

在“视图设计器”窗口中，除“更新条件”选项卡外，其余选项卡的功能与查询设计器完全相同。利用“更新条件”选项卡可以设置可更新的表和更新方式。“更新条件”选项卡包含的各选项说明如下。

**1. 表**

“表”列表框中显示了视图中所使用的表，通过选定其中的选项可以指定哪些表中的字段可以在“字段名”列表框中显示，以便设置更新条件。“表”列表框中默认显示“全部表”选项，表示选定视图中所使用的全部基表。

**2. 字段名**

显示所选基表的字段，可以输出和更新这些字段。在“字段名”列表框中除显示字段名外，还包含有“关键字段”和“可更新字段”两列内容。关键字段可用来使视图中的修改与表中的原始记录相匹配。标记可更新字段可使字段数据得以更新。

如果要指定某个字段为关键字段，则单击“关键字段”栏下的相应字段行，打上符号√；如果要指定某个字段为可更新字段，则单击“可更新字段”栏下的相应字段行，打上符号√，再次单击符号√可以清除选择。

**3. 重置关键字**

单击“重置关键字”按钮后，将清空所有关键字段和可更新字段，重新选择表的主关键字段作为视图的关键字字段。

**4. 全部更新**

选定关键字段后，“全部更新”按钮才可用。单击“全部更新”按钮，将当前基表中除关键字段之外的所有字段选定为可更新字段。

**5. 发送 SQL 更新**

选定可更新字段后，“发送 SQL 更新”复选框才可用。“发送 SQL 更新”选项是一个主开关，用于指定是否将视图记录中的修改发送到基表。如果要将视图的更新信息传送回基表，必须选中此项。

**6. SQL WHERE 子句包括**

“SQL WHERE 子句包括”区域用来检测更新冲突。冲突是由视图中的原值和基表当前值的比较结果决定的，如果两个值相等，则认为数据未做修改，不存在冲突；如果它们不相等，则存在冲突，数据源返回一条错误信息。

关键字段：如果在基表中有一个关键字段被改变，设置 WHERE 子句检测冲突。对表中原始记录的其他字段进行修改时，不进行检测。

关键字和可更新字段：如果有用户修改了关键字段或任何可更新字段，设置 WHERE 子句检测冲突。

关键字和已修改字段(默认设置)：如果从视图首次检索以后，关键字段或基表记录的已修改字段中某个字段被修改，设置 WHERE 子句检测冲突。

关键字和时间戳：如果自基表记录的时间戳首次检索以后，它被修改过，设置 WHERE 子句检测冲突。只有当远程表有“时间戳”列时，此选项才有效。

**7. 使用更新**

指定字段如何在后端服务器上更新。

SQL DELETE 然后 INSERT：指定删除原始表记录，创建新记录。

SQL UPDATE(默认设置)：用视图字段中值的变化更新原始表的字段。

### 6.3.4　视图设计举例

**【例 6.14】** 创建学生成绩视图，要求显示学号、姓名、课程名称、成绩，并且要求只能更新"成绩"字段。

(1) 打开数据库文件"教学管理.dbc"。启动视图设计器，在"添加表或视图"对话框中，分别将"学生"表和"成绩"表添加到视图设计器中，这时会打开"联接条件"对话框。

(2) 在"联接条件"对话框中，默认联接条件为：学生.学号＝成绩.学号，联接类型为"内部联接"，单击"确定"按钮，然后关闭"添加表或视图"对话框。

(3) 在"字段"选项卡中选择字段：成绩.学号，学生.姓名，成绩.课程名称，成绩.成绩。

(4) 在"更新条件"选项卡中的"表"组合框中选择可更新表：成绩，在"字段名"列表框中选择成绩的更新关键字：成绩.学号，然后再选择更新字段：成绩.成绩。

(5) 在"SQL WHERE 子句包括"区域选中"关键字和可更新字段"单选按钮，在"使用更新"区域选中 SQL UPDATE 单选按钮，然后选中"发送 SQL 更新"复选框，如图 6.11 所示。

(6) 视图设计完成后，选择"文件"菜单中的"保存"命令，系统要求输入视图名称，这里输入视图名称 v1，单击"确定"按钮。此时，在数据库"教学管理.dbc"中会添加一个视图文件 v1.vue，如图 6.12、图 6.13 所示。

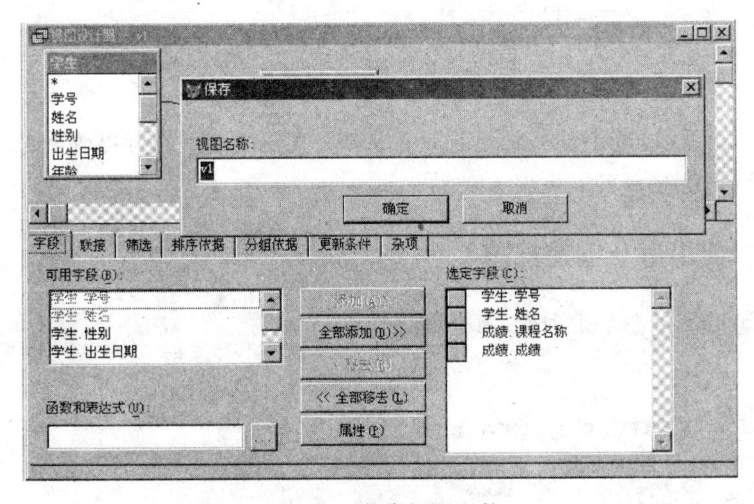


图 6.12　保存视图文件

(7) 浏览视图，打开相应的数据库，在"数据库设计器"窗口中双击视图对象，或者先选中视图，再选择"数据库"菜单中的"浏览"命令，就可以在浏览窗口中显示视图内容，如图 6.14 所示。

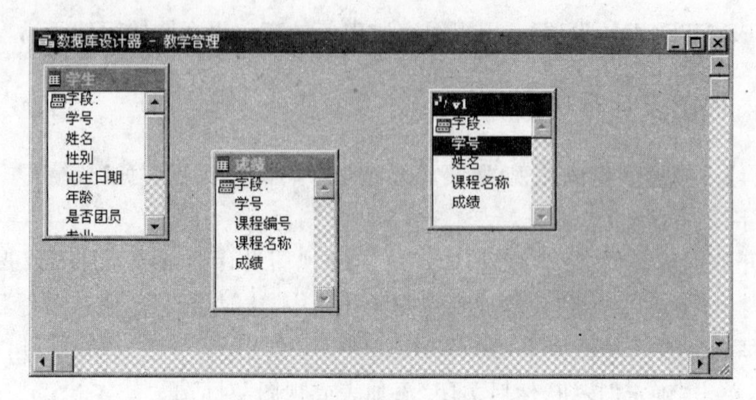


图 6.13　数据库中的视图对象

教学管理

V1

| 学号 | 姓名 | 课程名称 | 成绩 |
|---|---|---|---|
| 0100901001 | 王红 | 大学体育 | 92 |
| 0100901001 | 王红 | 英语 | 89 |
| 0100901002 | 李鹏 | 组成原理 | 75 |
| 0100901002 | 李鹏 | 数据结构 | 78 |
| 0100901004 | 金叶 | 数据结构 | 90 |
| 0100901009 | 董海燕 | 数据结构 | 88 |
| 0100901009 | 董海燕 | 组成原理 | 70 |

图 6.14　浏览视图内容

(8) 打开视图后，选中某条学生记录中的“成绩”字段值，进行更改。关闭视图后，原数据表中的数据就被更新了。

### 6.3.5　使用命令创建视图

视图也可以通过命令来创建，命令格式如下：

格式：

```
CREATE SQL VIEW<视图名>[REMOTE]
[CONNECTION<新建连接名>][SHARE]|<已建连接名>
[AS SELECT-SQL 命令]
```

功能：按照 AS 子句中的 SELECT-SQL 命令创建 SQL 视图。

说明：AS 子句中的 SELECT-SQL 命令用于指定视图可以从哪些数据库表中提取数据，以及设置多表查询的联接条件。

**【例 6.15】**　通过命令来创建例 6.14 中的学生成绩视图。

```
OPEN DATA 教学管理
```

```
CREATE SQL VIEW v1;
AS SELECT 成绩.学号,学生.姓名,成绩.课程编号,成绩.课程名称,成绩.成绩;
FROM 学生,成绩;
WHERE 学生.学号=成绩.学号
```

## 习 题 六

1. SQL 语言具备哪些主要功能?

2. SQL 语言中 SELECT 命令的基本功能是什么?

3. 使用 SQL 命令完成以下操作。

(1) 创建表“教师.dbf”,要求各字段的属性为:教师号,字符型,长度 5;姓名,字符型,长度 8;性别,字符型,长度 2;职称,字符型,长度 6。

(2) 显示表“学生.dbf”中非团员的男生记录。

(3) 显示所有男生的成绩,要求显示学生姓名、性别、课程名称和成绩。

4. 查询和视图有何主要联系与区别?

5. 视图设计器生成的结果是什么?存放于何处?

6. 查询设计器与视图设计器在查询结果上有何主要区别?

7. 利用查询设计器查询“教师”表中讲师的姓名、性别、职称。

8. 根据“学生”表和“成绩”表,建立视图 v1,要求如下。

(1) 按“学号”进行关联,内部联接。

(2) 显示的字段包括“学生姓名”、“学号”、“课程名称”和“成绩”。

(3) 设置“学生”表中的“学号”和“成绩”表中的“学号”为主关键字,设成绩为可更新字段。

(4) 运行视图,修改“王红”的“大学体育”成绩为 80。

# 第7章　程序设计基础

在前面的章节中，对数据库的操作是通过菜单的方式或在"命令"窗口中输入命令的方式完成的，但操作过程不能保留。Visual FoxPro 系统提供程序方式用以完成各种操作。用户把有关的操作命令编成程序存储在一个文件中，当发出调用命令后，Visual FoxPro 系统就会依次自动地执行该文件中的命令，直至全部命令执行完毕，实现了计算机自动处理信息的功能。

本章将介绍 Visual FoxPro 程序文件的建立、程序的基本控制结构以及模块化程序设计的方法。

## 7.1　程序文件的建立、修改和运行

### 7.1.1　程序文件的建立和修改

**1. 利用命令方式建立程序文件**

格式：

```
MODIFY COMMAND<文件名>
```

功能：打开文本编辑窗口，建立或修改程序文件。

说明：Visual FoxPro 程序文件是一个文本文件，扩展名为.prg，用任一种文本编辑软件都可以建立并修改程序文件。程序中的内容是由 Visual FoxPro 的命令及相关的语句组成的。

**【例 7.1】** 建立一个程序，求当前日期和时间的长度，并显示日期和时间值。

在"命令"窗口中输入：MODIFY COMMAND E7-1，按 Enter 键打开文本编辑器，然后输入以下代码：

```
 *程序名称 E7-1.prg
 *功能：显示当前日期和时间
a=DATA()
b=TIME()
a1=LEN(DTOC(a))
b1=LEN(b)
```

```
?"当前日期和时间：",a,b
?"日期和时间的长度：",a1,b1
```

输入代码结束后，按 Ctrl+W 键存盘，或单击“保存”按钮，给定文件名后，保存成程序文件。

修改源程序，同样使用命令 MODIFY COMMAND<文件名>打开文本编辑器，修改完毕后按 Ctrl+W 键存盘。

在本例中，前两行是注释语句，行首注释使用 * 开始，引导说明性文字。

**2. 用菜单建立程序文件**

选择“文件”菜单中的“新建”命令，在打开的对话框中选中“程序”单选按钮，单击“新建文件”按钮，也可以启动文本编辑器，参见图 7.1 所示的编辑窗口。

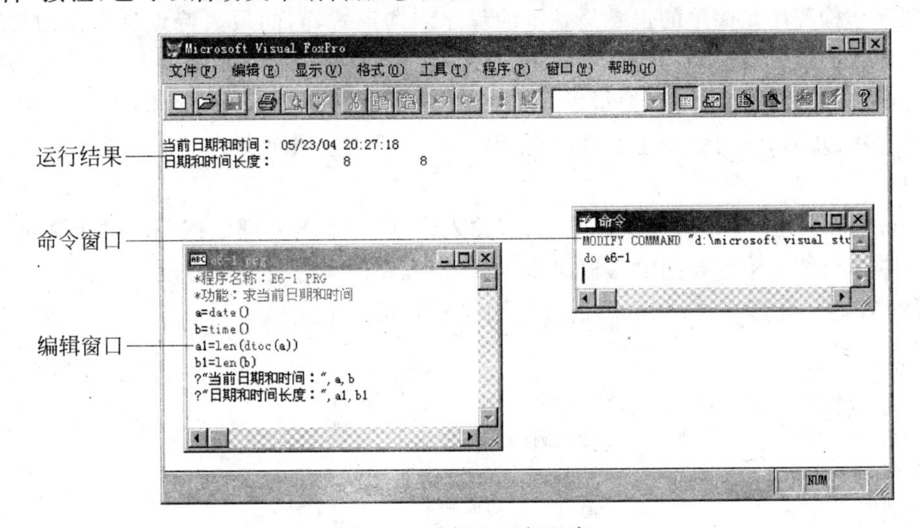


图 7.1　编辑和运行程序

若要修改程序，可以用 MODIFY COMMAND<文件名>命令，重新打开文本编辑器，对程序文件进行简单的更改。按 Ctrl+W 键存盘后退出编辑器。

## 7.1.2　程序文件的运行

**1. 在“命令”窗口中运行程序**

格式：

```
DO<文件名>
```

**2. 使用菜单**

在“程序”菜单中选择“运行”命令，打开“运行”对话框，选择相应的程序文件，单击“运行”按钮。

程序运行后，如图 7.1 所示。

### 7.1.3 程序文件的注释

程序中的注释内容对程序起注解的作用,不产生任何操作。整行注释用 * 号开头,后面跟注释的文字。对某一个语句注释,需在该语句行后输入 && 符号,后面跟注释的文字。

## 7.2 顺序结构程序及特点

### 7.2.1 顺序结构程序的特点

顺序结构程序是简单的也是最基本的程序结构形式,它的最大特点是命令的排列顺序就是命令的执行顺序。程序运行时,按照语句序列的先后顺序,一条接一条地顺序执行,直到最后一条语句结束。编写程序,最关键的是弄清楚要解决什么问题,设计出解决问题的方法、步骤,针对每个步骤选择合适的命令,严格按照次序把命令记录下来,就是程序清单。

一般来讲,一个完整的程序总是包含“输入数据”、“加工处理数据”和“输出数据”3 种成分。本节介绍几个重要的输入输出命令,以使程序的编写变得更方便。

**【例 7.2】** 计算半径 $r=5$cm 的圆的周长和面积。

```
*E7-2.prg
r=5                     && 圆的半径
C=2*3.14*r              && 计算圆的周长和面积
S=3.14*r*r
?"圆的周长",C           && 输出周长和面积的值
?"圆的面积",S
```

### 7.2.2 非格式化输入命令

**1. 键盘输入语句**

格式:

```
INPUT [<提示信息>]TO<内存变量>
ACCEPT[<提示信息>]TO<内存变量>
```

功能:在屏幕上显示<提示信息>,等待用户从键盘输入,再把输入内容赋值给指定的内存变量。

说明:

ACCEPT 命令只能接收字符型常量,输入常量自动地被计算机当成是字符型数据。

INPUT 命令可接收任何类型的数据,但不同类型的数据要用相应的定界符。例如字符型数据要加引号。

**【例 7.3】** 编程按给定学号查询学生的基本信息。

```
*E7-3.prg
*按学号对"学生"表进行查询
CLEAR
SET  TALK  OFF
USE  学生
ACCEPT"输入待查询学生的学号"TO XH
LOCATE FOR 学号=XH
DISP  学号,姓名,性别,年龄
USE
SET  TALK  ON
```

**2. 等待语句**

等待语句是一种使程序暂停的语句,程序暂停后可按任意键使程序继续运行。格式:

```
WAIT[<提示信息>][TO<内存变量>]
[WINDOW [AT<行,列>]][NOWAIT]
[NOCLEAR][TIMEOUT<秒数>]
```

说明:<提示信息>:等待时显示在屏幕上的提示信息,默认是"按任意键继续"。

TO<内存变量>:将输入值保存在内存变量中。

WINDOW[AT<行,列>]:指定提示信息在屏幕的位置。

[NOCLEAR]:不清除指定位置上的提示信息。

[TIMEOUT<秒数>]:指定等待的时间,如果在规定的时间内没有按键,达到规定时间后,等待结束,程序自动继续执行。

### 7.2.3　格式化输入输出命令

格式化输入输出命令具有很强的功能,它能在屏幕的指定位置上把数据信息按规定的格式输出,也能在指定的位置上输入与修改数据,还能对数据进行格式控制与值域检验等。

**1. 格式输出**

```
@<行,列>SAY<表达式>
[FUNCTION<字符表达式 1>][PICTURE<字符表达式 2>]
[SIZE<高度>,<宽度>]
[FONT<字体>[,<字号>]][STYLE<字体样式>]
[COLOR SCHEME<数值表达式>|COLOR<颜色对>]
```

功能:在指定位置按指定格式输出<表达式>的值。

说明:命令行中的子句较多,这里只介绍几种常用的。

(1) <行,列>用于指定输出的起始位置。

(2) 在 FONT 子句中,<字体>是系统提供的任一种字体,用字体的名称标出,<字号>是用数值表示的字的大小,数值越大,字越大。

(3) SIZE 子句用于指定显示的高度和宽度,用两个数字表示信息的行数和列数。

(4) STYLE子句用来说明输出字体的样式，包括加粗、倾斜和加下划线。

(5) COLOR＜颜色对＞用来说明显示的前景色和背景色。如COLOR W/B表示蓝底白字。现在表示颜色使用RGB表示法，格式为RGB(red,green,blue)，每种颜色的范围是0～255。表7.1是常用的几种色彩代码，表7.2是16种常见的颜色RGB值。

**表7.1　色彩代码表**

| 黑色 | 空白 | 蓝色 | 棕色 | 深蓝 | 绿色 | 品红 | 红色 | 白色 | 黄色 |
|---|---|---|---|---|---|---|---|---|---|
| N | X | B | GR | BG | G | RB | R | W | GR+ |

**表7.2　常见RGB和颜色值**

| 颜　色 | RGB值 | 颜色值 | 颜　色 | RGB值 | 颜色值 |
|---|---|---|---|---|---|
| 白色 | 255,255,255 | 16 777 215 | 绿色 | 0,255,0 | 65 280 |
| 黑色 | 0,0,0 | 0 | 深绿色 | 0,128,0 | 32 768 |
| 灰色 | 192,192,192 | 12 632 256 | 青色 | 0,255,255 | 16 776 960 |
| 深灰色 | 128,128,128 | 8 221 504 | 深青色 | 0,128,128 | 8 421 376 |
| 红色 | 255,0,0 | 255 | 蓝色 | 0,0,255 | 16 711 168 |
| 深红色 | 128,0,0 | 128 | 深蓝色 | 0,0,128 | 8 388 608 |
| 黄色 | 255,255,0 | 65 535 | 洋红色 | 255,0,255 | 16 711 935 |
| 深黄色 | 128,128,0 | 32 896 | 深红色 | 128,0,128 | 8 388 736 |

表7.2中的颜色值可以用一个整数代替RGB函数指定的颜色，计算公式为：

$$颜色值=B\times 256\times 256+G\times 256+R$$

(6) PICTURE|FUNCTION子句用于定义数据的输出格式。FUNCTION子句控制整个数据的输出，而PICTURE仅控制数据中对应位置上的单个字符，从而输出数据的宽度也就取决于格式符的个数。两者可由PICTURE＜描述符串＞一并代替，描述符串是形如“[@功能符串][格式符串]”的字符串，其中两项至少要选一项，若两项都选，则其间一定要有一个空格相隔。格式符和功能符的含义如表7.3和表7.4所示。

**表7.3　格式符及其作用**

| 格式符 | 作　用 |
|---|---|
| A | 只允许字母 |
| L | 只允许逻辑数据 |
| N | 只允许字母和数字 |
| X | 允许任何字符 |
| Y | 只允许Y、N、y、n，而且y、n被转化为Y、N |
| 9 | 对字符数据只允许数字，对数字数据只允许数字和正负号 |
| # | 允许数字、空格、正负号 |
| ! | 转换小写字符为大写字符 |
| * | 在数值型数据的前置0位置上显示* |
| . | 指出小数点的位置 |
| , | 放在小数点的左边，用于分割数字 |

表 7.4 功能符及其作用

| 功能符 | 作用 |
|---|---|
| A | 只允许字母、字符 |
| B | 数值型数据左对齐 |
| C | 正数后显示贷方标记 CR |
| D | 使用 SET DATE 设置的日期格式 |
| E | 日期型数据按欧洲形式(DD/MM/YY)显示 |
| I | 使输出值位于输出字段的中间 |
| J | 输出值在输出字段中右对齐 |
| K | 当光标移至 GET 变量时,选取整个字段进行编辑;若用户新输入了数据,先前的内容将被自动清除 |
| L | 数值数据前面的空格用 0 补满 |
| R | 在后继的格式字符串中可插入其他字符,被插入的字符在相应位置显示,但不存放到变量中 |
| S<n> | 把字符型数据的宽度限制为 $n$ |
| T | 删除首尾空格 |
| X | 在负数后显示借方标记 DB |
| Z | 数值为零时,显示空格字符 |
| ! | 把小写字母转换为大写字母 |
| ( | 把负数用括号括起来 |
| , | 分隔小数点左边的数字,只有在该符号的左边有数据时,它才会显示出来 |
| ^ | 用科学表示法显示数值数据 |
| $ | 按 SET CURRENCY 命令所定义的位置来显示货币符号 $ |

在色彩代码中还可以使用加号+和星号*来表示高亮度。加号只能用于前景色,星号只能用于背景色。

【例 7.4】 格式输出示例。

```
*----------------------------
*    程序名称: E7-4.prg
*    功能: 格式输出
*----------------------------
CLEAR
@4,20 SAY"格式输出显示!"SIZE 1,13;
STYLE "I"COLOR R/W FONT"楷体",40
```

在本例中输出对象显示宽度为 1 行 13 列,使用斜体字,白底红字,楷体,40 号,如图 7.2 所示。

格式输出显示!

图 7.2 格式输出示例

**2. 格式输入**

格式：

```
@ <行,列>GET<内存变量>|<字段变量>
[FUNCTION<字符表达式 1>][PICTURE<字符表达式 2>]          && 输入格式
[FONT<字体>[,<字号>]]                                     && 字体字号
[STYLE<字符表达式 3>]                                     && 字型风格
[DEFAULT<表达式 1>]                                       && 默认值
[ENABLE|DISABLE]                                          && 允许或禁止编辑数据
[MESSAGE<字符表达式 4>]                                   && 提示信息
[[OPEN]WINDOW<窗口名>]                                    && 打开编辑窗口
[RANGE[<表达式 2>][,<表达式 3>]                           && 数据接收的范围
[SIZE<高度>,<宽度>]                                       && 编辑区(高度,宽度)
[VALID<逻辑表达式 1>|<数值表达式 1>                       && 合法性检查
[ERROR<字符表达式 5>]]                                    &&VALID 为.F.时显示的信息
[WHEN<逻辑表达式 2>]                                      && 决定允许或禁止编辑
[COLOR SCHEME<数值表达式 2>|COLOR<颜色对>]                && 颜色配置
```

功能：在屏幕指定的位置，先输出 GET 子句中变量的值，再按指定的格式对变量进行编辑和输入。

说明：该命令的一般属性与格式输出相同，下面对其余子句进行说明。

(1) DEFAULT＜表达式 1＞：表示默认变量或数组的值，例如数字可以定义为 0。

(2) ENABLE|DISABLE：允许或者禁止编辑数据，可以用 GET 命令中的 ENABLE 来控制显示数据，以达到相应格式描述的显示效果。

(3) MESSAGE＜字符表达式 4＞：在屏幕最底行显示提示信息。

(4) RANGE＜表达式 2＞,＜表达式 3＞：数据范围，表达式 2 为下限，表达式 3 为上限。

(5) WHEN＜逻辑表达式 2＞：允许或禁止编辑，当逻辑表达式为真时，可以执行 GET 命令。

(6) GET 子句中的变量必须有确定的初值。

**【例 7.5】** 建立 3 个变量，分别对其进行编辑。

```
*程序名称：E7-5.prg
*功能：使用 GET 命令
a1=.T.
a2="Visual FoxPro"
a3=2154.22
@2,10 SAY"输入逻辑"GET a1 PICTURE "Y"                && 只能是逻辑值.T.和.F.
@3,10 SAY"编辑字符"GET a2 PICTURE"!!!!!!!!!!!!!"     && 限定宽度及大写
@4,10 SAY"输入数据"GET a3 VALID A3>0                 && 输入大于 0 的数字
READ
```

在该程序中创建了 3 个不同类型的变量：在 a1 变量中只能输入逻辑值 T 或 F；在 a2

变量中限定了编辑的宽度，且只能输入大写字符；在 a3 变量中只能输入大于 0 的数字。

程序中的变量只有在使用了 READ 语句后才能激活编辑。显示结果如图 7.3 所示。

```
输入逻辑 Y
输入字符 VISUAL FOXPRO
输入数据       2154.22
```

图 7.3　编辑结果

### 7.2.4　清屏命令

格式化输入输出命令能够控制数据的输入输出位置和格式，有效地利用屏幕空间，设计出满意的操作画面。但在使用中需要辅以屏幕刷新命令，清除旧的数据，换上新的数据。下面介绍常用的清屏命令。

**1. 清屏**

格式：

```
CLEAR
```

功能：清除屏幕上的信息，但不清除内存变量的值。

**2. 清除屏幕局部区域**

格式：

```
@<行 1,列 1>[CLEAR|CLEAR TO<行 2,列 2>]
```

功能：清除屏幕局部区域。

说明：

(1) 命令形式为@<行 1,列 1>时，表示清除屏幕或窗口的<行 1,列 1>坐标后的当前行。

(2) 命令形式为@<行 1,列 1> CLEAR 时，表示清除以<行 1,列 1>坐标为左上角的右下部屏幕或窗口区域。

(3) 命令形式为@<行 1,列 1>CLEAR TO <行 2,列 2>时，表示清除以<行 1,列 1>坐标为左上角、<行 2,列 2>坐标为右下角的屏幕和窗口区域。

例如：

```
CLEAR                  && 清除整个屏幕
@0,0 CLEAR             && 清除整个屏幕，功能同上
@5,5 CLEAR             && 清除第 5 行第 5 列右下边的区域
@5,5 CLEAR TO 20,75    && 清除第 5 行到 20 行，第 5 列到 75 列屏幕中间区域
@10,20                 && 清除第 10 行第 20 列右边的区域
```

### 7.2.5　文本输出命令

格式：

```
TEXT
<文本信息>
```

```
ENDTEXT
```

功能：将 TEXT 与 ENDTEXT 之间的文本信息内容显示出来，允许其间出现多个文本行。

## 7.3 选择结构程序设计

选择结构能根据指定条件的当前值在两条或多条程序路径中选择一条执行，因此在一个程序中能处理多种情况的复杂问题。Visual FoxPro 提供了 3 种格式的选择结构。

### 7.3.1 基本选择结构语句

**1. 单边选择**

格式：

```
IF<条件表达式>
  <语句序列>
ENDIF
```

功能：若＜条件表达式＞取值为“真”，执行＜语句序列＞；若取值为“假”，则＜语句序列＞不执行。

**2. 双边选择**

格式：

```
IF <条件表达式>
   <语句序列 1>
ELSE
     <语句序列 2>
ENDIF
```

功能：若＜条件表达式＞值为“真”，则执行＜语句序列 1＞；若为“假”，则执行＜语句序列 2＞。

两种程序的逻辑结构如图 7.4、图 7.5 所示。

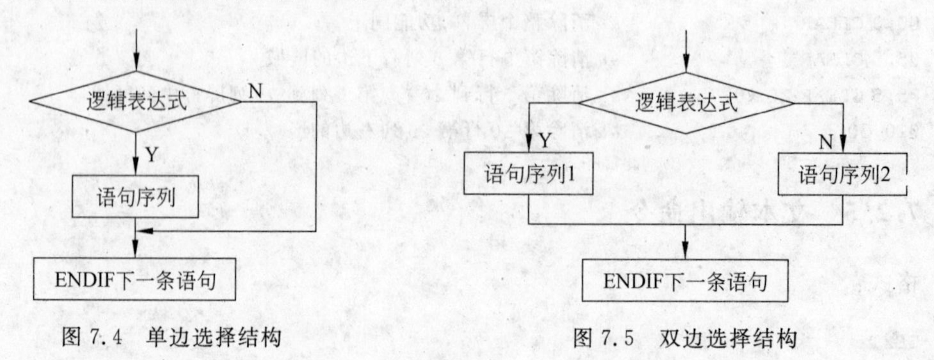


图 7.4 单边选择结构　　图 7.5 双边选择结构

**【例 7.6】** 将表“教师.dbf”中徐克老师的职称改为副教授。

```
*E7-6.prg
USE 教师
LOCATE FOR 姓名="徐克"
IF FOUND()
    DISPLAY 姓名,职称 REPLACE 职称 WITH"副教授"
    DISPLAY
  ENDIF
USE
RETURN
```

**【例 7.7】** 修改例 7.6,显示找不到记录的情况,采用双边选择结构。

```
*E7-7.prg
USE 教师
LOCATE FOR 姓名="徐克"
IF FOUND()
    DISPLAY 姓名,职称  REPLACE 职称 WITH"副教授"DISPLAY
ELSE
    WAIT WINDOW"没有徐克老师的记录"AT 10,10
ENDIF
USE
RETURN
```

**【例 7.8】** 密码判断。

```
*E7-8.prg
CLEAR
SET TALK OFF
ACCEPT"请输入您的密码"TO mm
IF mm<>"abc"
    ?您无权使用设备管理系统
    EXIT
ELSE
    ?"欢迎使用设备管理系统"
ENDIF
SET TALK ON
RETURN
```

### 7.3.2 多分支选择结构

当有多种情况出现并需要分别做出相应选择时,可以使用多分支选择结构。

格式：

```
DO CASE
    CASE<条件表达式 1>
        <语句序列 1>
    CASE<条件表达式 2>
        <语句序列 2>
    ...
    CASE<条件表达式 n>
        <语句序列 n>
        [OTHERWISE
        <语句序列 n+1>]
ENDCASE
```

功能：执行多重分支操作。

说明：执行多分支语句时，系统依次判断条件表达式的值是否为真，若某个条件表达式为真，则执行该 CASE 段的语句序列，然后执行 ENDCASE 后面的语句。

在各条件表达式值均为假的情况下，若有 OTHERWISE 子句，就执行＜语句序列 n＋1＞，然后结束多分支语句，否则直接结束多分支语句。该语句的执行逻辑如图 7.6 所示。

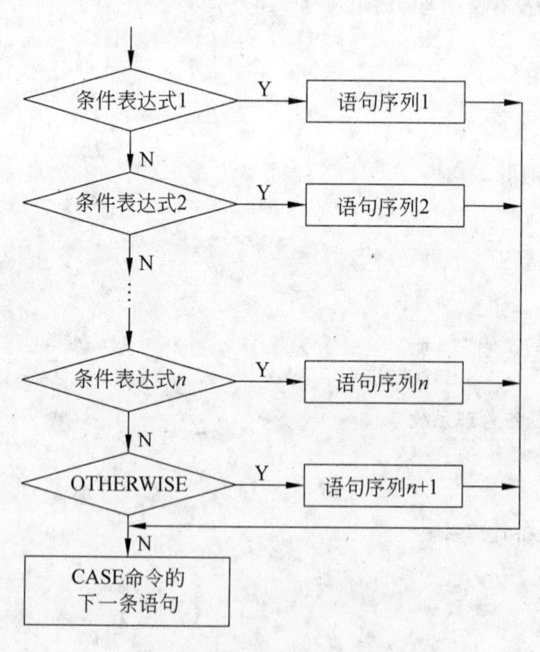


图 7.6 多分支语句执行逻辑

**【例 7.9】** 使用 CASE…ENDCASE 结构显示当前季节。

```
* E7-9.prg
yue=MONTH(DATE())
DO CASE
```

```
    CASE INLIST(yue,1,2,3)          && 表达式的值是给定的值之一返回.T.
        jj="春"
    CASE INLIST(yue,4,5,6)
        jj="夏"
    CASE INLIST(yue,7,8,9)
        jj="秋"
    CASE INLIST(yue,10,11,12)
        jj="冬"
ENDCASE
WAIT jj WINDOW
RETURN
```

在构成分支结构时需要注意以下几点。

(1) 条件语句中的 IF 和 ENDIF 必须成对出现；同样，多分支语句中的 DO CASE 和 ENDCASE 也必须成对出现。

(2) 为使程序清晰易懂，对分支、循环等结构应使用缩进格式书写。

(3) 编辑程序时，表达分支、循环的每种语句都不允许在一个命令行中输入完成，必须按本书所示语句格式，分行输入。并且，这些在程序编辑中分行输入的语句不能直接在"命令"窗口中使用。

### 7.3.3　选择结构的嵌套

在选择结构中，如果＜语句序列＞又是一个选择结构，就构成了选择结构的嵌套，有如下两种格式。

格式一：

```
IF <条件表达式 1>
   <语句序列 1>
ELSE
  IF<条件表达式 2>
    <语句序列 2>
  ELSE
    <语句序列 3>
  ENDIF
ENDIF
```

格式二：

```
IF<条件表达式 1>
    IF <条件表达式 2>
       <语句序列 1>
    ELSE
       <语句序列 2>
    ENDIF
ELSE
```

```
    <语句序列 3>
ENDIF
```

【例 7.10】 判断输入数是正数、负数还是零。

```
*E7-10.prg
CLEAR
INPUT "输入数值: "TO n
IF n>0
  ?"正数"
ELSE
  IF n=0
    ?"零"
  ELSE
    ?"负数"
  ENDIF
ENDIF
RETURN
```

说明：在选择嵌套结构中，IF…ENDIF 必须成对出现，不能丢失。

## 7.4 循环结构程序设计

在处理实际问题的过程中，有时需要重复执行相同的操作，即对一段程序进行循环操作，这种重复执行语句的结构称为循环结构。被重复执行的一段语句序列称为循环体。控制执行循环体的程序结构称为循环控制结构。

Visual FoxPro 系统提供 3 种循环控制语句，即 WHILE 条件循环语句、FOR 步长循环语句和专门针对数据表操作的 SCAN 扫描循环语句。循环执行的次数一般由循环条件决定，在循环体中可插入跳出语句 EXIT 来结束循环，也可以用 LOOP 语句继续循环。

### 7.4.1 条件循环("当"型循环控制语句)

"当"型循环控制语句，即根据条件表达式的值，决定循环体内语句的执行次数。

格式：

```
DO WHILE<条件表达式>
    <语句序列>
ENDDO
```

功能：该语句通过<条件表达式>的值来控制循环。执行语句时，反复判断<条件表达式>的值，当<条件表达式>的值为"真"时，执行<语句序列>；否则，结束循环，并执行 ENDDO 后面的第一条语句。语句执行逻辑如图 7.7 所示。

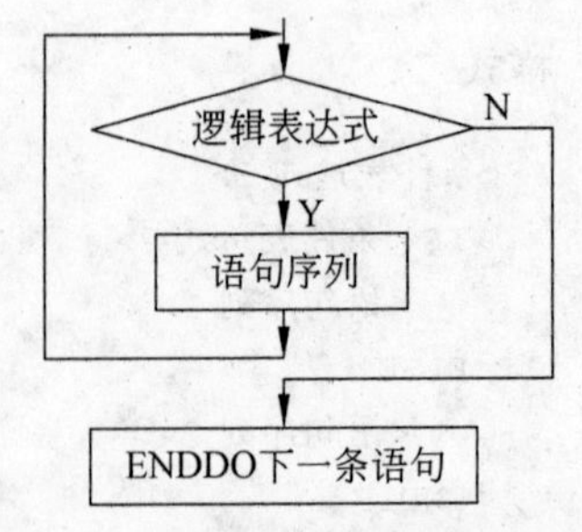


图 7.7 条件循环语句的执行逻辑

【例 7.11】 编程求和 $s=1+2+3+\cdots+100$。

```
*E7-11.prg
CLEAR
SET TALK OFF
STORE 0 TO n,s
DO WHILE n<=100
    s=s+n
    n=n+1
ENDDO
  ?"累加和 S=",s
SET TALK ON
RETURN
```

结果：

```
累加和 S=5050
```

【例 7.12】 查找某个学生的记录，查找的条件字段为“姓名”。

```
*E7-12.prg
yes="Y"
DO WHILE UPPER(yes)="Y"
    CLEAR
@5,10 SAY"请输入查找姓名:"GET str DEFAULT SPACE(8)
READ
USE student
LOCATE FOR 姓名=str
  IF FOUND()
        DISP
  ELSE
    WAIT "查无此人"WINDOW
  ENDIF
  @7,10 SAY"还继续查找吗?" GET yes DEFAULT SPACE(1)
  READ
ENDDO
RETURN
```

### 7.4.2 步长循环（“计数”型循环控制语句）

“计数”型循环控制语句，即根据用户设置的循环变量的初值、终值和步长，决定循环体内语句的执行次数。

格式：

```
FOR<循环变量>=<初值>TO<终值>[STEP<步长>]
    <语句序列>
```

```
ENDFOR|NEXT
```

功能：循环执行 FOR 和 ENDFOR 之间的语句。

该语句用<循环变量>来控制<语句序列>的执行次数。执行语句时，首先将<初值>赋给<循环变量>，然后判断<循环变量>是否大于或小于<终值>，若结果为"真"，则结束循环，执行 ENDFOR 后面的第一条语句；否则，执行<语句序列>，<循环变量>自动按<循环变量步长>增加或减少，再重新判断<循环变量>当前的值是否大于或小于<终值>，直到其结果为真。

**【例 7.13】** 用 FOR…ENDFOR 结构编写程序，求 $s=1+2+3+\cdots+100$。

```
*E7-13.prg
CLEAR
s=0
FOR i=1 TO 100
    s=s+i
ENDFOR
?"s=",s
RETURN
```

### 7.4.3 扫描循环("指针"型循环控制语句)

"指针"型循环控制语句，即根据用户设置的表中的当前记录指针，决定循环体内语句的执行次数。

格式：

```
SCAN[<范围>][FOR<条件表达式 1>[WHILE<条件表达式 2>]]
    <语句序列>
ENDSCAN
```

功能：扫描当前表中满足条件的记录。

说明：SCAN 针对当前表进行循环，<范围>的默认值为 All。语句执行时在<范围>中依次寻找满足<条件>的记录，并对找到的记录执行<语句序列>。

**【例 7.14】** 显示"学生"表中年龄大于等于 23 的学生记录。

```
*E7-14.prg
 CLEAR
 USE 学生
SCAN FOR 年龄>=23
    DISP 姓名,年龄
ENDSCAN
USE
```

### 7.4.4 使用循环语句时应注意的几点

(1) DO WHILE 和 ENDDO、FOR 和 ENDFOR、SCAN 和 ENDSCAN 必须配对

使用。

(2) <语句序列>可以是任何 FoxPro 命令或语句,也可以是循环语句,即可以为多重循环。

(3) <循环变量>应是数值型的内存变量或数组元素。

(4) EXIT 和 LOOP 命令嵌入在循环体内,可以改变循环次数,但是不能单独使用。EXIT 的功能是跳出循环,转去执行 ENDDO、ENDFOR、ENDSCAN 的下一条语句;LOOP 的功能是转回到循环的开始处,重新对"条件"进行判断,相当于执行了一次 ENDDO、ENDFOR、ENDSCAN 命令,它可以改变<语句序列>中部分命令的执行次数。EXIT、LOOP 可以出现在<语句序列>的任意位置。

**【例 7.15】** 输入任意个整数,分别统计偶数和奇数的个数,输入 0 结束。

```
*E7-15.prg
CLEAR
ji=0
ou=0
  DO WHILE .T.
    INPUT"输入一个整数:"TO a
    IF a=0
      EXIT
    ELSE
      IF INT(a/2)=a/2                &&判断整数
        ou=ou+1
      ELSE
        ji=ji+1
      ENDIF
  ENDIF
ENDDO
?"奇数个数: ",ji
?"偶数个数: ",ou
RETURN
```

**【例 7.16】** 输入任意 10 个整数,将所有正数显示出来。

```
*E7-16.prg
CLEAR
FOR i=1 TO 10
  INPUT"输入一个整数: "TO a
  IF a>0
    ?a
  ELSE
    LOOP
  ENDIF
ENDFOR
RETURN
```

### 7.4.5 多重循环

在循环结构中,若循环体本身也是循环结构,就构成了多重循环,也称为循环嵌套。其一般格式:

```
DO WHILE<条件表达式 1>
  DO WHILE<条件表达式 2>
    <语句序列>
  ENDDO
ENDDO
```

**【例 7.17】** 输出如图 7.8 所示的三角形图案。

```
*E7-17.prg
CLEAR
FOR i=1 TO 9
  @i,21-i SAY ""
FOR j=1 TO 2*i-1
?? "*"
ENDFOR
?
ENDFOR
RETURN
```

```
        *
       ***
      *****
     *******
    *********
   ***********
  *************
 ***************
*****************
```

图 7.8

**【例 7.18】** 用筛选法找出 2～50 之间的所有素数。

```
*E7-18.prg
CLEAR
FOR i=2 TO 50
    k=INT(SRRT(i))
    j=2
    flag=.T.
  DO WHILE j<=k
      IF MOD(i,j)=0
        flag=.F.
        EXIT
      ENDIF
      j=j+1
    ENDDO
    IF flag=.T.
      ? i
    ENDIF
ENDFOR
RETURN
```

# 7.5 模块化程序设计

模块是一个具有独立功能的程序，可以单独地设计、调试与管理。模块化程序设计方法就是按适当的原则把一个情况复杂、规模较大的程序系统划分为一个个较小的、功能相关而又相对独立的模块。

## 7.5.1 过程及过程调用

过程是一个相对独立的可以完成一定功能的程序段。使用过程可以将完成某一特定任务的程序代码集中在一起，形成一个个功能模块，以供用户在需要时调用。

格式：

```
PROCEDURE<过程名>
[PARAMETERS<参数表>]
   <语句序列>
RETURN
```

说明：

(1) PROCEDURE 语句是过程的起始语句，并定义此过程的名字为<过程名>。

(2) 在 PARAMETERS<参数表>中列出本过程使用的参数。

(3) 过程可以独立存在，也可以放在调用它的主程序后面作为程序的一部分，但其是由主程序调用才执行的。

**【例 7.19】** 调用过程 ZC 对日期数据进行处理并输出。

```
*E7-19.prg
SET STRICTDATE TO 0
C={//}                                 && 定义日期型内存变量
DO ZC WITH DATE()
?"当前系统的日期为"+C
DO ZC WITH {05/20/95}
?"制表日期为"+C
PROCDURE ZC
PARAMETERS Z
y=YEAR(Z)
m=MONTH(Z)
d=DAY (Z)
C=STR(y,4)+"年"+STR(m,2)+"月"+STR(d,2)+"日"
RETURN
```

执行结果：

```
当前系统的日期为2010 年 5 月 20 日
制表日期为       1995 年 5 月 20 日
```

### 7.5.2 过程文件

过程的引用使模块化程序设计的效率大大提高,使程序的层次结构更加清晰,但在程序中频繁地调用过程就会不断地访问磁盘,这样会导致程序的执行速度降低。Visual FoxPro 提供了过程文件的功能,可以解决这一矛盾。

过程文件是将多个子过程合并而得到的一个文件,在这个文件中,每个子过程仍是相互独立的。程序执行时将过程文件一次调入内存。调用过程就直接在内存的过程文件中去调用,这样就避免了频繁调用磁盘上的单个过程文件,提高了系统的运行效率。

**1. 过程文件的建立**

和程序文件的建立方法相同。

```
MODIFY COMMAND<过程文件名>
```

此命令将在磁盘上建立一个.prg 文件,用以存放过程文件中的内容。

**2. 过程文件的书写格式**

```
PROCEDURE <过程名 1>
          <语句序列 1>
RETURN
PROCEDURD <过程名 2>
          <语句序列 2>
RETURN
…
PROCEDURE <过程名 n>
          <语句序列 n>
RETURN
```

文件的内容就是程序中需要调用的若干过程的集合。

**3. 打开过程文件**

格式:

```
SET PROCEDURE TO<过程文件名>
```

功能:打开指定的过程文件,将过程文件中所包含的过程全部调入内存。

说明:系统在同一时刻只能打开一个过程文件,打开新过程文件的同时将关闭原来打开的过程文件,若要修改过程文件的内容,一定要先关闭该过程文件。

**【例 7.20】** 编写计算圆面积、圆周长及球体积的过程文件 ygc.prg。

```
*圆计算过程文件 ygc.prg
*计算圆面积
PROCEDURE area
INPUT "请输入圆的半径 R: "to r
s=3.14159*r^2
```

```
?"圆面积="+STR(s,6)
WAIT"按任意键返回"
RETURN
*计算圆的周长
PROCEDURE girth
INPUT "请输入圆的半径 R:"to r
C=3.14159*r*2
?"圆的周长="+STR(C,6)
WAIT"按任意键返回"
RETURN
*计算球的体积
RROCEDURE volume
INPUT"请输入圆的半径 R: " to r
V= (4/3)*3.14159*r^3
?"球的体积="+STR(V,6)
WAIT "按任意键返回"
RETURN
```

**【例 7.21】** 圆计算程序系统。

```
*圆计算程序
SET PROCEDURE TO ygc
DO WHILE.T.
CLEAR
TEXT
*********************
           圆计算程序
        1. 计算圆的面积
        2. 计算圆的周长
        3. 计算球的体积
        4. 结束
*********************
ENDTEXT
WAIT"请按编号选择: "TO n
DO CASE
  CASE n="1"
  DO mj
  CASE n="2"
  DO zc
  CASE n="3"
  DO tj
  CASE n="4"
  EXIT
OTHERWISE
  ? 选择错误!请重选
```

```
ENDCASE
ENDDO
CLOSE PROCEDURE
RETURN
```

### 7.5.3 变量的作用域

当主程序调用过程时，弄清楚变量的作用域尤其重要。变量的作用域指的是变量在什么范围内是有效的或能被访问的。在 Visual FoxPro 中按照作用域的不同，将内存变量分为 3 种。

**1. 全局变量**

在任何模块中都可以使用的变量称为全局变量(也称为公共变量)，全局变量必须先定义后使用。全局变量可以通过 PUBLIC 命令来定义。

格式：

```
PUBLIC<内存变量表>
```

功能：将＜内存变量表＞指定的变量设置为全局变量，并将这些变量的初值赋以.F.。

说明：若在下层模块中建立的内存变量要供上层模块使用或在某模块中建立的内存变量要供并列模块使用，必须将这种变量说明成公共变量。

Visual FoxPro 默认在“命令”窗口中定义的变量都是全局变量，但这样定义的变量不能在程序方式下使用。

程序终止执行时全局变量不会自动清除，只能用 CLEAR MEMORY、RELEASE 命令来清除。

**2. 局部变量**

格式：

```
LOCAL<变量名>
```

局部变量使用 LOCAL 关键字来说明，局部变量只在当前定义的程序中有效，一旦该程序执行完将自动释放局部变量。

**3. 私有变量**

在程序中使用，没有通过 PUBLIC 和 LOCAL 声明而由系统自动创建的内存变量是私有变量。这种变量在本过程及下属的子过程内有效，在定义它的模块程序运行结束时自动清除。

私有变量允许与上层模块程序的变量同名，但此时为了分清楚两者是不同的变量，系统会暂时屏蔽上级模块变量。这种隐蔽说明只是对上级程序的变量进行屏蔽，而不创建变量。隐蔽是为了在当前程序使用同名变量时不至于发生冲突。私有变量也可以使用 PRIVATE 关键字来说明。

格式：

```
PRIVATE[<内存变量表>][ALL[LIKE|EXCEPT<通配符>]]
```

功能：声明私有变量并隐蔽上级程序的同名变量，直到声明它的程序、过程或自定义函数执行结束后，才恢复使用先前隐藏的变量。

说明："声明"与"建立"不一样，前者仅指变量的类型，后者包括类型与值。PUBLIC 命令除声明变量的类型外还赋了初值，故称为建立；而 PRIVATE 并不自动对变量赋值，仅是声明而已。

在应用程序中，各模块由多人开发，很可能因变量名相同造成运算混乱。如果每人将自己所用的变量用 PRIVATE 命令来声明，就能避免发生混淆。

在程序模块调用时，参数接收命令 PARAMETERS 声明的参变量也是私有变量，与 PRIVATE 命令相同。

**【例 7.22】** 变量状态示例。

```
CLEAR MEMORY                                  && 清除内存变量
CLEAR
PUBLIC pn1,pn3
DISPLAY MEMORY LIKE pn?
DO proc1

*过程 1
PROCEDURE proc1
pn2="Visual FoxPro"
DISPLAY MEMORY LIKE pn?
DO proc2
DISPLAY MEMORY LIKE pn?
ENDPROC

*过程 2
PROCEDURE proc2
PRIVATE pn1
LOCAL pn4                                     && 局部变量
pn3="is ten years"
pn2="snnay"
Pn4="abc"
DISPLAY MEMORY LIKE pn?
ENDPROC
```

运行该程序得到相应结果。

第 1 个 DISPLAY MEMORY 命令显示结果如下：

```
pn1      Pub     L       .F.
pn3      Pub     L       .F.
```

在这个结果中声明了两个全局变量，变量类型为逻辑型，初值为.F.。

第 2 个 DISPLAY MEMORY 命令显示结果如下：

```
pn1      Pub     L      .F.
pn3      Pub     L      .F.
pn2      Priv    C      "Visual FoxPro"proc1
```

在这个位置上显示的变量，除了两个全局变量之外，增加了一个私有变量。这个变量是自由创建的，不需要说明。

第 3 个 DISPLAY MEMORY 命令显示结果如下：

```
pn1      (hid)     L      .F.
pn3      Pub       L      "is ten years"
pn2      Priv      L      "snnay"proc1
pn4      Priv      C      "abc"proc2
```

首先使用 PRIVATE 关键字说明将 pn1 全局变量屏蔽掉。pn3 是全局变量，在这里被赋值。在上级子程序中创建的私有变量被重新赋值，说明了下级程序修改私有变量的问题。pn4 变量是一个局部变量。

第 4 个 DISPLAY MEMORY 命令显示结果如下：

```
pn1      Pub     L      .F.
pn3      Pub     C      "is ten years"
pn2      Pub     C      "snnay"proc1
```

再次回到 proc1 过程中，属于 proc2 过程的本地变量 pn4 已经释放。全局变量 pn1 仍然保持不变。全局变量 pn3 已经被修改。私有变量 pn2 也被修改。

从这些结果中可以得到如下结论。

(1) 全局变量在所有子程序(过程)中有效。

(2) 局部变量只在本子程序范围内有效。

(3) 私有变量只在定义该变量的程序及下属子程序中有效。

### 7.5.4 自定义函数

Visual FoxPro 系统将一些常用的算法编写成通用的程序，以函数的形式提供给用户。用户只需要按照要求书写函数名并给定函数变量的值，系统会返回相应的函数值，这类函数称为系统函数或标准函数。

Visual FoxPro 系统允许用户按一定的规则自行定义专用的函数，这就是自定义函数。自定义函数与过程的主要区别在于自定义函数必须返回一个函数值。自定义函数的建立与修改方法与程序文件的编辑方法相同，只是在最后一条返回命令中必须指出函数的返回值，而且要把程序文件名改称为函数名。

格式：

```
[FUNCTION<函数名>]
```

```
[PARAMETERS<参数表>]
    <语句序列>
RETURN<表达式>
```

功能：定义一个函数，且返回函数值。

说明：

(1) 自定义函数能以一个独立的文件存储，也可以包含在调用程序中作为它的一部分出现。命令中的可选项[FUNCTION ＜函数名＞]若省略，则表明该自定义函数是一个独立的文件，仍用 MODIFY COMMAND 命令建立并存储，此可选项标志自定义函数的开始，通常用做定义该函数的语句。

(2) 自定义函数名不能与 Visual FoxPro 的系统函数同名，也不能与内存变量同名。

(3) 自定义函数与系统函数的调用方法相同。其形式为：

```
<函数名>([参数表])
```

**【例 7.23】** 将计算圆面积的程序改写为自定义函数，程序名为 area.prg。

```
*area.prg
*求圆面积
PARAMETERS r
CLEAR
s=3.1416*r*r
RETURN s
```

在"命令"窗口中输入：

```
?area(3)
```

结果：

```
28.2744
```

**【例 7.24】** 自定义函数的调用示例。

```
SET STRICTDATE TO 0                     && 设定为通常日期
?area(3)                                && 调用函数
?zc(DATE())
?"制表日期: "+zc({12/27/95})
FUNCTION zc                             && 定义函数 zc
PARAMETERS z
y=YEAR(z)
m=MONTH(z)
d=DAY(z)
c=STR(y,4)+"年"+STR(m,2)+"月"+STR(d,2)+"日"
RETURN c
```

本例的运行结果：

```
28.2744
2010年5月18日
制表日期：1995年12月27日
```

## 7.6 环境设置

### 7.6.1 环境设置命令

Visual FoxPro 提供了大量的 SET 命令来进行运行环境设置。

**1. SET 命令的两种主要形式**

(1) SET＜参数＞ON/OFF：这种形式的 SET 命令有两种状态供用户选择，如同开关一样，选择 ON 接通，选择 OFF 则断开。系统启动时，这类 SET 命令总有一个默认的状态。

(2) SET ＜参数＞ TO ＜参数值＞：这类命令能将指定的值提供给有关的参数，通过指定不同的值来设定系统的状态。

**2. 常用的状态设置命令**

(1) SET TALK ON/OFF：设置屏幕会话状态，默认是 ON 状态。在此状态下，屏幕显示大量操作命令的反馈信息，这对调试程序及"命令"窗口的操作有帮助，但在程序执行时，会和输出信息混淆，所以在调试程序时，一般置"会话"于 ON 状态，而在执行程序时则通常要求置"会话"于 OFF 状态。

(2) SET HEADINGS ON|OFF：指定在 AVERAGE、CALCULATE、DISPLAY、LIST 和 SUM 命令的输出中，是否在每个字段的开始位置放一个字段名作为列标题。

(3) SET DELETED ON|OFF：当执行带有作用域子句的命令时，指定系统是否忽略带有删除标记的记录。如果清除这个选项，Visual FoxPro 命令将使用这些带有删除标记的记录。

(4) SET CURRENCY TO ＜货币符号＞：系统默认的货币符号是 $，用户可以通过此命令重新设置。

(5) SET DATE [TO][＜日期格式＞]：指定日期表达式的显示格式，日期的默认设置是 AMERICAN，即美国的格式 mm/dd/yy(月/日/年)。

(6) SET STRICTDATE TO 0|1：设置系统使用严格的日期格式或通常的日期格式。0 代表通常日期格式，系统默认使用严格日期格式。

### 7.6.2 运行环境的配置

在 Visual FoxPro 系统中进行环境设置有 3 种方法，用户可以使用 SET 命令或者"选项"对话框进行设置，还可以通过配置文件进行设置。下面介绍用"选项"对话框的方法进行环境设置。

在"工具"菜单中选择"选项"命令，就可以打开"选项"对话框。"选项"对话框有许多选项卡，下面仅对“数据”、“文件位置”和“区域”选项卡进行简单介绍。

**1. “数据”选项卡**

“数据”选项卡包含了控制表中数据的选项，如图 7.9 所示，下面对这些选项进行说明。

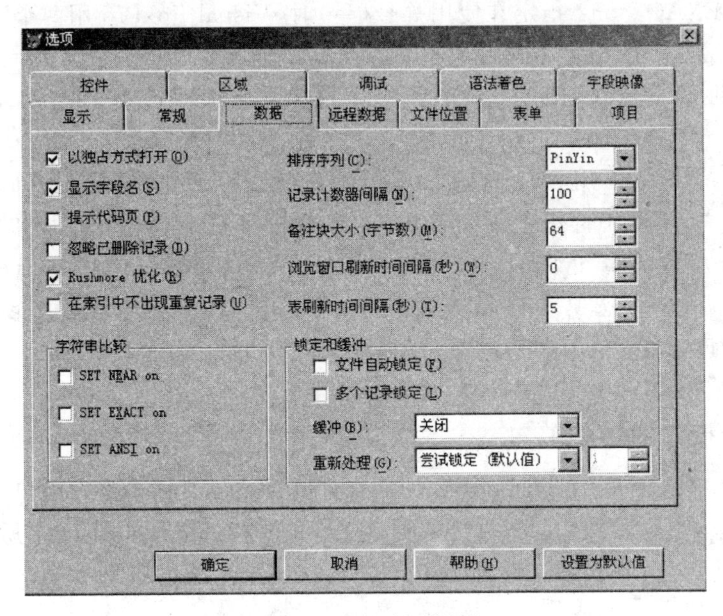


图 7.9 “选项”对话框

(1) 以独占方式打开：指定 Visual FoxPro 是否以独占方式打开表及数据库，这样当一个用户使用它们时，其他人就不能查看或修改它们。以独占方式打开文件可以带来更好的性能。在其他用户不需要访问数据的环境下，当处理大量记录时，可以使用该选项。该选项对应于命令：SET EXCLUSIVE ON|OFF。

(2) 显示字段名：指定在 AVERAGE、CALULATE、LIST 和 SUM 命令的输出中，是否在每个字段的开始位置放一个字段名作为列标题。该选项对应于命令：SET HEADINGS ON|OFF。

(3) 忽略已删除记录：当执行带有作用域子句的命令时，指定 Visual FoxPro 是否忽略带有删除标记的记录；如果清除这个选项，Visual FoxPro 命令将使用这些带有删除标记的记录。这个选项对应于命令：SET DELETE ON|OFF。

(4) 在索引中不出现重复记录：指定 Visual FoxPro 是否允许在索引文件中包含具有相同索引关键字值的记录。如果选定了该选项，只有第一个包含相同索引关键字的记录被索引。该选项对应于命令：SET UNIQUE ON|OFF。

(5) 排序序列：指定字符字段在索引和排序操作中的排列顺序，共有 Machine、PinYin 和 Stroke 三种排序方式。Machine 次序：指定字符按照机内码的顺序排序，也就是西文字符按照 ASCII 码值排列，汉字按照汉字机内码的顺序排列。因此，空格排在最前面，大写字母排在小写字母前面。PinYin 次序：按照汉语拼音的顺序排列。对于西文字符，空格在最前面，小写字母排在大写字母前面。Stroke 次序：无论中文、西文，均按照书写笔画的多少排序。该选项对应于命令：SET COLLATE TO<排序名称>。

(6) 字符串比较。

① SET NEAR on：指定如果 FIND 或 SEEK 命令失败，则 Visual FoxPro 将记录指针定位在匹配程度最大的记录上。该选项对应于命令：SET NEAR ON|OFF。

② SET EXACT on：指定在使用等号(=)时，Visual FoxPro 用两个字符串的全部长度(除了后缀的空格)进行精确比较。如果清除了该选项，当到达等号(=)右侧表达式的末尾时，Visual FoxPro 即停止比较两个字符串。该选项对应于命令：SET EXACT ON|OFF。

③ SET ANSI on：用 SQL 中的"="操作符比较字符串时，指定 Visual FoxPro 是否填充字符串。"="操作符用于逐字符比较，直至短字符结束为止。如果选择该选项，Visual FoxPro 用空格填充短的字符串，因此一个 SQL 比较可能失败(Tommy 不等于 Tom)。如果清除了该选项，将不填充短字符，因此不等长的字符串也可能相等(Tommy 等于 Tom)。该选项对应于命令：SET ANSI ON|OFF。

此外，还有"锁定和缓冲"等内容，这里不再详述。

**2. "文件位置"选项卡**

该选项卡中包含了 Visual FoxPro 使用文件的目录位置和名字。用户双击某项或选中某项后再单击"修改"按钮，可以打开"更改文件位置"对话框，如图 7.10 所示，然后就可以在该对话框中输入路径和文件名，也可以单击文本框后面的省略号按钮去选择路径和文件名。

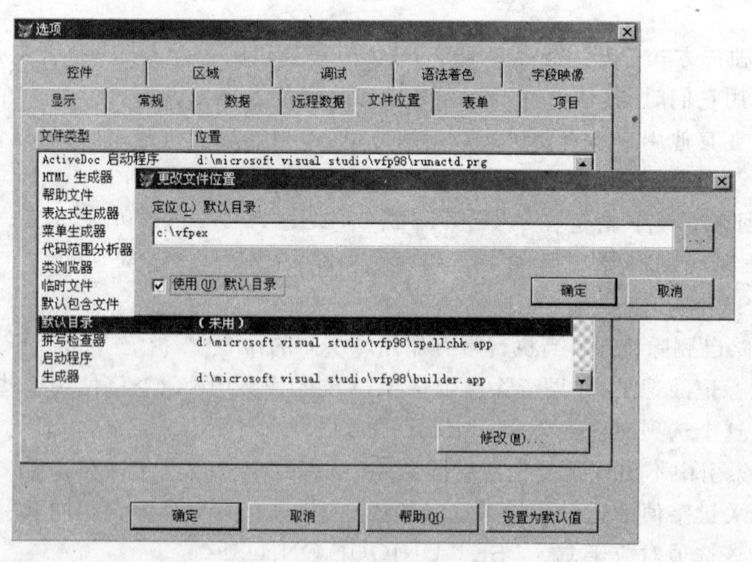


图 7.10 "文件位置"选项卡

**【例 7.25】** 设置系统默认目录为 c：\vfpex。

在"文件类型"列表框中双击"默认目录"选项，在"更改文件位置"对话框的"定位默认目录"文本框中输入 c：\vfpex，单击"确定"按钮，就为系统设置了默认目录。以上操作也可以通过命令 SET DEFAULT TO c：\vfpex 来完成。

### 3.“区域”选项卡

“区域”选项卡包含了有关日期、时间和数字格式的选项，如图 7.11 所示。通过这些选项可以临时或永久地改写 Visual FoxPro 的系统设置。在这个选项卡中的选项设置将反映在时间、日期和货币输出中。

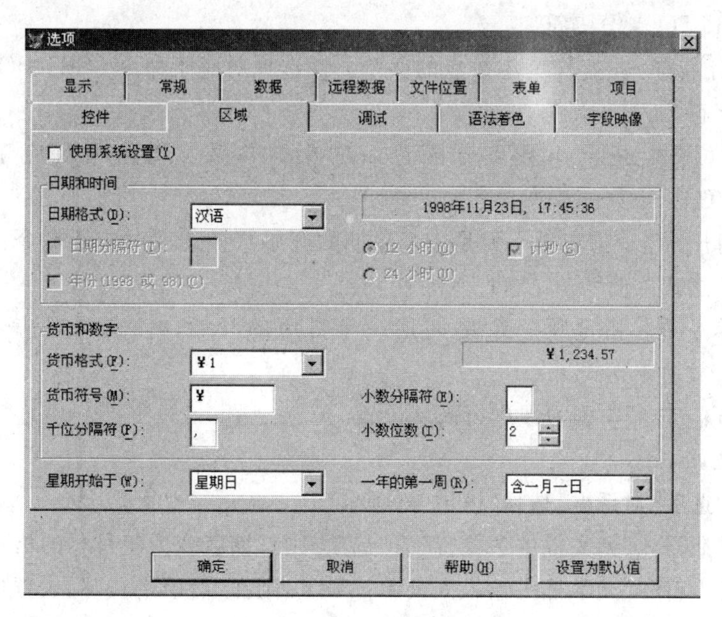


图 7.11　“区域”选项卡

(1) 使用系统设置：选中该复选框时，本选项卡中的全部选项均从系统读取(在 Windows 控制面板中进行的设置)。在这种方式下，绝大部分选项是只读的。如果未选中该复选框，可以指定选项设置，Visual FoxPro 将使用这些设置，而不使用系统设置。

(2) 日期和时间：在默认情况下，指定如何显示日期和时间。选项组右上角文本框内显示当前设置的示例。

① 日期格式：指定一个日期格式(年、月、日的顺序)。在“日期格式”右边对应的下拉列表中选择“短格式”，可以移去日期显示中位于前面的零。该选项对应于命令：SET DATE [TO] YMD|MDY|DMY|SHORT|LONG。

② 日期分隔符：指定日期各部分之间的分隔字符。清除该选项则使用默认的分隔符。该选项对应于命令：SET MARK TO [日期分隔符]。

③ 年份(1998 或 98)：选中时，指定显示关于世纪的信息(例如，1998)。清除选项时，指定用 2 位显示年份(例如，98)。该选项对应于命令：SET CENTURY ON|OFF|TO ＜世纪值＞。

④ 12 小时：把时间设置为显示 AM 或 PM 的 12 小时格式。24 小时：把时间设置为 24 小时显示格式。该选项对应于命令：SET HOURS TO [12][24]。

⑤ 计秒：时间显示中包括秒。该选项对应于命令：SET SECONDS ON|OFF。

(3) 货币和数字。

① 货币格式：指定货币符号的位置。该选项对应于命令：SET CURRENCY LEFT

|RIGHT。

② 货币符号：指定货币符号字符和字符串。该选项对应于命令：SET CURRENCY TO＜货币符号＞。

③ 千位分隔符：指定小数点左方每3位插入的一个字符。该选项对应于命令：SET SEPARATOR TO ＜分隔符＞。

④ 小数分隔符：指定作为小数点的字符。该选项对应于命令：SET POINT TO＜作为小数点的字符＞。

⑤ 小数位数：指定小数点分隔符后的小数位数。该选项对应于命令：SET DECIMALS TO＜小数位数＞。

(4) 星期开始于：指定哪一天是一个星期的开始。该选项对应于命令：SET FDOW TO[＜数值表达式＞]。

一年的第一周：指定哪一个星期是一年日历的开始。该选项对应于命令：SET FEEK TO[＜数值表达式＞]。

**【例 7.26】** 按照中国习惯进行区域设置。

设置方法如下。

① 启动"选项"对话框，选择"区域"选项卡。

② 在"日期格式"列表框中选择"汉语"选项，则日期就变为年月日的格式。

③ 在"货币符号"文本框中输入人民币符号￥，则在"货币格式"列表框中显示人民币符号。

④ 单击"设置为默认值"按钮，再单击"确定"按钮，设置完毕。

通过"选项"对话框对系统环境进行配置，与使用一系列的 SET 命令配置环境作用相同。如果想查看进行环境设置所需要的等效命令，可以按住 Shift 键，再单击"选项"对话框中的"确认"按钮，这些命令就会显示在"命令"窗口中。

## 习　题　七

1. 编程解决下列问题。

(1) 求分段函数：$y=2x+5 \quad (x\geqslant 10)$

$y=10x-5 \quad (x<10)$。

(2) 求 $S=1+2^2+3^2+4^2+\cdots+99^2+100^2$。

(3) 利用过程或自定义函数求 $c=\dfrac{m!}{n!\,(m-n)!}$。

(4) 求多项式：$N=1+\dfrac{1}{2!}+\dfrac{1}{3!}+\dfrac{1}{4!}+\cdots+\dfrac{1}{99!}+\dfrac{1}{100!}$。

(5) 利用循环结构编程输出下面的图形。

```
*********
 *******
  *****
   ***
    *
```

(6) 利用多重循环结构输出九九乘法表。

(7) 编程按"学号"查找"学生.dbf"表中某个学生的记录。

2. 给出下面程序的运行结果。

(1)

```
*ex1.prg              *pp.prg
a=3                   PARAMETERS x,y
b=5                   y=x*y
DO pp WITH 2*a,b      ?"s="+str(y,3)
?a,b                  RETURN
RETURN
```

(2)

```
*ex2.prg              *sub.prg
PUBLIC a              PROCEOURE  SUB
a=1                   PRIVATE c
c=5                   a=a+1
DO SUB                PUBLIC b
?"ex2: "a,b,c         b=2
RETURN                c=3
                      d=4
                      RETURN
```

3. 思考题

(1) Visual FoxPro 程序有哪几种主要的控制结构？

(2) 列举出几种 Visual FoxPro 应用程序中常用的循环结构模式。

(3) 模块化程序设计的特点是什么？

(4) 在 Visual FoxPro 中进行环境设置有哪几种命令形式？请举例说明。

# 第 8 章 面向对象与表单设计

Visual FoxPro 不仅支持面向过程程序设计，而且支持面向对象程序设计（Object-Oriented Programming，OOP），并在设计语言方面做了很多扩充。面向对象程序设计不需要考虑程序代码的全部流程，它考虑的是如何将一个复杂的应用程序分解成简单的对象，如何创建对象，定义每个对象的属性和行为及相应的代码，用对象来简化设计，使用户能更容易地编制自己的应用程序。

## 8.1 面向对象的概念

### 8.1.1 面向对象程序设计概述

客观世界是由许多具体的事物、抽象的概念、规则等组成的，将任何人们感兴趣或要加以研究的事、物、概念统称为对象（Object）。每个对象都有各自的内部状态和运动规律，不同对象之间通过消息传送进行相互作用和联系就构成了各种不同的系统。面向对象的方法正是以对象作为最基本元素的一种分析问题和解决问题的方法。

传统的结构化方法强调的是功能抽象和模块化，每个模块都是一个过程。采用结构化方法处理问题是以过程为中心的。面向对象强调的是功能抽象和数据抽象，用对象来描述事物和过程。而对象包含数据和对数据的操作，是对数据和功能的抽象和统一。面向对象方法处理问题的过程是对一系列相关对象的操纵，即发送消息到目标对象中，由对象执行相应的操作。因此面向对象方法是以对象为中心的，这种以对象为中心的方法更自然、更直接地反映现实世界的问题空间，具有独特的抽象性、封装性、继承性和多态性，能更好地适应复杂大系统不断发展与变化的要求。

采用对象的观点看待所要解决的问题，并将其抽象为系统是极其自然与简单的，因为它符合人类的思维习惯，使得应用系统更容易理解。同时，由于应用系统是由相互独立的对象构成的，使得系统的修改可以局部化，因此系统更易于维护。

软件开发从本质上讲就是对软件所要处理的问题域进行正确的认识，并把这种认识正确地描述出来。既然如此，那就应该直接面向问题域中客观存在的事物来进行软件开发，这就是面向对象。另一方面，人类在认识世界的历史长河中形成的普遍有效的思维方法，在软件开发中也应该是适用的。在软件开发中尽量采用人们在日常生活中习惯的思维方式和表达方式，这就是面向对象方法所强调的基本原则。

## 8.1.2　对象与类

### 1. 对象

面向对象程序设计的基本单位是对象。客观世界的任何实体都可以被抽象成对象。对象是对客观事物属性及其行为特征的描述，是一个动态的概念。在面向对象程序设计中，对象是由数据（属性）及可以施加在这些数据上的可执行操作（方法）构成的统一体，是数据与代码的组合，可以作为一个完整的、独立的单位模块来处理，是构成程序的基本单位和运行实体。例如，在 Visual FoxPro 中数据库是对象，数据库中的表也是对象。表单是对象，表单上的控件也是对象。

使用面向对象的方法解决问题的首要任务就是从客观世界里识别出相应的对象，并抽象为解决问题所需要的对象属性和对象方法。

在 Visual FoxPro 中创建一个对象后，其操作就通过该对象有关的属性、事件和方法来描述。

(1) 属性(Property)：是对象所具有的物理性质及其特性的描述。不同的对象可以拥有各种相同或不同的属性，其中有些属性是只读并且无法改变的，而有些属性则可以通过设定来改变。如在 Visual FoxPro 中，表单作为一个对象，有高度、宽度、标题等属性。表 8.1 列举了表单的部分属性。

表 8.1　表单的部分属性

| 属　性 | 说　　明 |
|---|---|
| Caption | 指定表单的标题 |
| BorderStyle | 指定表单的边框样式 |
| Left | 指定表单左边与 Visual FoxPro 主窗口之间的距离 |
| Top | 指定表单的顶边与 Visual FoxPro 主窗口之间的距离 |
| Visible | 指定表单是可见的还是隐藏的 |
| Movable | 指定运行时刻用户能否移动表单 |

(2) 事件(Event)：是由 Visual FoxPro 预先定义好的、能够被对象识别的动作，如单击(Click)事件、双击(DblClick)事件、移动鼠标(MouseMove)事件、载入(Load)事件等。每个对象都可以对事件进行识别和响应，但不同的对象能识别的事件不完全相同。事件可以由一个用户动作触发(如 Click)，也可以由程序代码或系统触发(如 Load)。在多数情况下，事件是通过用户的交互操作产生的。对象的事件是固定的，用户不能建立新的事件。

事件过程(Event Procedure)是为处理特定的事件而编写的一段程序，也称为事件代码。当事件由用户或系统触发时，对象就会对该事件做出响应。响应某个事件后所执行的程序代码就是事件过程。一个对象可以识别一个或多个事件，因此可以使用一个或多个事件过程对用户或系统的事件做出响应。

如在 Visual FoxPro 中，单击命令按钮，将会触发一个 Click 事件，为 Click 事件编写的事件过程将在 Click 事件出现时被执行。表 8.2 列举了与表单相关的一些事件。

表 8.2 表单的相关事件

| 事 件 | 说 明 |
| --- | --- |
| DblClick Event | 当用户连续快速地双击鼠标时发生 |
| Resize Event | 当调整表单大小时发生 |
| GotFocus Event | 当表单通过用户操作或以代码方式得到焦点时发生 |

(3) 方法(Method):是对象在事件触发时执行的行为和动作,是与对象相关联的过程,但不同于一般的 Visual FoxPro 过程,而且与一般 Visual FoxPro 过程的调用方式也有所不同。

方法与事件过程类似,只是方法用于完成某种特定的功能而不一定响应某一事件,它属于对象的内部函数。不同的对象具有不同的内部方法,Visual FoxPro 提供了丰富的内部方法供不同的对象调用。此外,用户也可以根据需要自行建立新方法。

还是以表单对象为例,表 8.3 列举了与表单相关的一些方法。

表 8.3 表单的相关方法

| 方法程序 | 说 明 | 方法程序 | 说 明 |
| --- | --- | --- | --- |
| Refresh | 重新绘制表单并刷新任何值 | SaveAs | 将表单保存为.scx文件 |
| Release | 从内存中释放表单或表单集 | | |

**2. 类**

所谓类(Class),就是对具有相同属性和行为特征的一组对象的抽象。在面向对象的方法中,类是具有共同属性、共同行为方法的对象的集合,是已经定义了的关于对象的特征和行为的模板。

类是对象的抽象描述,对象是类的实例。类是抽象的,对象是具体的。基于类可以生成这类对象中的任意一个具体对象,这些对象具有相同的属性,但属性的取值可以完全不同。

例如,可以为学生创建一个类。在"学生"类中,需要描述的属性可以包括"学号"、"姓名"、"性别"、"年龄"等,需要描述的方法可以有"注册"、"选课"、"考试"、"答辩"、"毕业"等。基于"学生"类,可以生成任意一个学生对象。对生成的每一个学生对象,都可以为其设置相应的属性值。

由此,类与对象的关系如下。

(1) 类是对象的定义。类规定并提供了对象具有的属性、事件和方法程序。

(2) 对象通过类来产生。

(3) 对象是类的实例。

类具有封装性、继承性和多态性等特点,这些特点对提高代码的扩展性、可重用性和易维护性很有用处。

(1) 封装性。封装实际上是一种隐藏技术,它将对象的方法和属性代码包装在一起,这样类的内部信息对用户是隐蔽的。在类的引用过程中,用户只能看到封装界面上的信息,类的内部信息(数据结构及操作范围、对象间的相互作用等)则是隐蔽的,只有程序开发者才了解类的内部信息。

封装隐藏了用户不必了解的对象信息。例如,当对一个命令按钮设置 Caption 属性时,不必了解标题是如何与这个命令按钮结合在一起的。再如,当把一个命令按钮的标题设置为"确定"时,不必了解标题的字符串是如何存储的。

(2) 继承性。继承是指在基于父类(现有的类)创建子类(新类)时,子类继承了父类的属性和方法。继承性即子类沿用父类特征的能力。子类不但具有父类的全部属性和方法,在此基础上,可以添加新的属性和方法,还可以对已有的属性和方法进行修改。继承可以使用户对一个父类所做的改动自动反映到它的所有子类上,这种自动更新为用户节省了时间和精力。

例如,当为父类添加一个属性时,它的所有子类也将同时具有该属性。

有了类的继承,在编程时,可以把具有普遍意义的类通过继承引用到程序中,这样减少了编写代码的工作量,也降低了维护代码的难度。

(3) 多态性。多态性主要是指一些关联的类包含同名的方法,但方法的内容可以不同,具体调用哪种方法程序在运行时根据对象的类确定。例如,相关联的几个对象可以同时包含 Draw 方法,当某个过程将其中一个对象作为参数传递时,它不必知道该参数是何种类型的对象,只需调用 Draw 方法即可。

## 8.2 Visual FoxPro 中的类与对象

### 8.2.1 Visual FoxPro 中的基类与子类

在 Visual FoxPro 环境下,要进行面向对象的程序设计或创建应用程序,必然要用到 Visual FoxPro 系统提供的基础类,即 Visual FoxPro 基类。基类是 Visual FoxPro 系统内含的,用户可以从基类中生成所需要的对象,也可以扩展基类创建自己的类。表 8.4 列举了 Visual FoxPro 常用的基类。

以某个类为起点创建的新类称为子类。前者称为父类。例如用基类来创建新类时,基类是父类,新类是子类。用户也可以把从基类派生出的类作为父类,并由其派生出新的子类。在 Visual FoxPro 中,允许由父类派生出多个子类。在父类的基础上派生子类,在子类的基础上再派生子类,如此循环,可以在已有的类中派生出多个子类。

一个子类成员一般包括如下内容。

(1) 从其父类继承的成员,包括属性、方法。

(2) 由子类自己定义的成员,包括属性、方法。

类的继承性说明了子类延用父类特征的能力,可以归纳为以下两点。

(1) 子类能自动继承父类的功能。

(2) 对一个类的改动能自动反映到它的所有子类中。

表 8.4 Visual FoxPro 常用的基类

| 类 名 | 说 明 | 类 名 | 说 明 |
|---|---|---|---|
| ActiveDoc | 活动文档 | Image | 图像 |
| CheckBox | 复选框 | Label | 标签 |
| Column | 列(表格) | Line | 线条 |
| ComboBox | 组合框 | ListBox | 列表框 |
| CommandButton | 命令按钮 | OleControl | OLE 容器控件 |
| CommandGroup | 命令按钮组 | OleButtonControl | OLE 绑定控件 |
| Container | 容器 | OptionButton | 选项按钮 |
| Control | 控件 | OptionGroup | 选项按钮组 |
| Cursor | 游标类(临时表) | Page | 页 |
| Custom | 自定义 | PageFrame | 页框 |
| DataEnvironment | 数据环境 | Relation | 关系 |
| EditBox | 编辑框 | Separator | 分隔符 |
| Form | 表单 | Shape | 形状 |
| Formset | 表单集 | Spinner | 微调控件 |
| Grid | 表格 | TextBox | 文本框 |
| Header | 列标题(表格) | Timer | 计时器 |
| HyperLink | 超链接 | Toolbar | 工具栏 |

### 8.2.2 容器类与控件类

Visual FoxPro 基类主要包括两大类：容器类和控件类。相应地，可分别生成容器对象和控件对象。

**1. 容器类**

容器类可以容纳其他对象，并允许访问所包含的对象。例如，一个表单可以包含一组控件类，将这些类作为一个整体进行操作。在表单中可以放入命令按钮、复选框、编辑框及文本框等控件。因此，表单可属于容器类。表 8.5 列举了 Visual FoxPro 的常用容器类。

从表 8.5 中可以看出，不同的容器所能包含的对象类型是不同的。例如，表格容器中只能包含列对象，页框容器中只能包含页对象等。此外，一个容器内的对象本身也可以是容器。例如，表单是表单集容器可包含的对象，同时本身也是容器对象。

表 8.5 Visual FoxPro 的常用容器类及所包含的对象

| 容 器 | 所包含的对象 |
|---|---|
| 表单集 | 表单、工具栏 |
| 表单 | 容器类对象，命令按钮、选项按钮、表格等对象 |
| 表格 | 列 |
| 表格列 | 表头和除表单集、表单、工具栏、计时器及其他列之外的任意对象 |
| 容器 | 任意控件 |

续表

| 容 器 | 所包含的对象 |
|---|---|
| 页框 | 页 |
| 页 | 任意控件、容器类对象,命令按钮、选项按钮、表格等对象 |
| 命令按钮组 | 命令按钮 |
| 选项按钮组 | 选项按钮 |
| 项目 | 文件、服务程序 |
| 自定义 | 任意控件、容器、页框和自定义对象 |

**2. 控件类**

控件类是可以包含在容器类中并由用户派生的 Visual FoxPro 基类。

控件类不能容纳其他对象,没有容器灵活,但它的封装性比容器类更为严密。控件是一个可以以图形化形式显示出来并能与用户进行交互的对象。例如,文件控件是一个控件对象,在其中不可容纳其他的对象。表 8.6 列举了 Visual FoxPro 的常用控件。

**表 8.6 Visual FoxPro 的常用控件**

| 控 件 | 说 明 | 控 件 | 说 明 |
|---|---|---|---|
| CheckBox | 复选框 | ListBox | 列表框 |
| ComboBox | 组合框 | OptionButton | 单选按钮 |
| CommandButton | 命令按钮 | PageFrame | 页框 |
| EditBox | 编辑框 | Shape | 显示矩形、圆、椭圆等 |
| Grid | 表格 | Spinner | 微调控件 |
| Image | 显示位图图像 | Timer | 计时器 |
| Label | 标签 | TextBox | 文本框 |
| Line | 线条 | | |

### 8.2.3 Visual FoxPro 中类的创建

利用面向对象编程技术进行数据库应用系统设计时,可以把大量的属性、方法和事件定义在一个类中,再根据需要在这个类的基础上派生出一个或多个对象,然后在这些对象的基础上进行设计工作。在 Visual FoxPro 中,可以通过菜单方式、项目管理器方式、命令方式和程序方式来创建类。

**1. 菜单方式**

从“文件”菜单中选择“新建”命令,打开“新建”对话框,选中“类”文件类型后,单击“新建文件”按钮后,打开“新建类”对话框,如图 8.1 所示。

“类名”文本框用于指定类的名称,“派生于”下拉列表框用于选择派生基类或父类,“存储于”文本框用于指定新类库或已有类库的路径及名称(类保存在扩展名为.vcx 的类库文件中)。若未指出路径,表示使用系统默认路径。

**【例 8.1】** 建立一个名为 abcEdit 的派生于 CommandButton 类的新类,存放于 E:\vfpexample\mylibs.vcx 中,如图 8.1 所示。

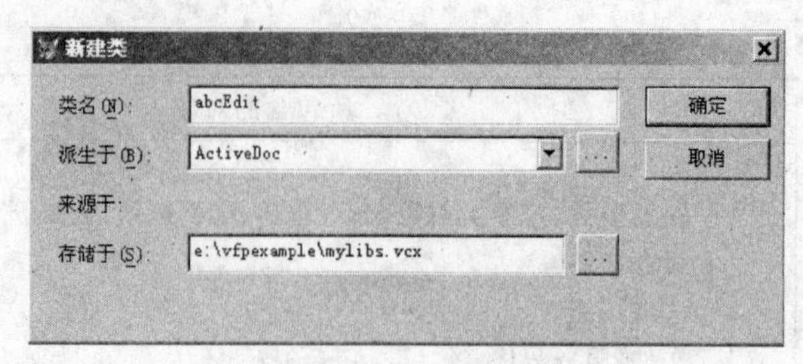


图 8.1 “新建类”对话框

在“新建类”对话框中单击“确定”按钮,打开“类设计器”窗口,如图 8.2 所示。

图 8.2 “类设计器”窗口

类设计器是定义类的可视化工具,以表单方式提供,可以通过选择“类”菜单中的命令对其进行操作。

在“属性”窗口中可以查看、编辑类的属性。“属性”窗口提供了当前类的各种属性名称及默认值,各种方法名称和可视类的布局参数等。要设置属性只要在“属性”窗口中输入数据即可。方法名称应按照系统规范设置。

**【例 8.2】** 给 abcEdit 类设置属性值。设置 Caption 为 close,设置 FontBold 为.T.,设置 FontSize 为 15,如图 8.2 所示。

例 8.2 中的属性是固有属性,若用户需要自定义属性,可以选择“类”菜单中的“新建属性”命令,打开“新建属性”对话框,如图 8.3 所示。

在“新建属性”对话框中,“名称”文本框用于输入新属性的名称。“可视性”下拉列表框中有 3 个选项:“公共”(Public)选项表示公共属性,可以在其他类或过程中引用;“保护”(Protected)选项表示保护属性,只可以在本类中的其他方法或者其子类中引用;“隐藏”(Hidden)选项表示隐藏属性,只可以在本类中的其他方法中引用。此外,每个属性可以有两个从外部读取和赋值的方法,Access 方法用于访问新建属性,Assign 方法用于在外部设置该属性的值。设置完成后单击“添加”按钮,就可以建立该属性,这时,在“属性”窗口中就增加了一个新属性。

**【例 8.3】** 通过图 8.3 添加了新属性 new,此属性为公共属性,说明信息为“按钮的新属性”。单击“添加”按钮后“属性”窗口变为如图 8.4 所示的状态。new 属性显示在列表最后,“说明”信息显示在“属性”窗口最下边。

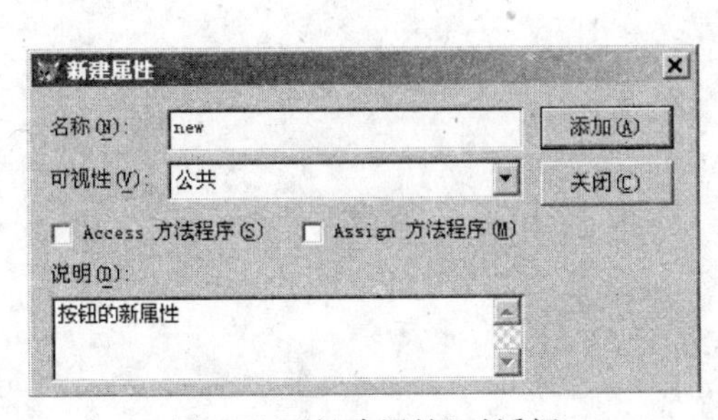


图 8.3 “新建属性”对话框

图 8.4 “属性”窗口中的新属性

当类创建完成后，虽然已继承了基类或父类的全部方法和事件，但在多数情况下还需要修改父类或基类原有的方法或加入新的方法。

**【例 8.4】** 为新类 abcEdit 添加 Click 事件的方法代码。

在“属性”窗口中选择 Click 方法，打开代码编辑窗口。在代码编辑窗口中输入 ThisForm. Release，如图 8.2 所示。

**2. 项目管理器方式**

打开项目管理器，选择“类”选项卡，再单击“新建”按钮，打开“新建类”对话框，后面的操作同菜单方式。

**3. 命令方式**

命令格式：

```
CREATE CLASS<类名>[OF<类库名>]
```

功能：打开“新建类”对话框，创建新类。

**4. 程序方式**

在 Visual FoxPro 系统中，除了在类设计器中定义类之外，还可以通过 DEFINE CLASS 命令编程实现。用程序方式定义的类可以存放在应用程序中，也可以以单独的 PRG 程序文件存储。

命令格式：

```
DEFINE CLASS<类名>AS<父类>
[<对象>1.]<属性>=<属性值>
[ADD OBJECT<对象>AS<类名>
  WITH <属性表>]
  [PROCEDURE <事件名称>
        <命令序列>
  ENDPROCEDURE]
ENDDEFINE
```

【例 8.5】 用命令方式定义例 8.1 中的 abcEdit 类。

```
DEFINE CLASS abcEdit AS CommandButton
    Height=30
    Weight=80
    Caption="close"
    FontSize=15
    FontBold=.T.
    PROCEDURE Click
        ThisForm.Release
    ENDPROCEDURE
ENDDEFINE
```

### 8.2.4 对象的建立与使用

在程序设计中,类不会直接出现,它是在应用程序的底层起作用的,应用程序的用户不直接接触它们。在开发应用程序时,设计人员通过各种类的实例,即对象,来实现程序的各项功能。

**1. 对象的创建**

对象是在类的基础上派生出来的,只有具体的对象才能实现类的事件或方法的操作。使用 CreateObject( )函数由类创建对象。

命令格式:

```
<对象名>=CreateObject(<类名>)
```

功能:由类创建一个对象,并返回对象的引用。

通常可以把 CreateObject( )函数返回的对象引用赋给某个变量,然后通过这个对象变量来标识对象、访问对象属性以及调用对象方法。

说明:用 CreateObject( )函数创建的新对象在默认情况下是不可见的,可以使用下面语句来显示。

```
对象.Show
```

或

```
对象.Visible=.T.
```

【例 8.6】 基于 Visual FoxPro 的表单类 FORM 创建名为 Myform 的表单,并在屏幕上显示。

```
Myform=CreateObject("FORM")
Myform.Show
```

**2. 对象的引用**

在 Visual FoxPro 中,由于容器对象的存在,对象是可以进行嵌套的。对象是通过容器的层次关系来引用的。因此，当引用一个对象时，必须知道它相对于容器的层次关系。用户可以通过“属性”窗口中的对象列表来查看对象层次。在 Visual FoxPro 中，引用对象分为绝对引用和相对引用两种方式。

(1) 绝对引用。对象绝对引用通过提供对象完整的容器层次来引用对象。

绝对引用格式：

```
<对象>.<属性>
```

或

```
<对象>.<方法>
```

**【例 8.7】** 在表单 Form1 上有一个命令按钮 Command1，将该按钮的 Caption 属性设置为“退出”。

使用绝对引用方式的设置语句为：

```
Form1.Command1.Caption="退出"
```

(2) 相对引用。对象相对引用是从当前对象开始逐级引用对象的方法。表 8.7 列出了常用的引用关键字及其说明。

**表 8.7　相对引用的常用关键字**

| 关键字 | 说　明 | 关键字 | 说　明 |
|---|---|---|---|
| Parent | 包含当前对象的容器对象 | ThisForm | 包含当前对象的表单 |
| This | 当前对象 | ThisFormSet | 包含当前表单的表单集 |

**【例 8.8】** 设置表单集中 Form1 表单的 Command1 命令按钮的 Caption 属性为“取消”。

使用下列命令：

```
ThisFormSet.Form1.Command1.Caption="取消"
```

或

```
ThisForm.Command1.Caption="取消"
```

或

```
This.Caption="取消"
```

**3. 对象的属性设置**

对象的属性既可以在设计对象时设置，也可以在程序运行时设置。设置时，可以利用“属性”窗口，也可以在程序代码中使用命令语句。

对象属性的设置格式：

```
对象名.属性=属性值
```

例如：

```
ThisForm.Caption="确定"            && 当前对象标题显示为“确定”
```

当一个对象的多个属性需要设置时,还可以使用以下格式:

```
With <路径>
    <属性值表>
EndWith
```

例如,给 Form1 设置多个属性值,可以写成:

```
With Form1
    .Caption="myform"
    .Left=20
    .Top=30
    .Height=200
    .Width=400
EndWith
```

**4. 调用对象的方法**

如果已经创建了对象,便可以在应用程序的任意一个地方调用这个对象的方法。调用对象方法的格式:

```
对象.方法名[([参数表])]
```

例如:

```
Form1.cls              && 表单 Form1 清屏
```

**5. 响应对象的事件**

当事件发生时,包含在事件过程中的代码就会执行,这就是对事件的响应。可以使用 Mouse 操作产生单击、双击和移动、拖放等事件;或使用 Keyboard 命令产生 Keypress 事件;或通过执行命令触发事件。

执行对象的事件的命令格式:

```
对象.事件名[([参数表])]
```

例如:

```
Command1.Click              && 响应 Command1 对象的 Click 事件
```

## 8.3 表单设计器

表单是一种输入或显示某种信息的界面,是 Visual FoxPro 中最常见的界面之一,被大量应用于人机交互程序中。表单是一种容器类对象,除含有 Windows 窗口所具有的标准元素外,用户还可以向表单中添加各种其他类型的对象,如按钮、文本框、表格、图片等。

Visual FoxPro 作为 Windows 平台的数据库管理系统和程序设计软件,提供了灵活方便的界面设计工具——表单设计器。应用表单设计器,可以设计出具有 Windows 风格的各种程序界面。

## 8.3.1　使用表单设计器创建表单

通过8.2节的介绍可以知道，使用CreateObject函数可以创建表单对象，但在更多的情况下，要利用表单设计器（或表单向导）来创建表单文件，并通过运行表单文件来生成表单对象。

**1. 启动表单设计器创建表单**

使用表单设计器来创建表单文件，首先要启动表单设计器，启动方法有以下3种。

(1) 项目管理器方式。打开“项目管理器”对话框，选择“文档”选项卡中的“表单”选项，单击“新建”按钮，在“新建表单”对话框中，单击“新建表单”按钮。

(2) 菜单方式。在“文件”菜单中选择“新建”命令，在“新建”对话框中选择“表单”文件类型，单击“新建文件”按钮。

(3) 命令方式。

命令格式：

```
CREATE FORM
```

功能：打开表单设计器。

打开“表单设计器”窗口后，系统自动为用户生成了一个标题为Form1的表单，其大小、标题、背景色等都是系统默认的，如图8.5所示。

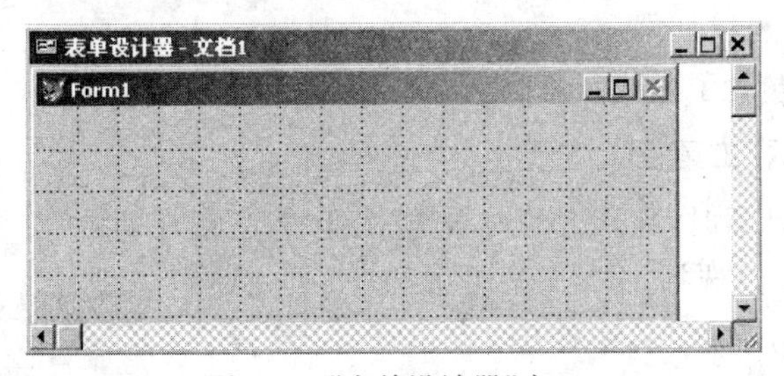


图8.5　“表单设计器”窗口

利用表单设计器产生的表单一般不能满足用户特定的需要，还需要开发者在表单设计器中做进一步的编辑、修改和设计，才能设计出完善、个性化的表单。

设计好的表单将被保存在一个表单文件和一个表单备注文件里。表单文件的扩展名是.scx，表单备注文件的扩展名是.sct。

**2. 表单的修改与运行**

只要创建了表单文件，就可以利用表单设计器修改表单。例如，在表单中添加或删除某个控件。

在项目管理器中或利用菜单方式打开要修改的表单文件，就会同时打开表单设计器，在表单设计器中做相应的修改即可。

通过修改命令也可以打开表单设计器。

命令格式：

```
MODIFY FORM<表单文件名>
```

**注意**：如果命令中指定的表单不存在，系统将启动表单设计器创建一个新的表单。

利用表单设计器创建的表单文件必须在运行后才能生成相应的表单对象。可以通过以下方式运行表单。

(1) 在项目管理器中选择要运行的表单，单击“运行”按钮。

(2) 在表单设计器环境下，选择“表单”菜单中的“执行表单”命令，或单击工具栏中的“运行”(Run)按钮。

(3) 选择“程序”菜单中的“运行”命令，打开“运行”对话框，选中要运行的表单文件，单击“运行”按钮。

(4) 执行命令：DO FORM＜表单文件名＞。

### 8.3.2 表单设计器环境

启动表单设计器后，Visual FoxPro 主窗口中除了有“表单设计器”窗口外，还有“属性”窗口、“表单控件”工具栏、“表单设计器”工具栏和“表单”菜单等，它们一起构成了表单设计器环境。

**1. “表单设计器”窗口**

在该窗口中的是当前正在编辑的表单，表单窗口只能在“表单设计器”窗口内移动和调整大小。

**2. “表单”菜单**

“表单”菜单中包含了创建和修改表单(集)的命令。

**3. “表单设计器”工具栏**

当打开表单设计器时，屏幕上同时出现“表单设计器”工具栏，如图 8.6 所示。如果没有出现该工具栏，可以选择“显示”菜单中的“工具栏”命令，打开“工具栏”对话框，从中选中“表单设计器”复选框，单击“确定”按钮即可。

图 8.6 “表单设计器”工具栏

“表单设计器”工具栏包括设计表单需要的所有工具，各按钮的名称及功能如表 8.8 所示。

表 8.8 “表单设计器”工具栏的按钮及功能

| 按钮名称 | 功　能 |
|---|---|
| 设 Tab 键次序 | 显示表单控件设置的 Tab 键顺序 |
| 数据环境 | 打开数据环境设计器 |
| 属性窗口 | 打开所选对象的“属性”窗口 |
| 代码窗口 | 打开所选对象的代码编辑窗口 |
| 表单控件工具栏 | 显示或隐藏“表单控件”工具栏 |
| 调色板工具栏 | 显示或隐藏“调色板”工具栏 |
| 布局工具栏 | 显示或隐藏“布局”工具栏 |
| 表单生成器 | 打开“表单生成器”对话框，快速创建表单 |
| 自动格式 | 打开“自动格式生成器”对话框，对所选控件进行格式设置 |

**4. “表单控件”工具栏**

“表单控件”工具栏如图 8.7 所示。利用“表单控件”工具栏可以快速地向表单中添加控件。操作方法如下：先单击“表单控件”工具栏中相应的控件按钮，然后将鼠标移至表单窗口中的合适位置，再单击或拖动鼠标调整控件大小。

图 8.7　“表单控件”工具栏

除了控件按钮，“表单控件”工具栏上还包含 4 个辅助按钮。

(1)“选定对象”按钮(图 8.7 中左数第一个工具按钮)：此按钮处于按下状态时，表示不可创建控件，此时可以对已有的控件进行编辑；反之，允许创建控件。

(2)“查看类”按钮(图 8.7 中左数第二个工具按钮)：利用此按钮，可以添加一个已有的类库文件，或选择一个已注册的类库。当选中一个类库后，表单控件工具栏中将只选定类库中类的按钮。

(3)“按钮锁定”按钮(图 8.7 中右数第一个工具按钮)：此按钮处于按下状态时，可以向表单中连续添加多个同种类型的控件，即此按钮处于按下状态时，可以从“表单控件”工具栏中单击选定某种控件按钮，然后在表单窗口中连续添加这种类型的多个控件，而不需要每添加一个控件就单击一次控件按钮。

(4)“生成器锁定”按钮(图 8.7 中右数第二个工具按钮)：此按钮处于按下状态时，每次向表单上添加控件时，系统都会自动打开相应的生成器对话框，以便用户对该控件的常用属性进行设置。

**5. “属性”窗口**

“属性”窗口如图 8.8 所示。用户可以根据需要为每个控件和表单设置属性，选择相应的事件和方法程序。

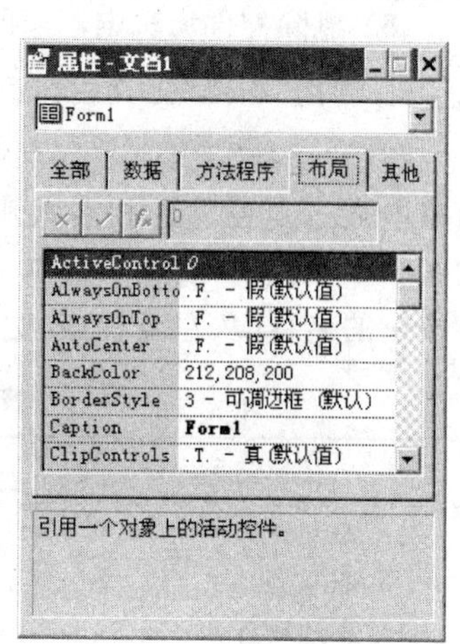


图 8.8　“属性”窗口

**6. “布局”工具栏**

“布局”工具栏提供了排列表单控件的基本工具，用于调整各控件的相对位置和相对大小。

**7. 代码窗口**

在代码窗口中可以编写或查看表单及表单控件等任何一个对象的时间和方法程序，如图 8.9 所示。

代码窗口中的“对象”列表框中列出了当前的表单、表单集、数据环境、工具栏对象和当前表单上的所有控件对象。“过程”列表框中列出了 Visual FoxPro 对象所能识别的全部事件，其中加黑显示的事件名表示已包含代码。

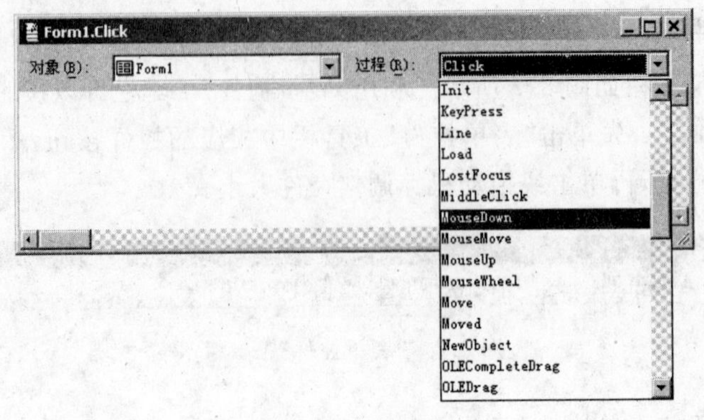


图 8.9 代码窗口

## 8.3.3 控件的操作与布局

### 1. 控件对象的基本操作

在表单设计器环境下,经常需要在表单上添加控件或对表单上已有的控件进行移动、改变大小、复制、删除等操作。

(1) 选定对象。单击控件可以选定控件;单击"表单控件"工具栏中的"选定对象"按钮,然后在表单窗口中拖动鼠标,用出现的线框框住的控件被同时选中;也可以按住Shift键,再依次单击要选定的控件。

(2) 移动控件。先选定控件,然后用鼠标将控件拖动到需要的位置上。选中控件后,也可以使用方向键移动控件。

(3) 改变控件大小。选定控件,然后拖动控件四周的某个控点可以改变控件的宽度和高度。

(4) 复制控件。先选定控件,再选择"编辑"菜单中的"复制"命令,然后选择"编辑"菜单中的"粘贴"命令,最后将复制产生的新控件拖动到需要的位置。

(5) 删除控件。选定不用的控件,按Delete键或选择"编辑"菜单中的"剪切"命令即可。

### 2. 利用"布局"工具栏排列控件

利用"布局"工具栏可以很方便地调整表单窗口中被选定控件的相对大小。"布局"工具栏如图8.10所示。表8.9给出了"布局"工具栏中各按钮的名称(从左至右)和功能介绍。

图 8.10 "布局"工具栏

表 8.9 "布局"工具栏的各按钮功能

| 按钮名称 | 功　能 |
|---|---|
| 左对齐 | 让选定的所有控件沿其中最左边的那个控件的左侧对齐 |
| 右对齐 | 让选定的所有控件沿其中最右边的那个控件的右侧对齐 |
| 顶边对齐 | 让选定的所有控件沿其中最顶端的那个控件的顶边对齐 |
| 底边对齐 | 让选定的所有控件沿其中最底端的那个控件的底边对齐 |
| 垂直居中对齐 | 使所有被选控件的中心处在一条垂直轴上 |

续表

| 按钮名称 | 功　能 |
|---|---|
| 水平居中对齐 | 使所有被选控件的中心处在一条水平轴上 |
| 相同宽度 | 调整所有被选控件的宽度,使其与其中最宽控件的宽度相同 |
| 相同高度 | 调整所有被选控件的高度,使其与其中最高控件的高度相同 |
| 相同大小 | 使所有被选控件具有相同的大小 |
| 水平居中 | 使被选控件在表单中水平居中 |
| 垂直居中 | 使被选控件在表单中垂直居中 |
| 置前 | 把被选控件移至最前(可能覆盖其他表单) |
| 置后 | 把被选控件移至最后(可能被其他表单覆盖) |

## 8.3.4　建立数据环境

表单可以建立数据环境,数据环境能够包含与表单有联系的表和视图及表之间的关系。在通常情况下,数据环境中的表或视图会随着表单的打开或运行而打开,并随着表单的关闭或释放而关闭。数据环境的设置在每一个表单设计中几乎都是必不可少的。可以通过数据环境设计器来设置数据环境。

在表单设计器环境下,单击"表单设计器"工具栏上的"数据环境"按钮,或选择"显示"菜单中的"数据环境"命令,即可打开"数据环境设计器"窗口。

### 1. 向数据环境添加表或视图

在"数据环境设计器"窗口中右击鼠标,弹出快捷菜单,选择其中的"添加"命令,打开"添加表或视图"对话框,在对话框中选择要添加的表或视图并单击"添加"按钮,即可完成添加,如图8.11所示。

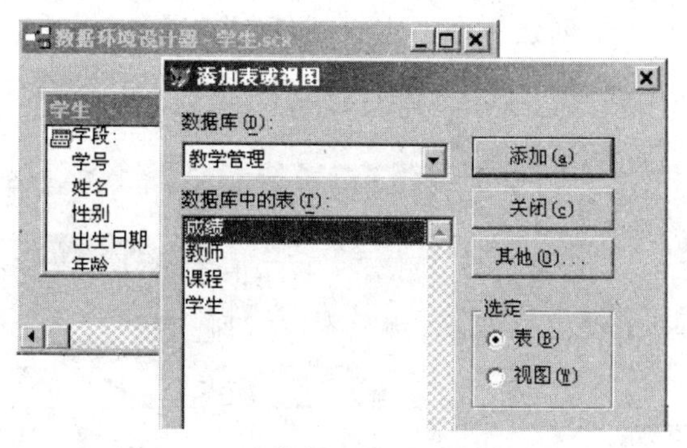


图8.11　向数据环境添加表或视图

### 2. 从数据环境移去表或视图

在"数据环境设计器"窗口中,选中要移去的表或视图,右击鼠标,在弹出的快捷菜单中选择"移去"命令即可。

### 3. 在数据环境中设置关系

如果添加到数据环境的表之间已有永久关系,这些关系会自动添加到数据环境中。

如果表之间没有永久关系，可以根据需要在数据环境设计器中为它们设置关系，并与表单一起保存。方法是：将字段从主表拖动到相关表中与之相匹配的索引标识上，这时表间会显示出一条连线，以表示是刚建立的关系。

如果要删除表间的关系，可以选中表示关系的连线，然后按 Delete 键。

**4. 在数据环境中编辑关系**

关系是数据环境中的对象，它有自己的属性、事件和方法。编辑关系主要通过设置关系的属性来完成。选中关系线后，关系线变粗，这时可以通过“属性”窗口查看并编辑修改属性。常用的关系属性如表 8.10 所示。

**表 8.10 常用的关系属性**

| 属 性 | 说 明 |
|---|---|
| RelationalExpr | 指定基于主表的关联表达式 |
| ParentAlias | 指定主表的别名 |
| ChildAlias | 指定子表的别名 |
| ChildOrder | 指定与关联表达式相匹配的索引 |
| OneToMany | 指定关系是否为一对多关系 |

**5. 从数据环境中向表单添加字段**

用户可以直接将字段、表或视图从数据环境设计器中拖到表单上，拖动成功后系统会创建相应的控件，并自动与字段相联系。在默认情况下，拖动字符型字段，将产生文本框控件；拖动备注型字段，将产生编辑框控件；拖动逻辑型字段，将产生复选框控件；拖动表或视图，将产生表格控件等。

例如，从“数据环境设计器”窗口将“成绩”表中的“课程名称”字段拖到表单 Form1 中，系统将自动在 Form1 中创建一个文本框控件，并将该控件的数据源与“成绩”表中的“课程名称”字段相关联，如图 8.12 所示。

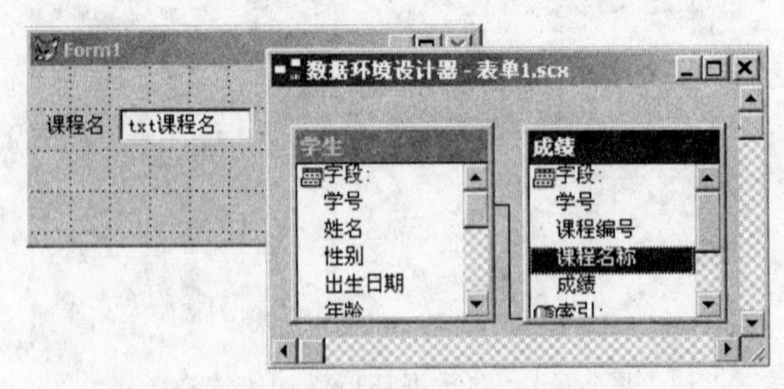


图 8.12 从数据环境中向表单添加字段

## 8.4 基本表单控件

表单是一个容器类，在表单中可以包含其他控件对象。控件是表单上显示数据和执行操作的基本对象，要很好地使用和设计控件，则需要了解控件的属性、方法和事件。本节将介绍常用的表单控件并说明它们的用法。

### 8.4.1 标签

标签(Label)控件是最常用的显示文本信息的控件对象,标签控件显示的信息为固定文本,常做提示或说明用。标签显示的内容由其Caption属性决定,在表单运行时用户不能直接编辑修改,但可以在程序代码中重新设置。

标签具有自己的一套属性、方法和事件,能响应大多数鼠标事件。其常用属性如下。

(1) Caption属性:指定标签的显示内容,即标签的标题。最多可设置256个字符。

(2) AutoSize属性:指定是否自动调整控件大小以刚好容纳其文本内容,是逻辑值。

(3) Name属性:指定在代码中用于引用该标签对象的名称。

**【例8.9】** 在已存在的"学生"表单中添加一个显示"学生基本情况介绍"的标签。

操作步骤如下。

(1) 打开"学生"表单,同时打开了"表单设计器"窗口。

(2) 在"表单控件"工具栏中单击"标签"控件,将鼠标(已变为"十"字形状)移至表单窗口中的合适位置后单击。

(3) 在"属性"窗口中设置标签属性。

```
AutoSize: .T.
Caption: 学生基本情况介绍
FontSize: 20
FontName: 黑体
```

(4) 单击"布局"工具栏中的"水平居中"按钮,使标签水平居中。

(5) 保存修改后的表单。

(6) 运行表单,效果如图8.13所示。

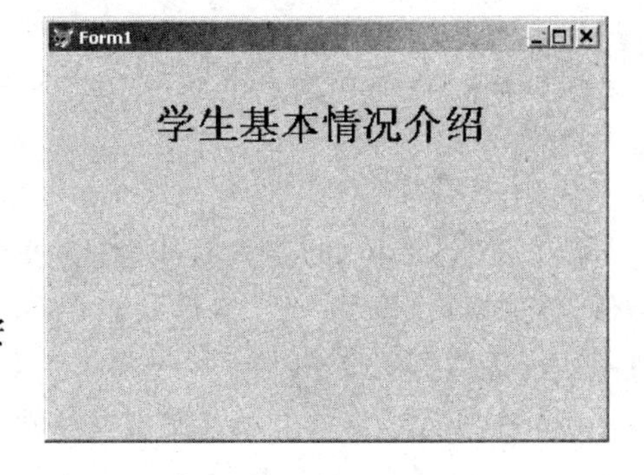


图8.13 在表单中添加标签

### 8.4.2 文本框

文本框(TextBox)控件是一个供用户输入或编辑数据的基本控件,利用它可以把变量(内存变量、字段变量、数组元素等)的当前值显示出来,也可以把数据输入到变量中。所有Visual FoxPro编辑功能,如剪切、复制、粘贴等,在文本框中都可以使用。文本框一般只包含一行数据,可以编辑字符型、数值型、日期型、逻辑型数据。

文本框的常用属性如下。

(1) ControlSource属性:指定与对象建立联系的数据源,可以是字段变量或内存变量。运行时,文本框显示该变量的内容。用户对文本框的编辑结果也会保存在该变量中。

该属性在设计和运行时可用,除了文本框,该属性还适用于编辑框、命令按钮组、选项按钮组、复选框、列表框、组合框等控件。

(2) Value属性:返回文本框的当前内容。若ControlSource属性指定了字段或内存变量,则该属性与ControlSource属性指定的变量具有相同的数据和类型。这时,能在运行时读取 Value 属性来获得文本框当前的内容。

(3) PasswordChar 属性：指定文本框内是显示用户输入的实际内容还是显示密文(占位符)。当为该属性指定一个字符(即占位符)后，不管用户输入什么，文本框内只显示占位符，但 Value 属性仍为用户输入的实际内容。

(4) ReadOnly 属性：指定文本框的内容是否只读。若设置此属性值为真值，所显示的数据不能被修改。

(5) InputMask 属性：指定在文本框中如何输入和显示数据。该属性值可设置为一个字符串，其常用取值见 5.3.1 小节中的输入掩码取值。

**【例 8.10】** 基于例 8.9 中的"学生"表单，再添加一个标签和一个文本框用于显示姓名。

操作步骤如下。

(1) 打开"学生"表单，同时打开了"表单设计器"窗口。

(2) 在"表单控件"工具栏中单击"标签"控件，将鼠标(已变为"十"字形状)移至表单窗口中的合适位置后单击。

(3) 在"属性"窗口中设置标签属性。

```
AutoSize:.T.
Caption:姓名
FontSize:12
FontName:宋体
```

(4) 在"表单控件"工具栏中单击"文本框"控件，将鼠标(已变为"十"字形状)移至表单窗口中的合适位置后单击。

(5) 在"属性"窗口中设置文本框属性。

```
ControlSource:学生.姓名
```

(6) 保存修改后的表单。

(7) 运行表单，效果如图 8.14 所示。

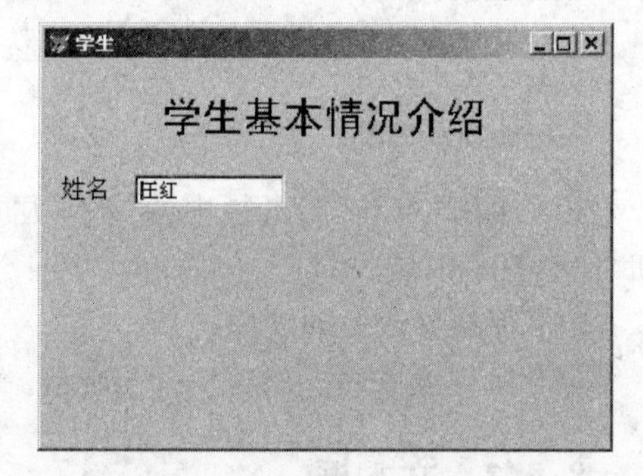

图 8.14 在表单中添加文本框

## 8.4.3 编辑框

编辑框(EditBox)与文本框一样，可以用来输入、编辑数据，但它有自己的特点。编辑框只能用来编辑、输入字符型数据，包括备注型字段。当编辑的内容在框内放不下时，可以根据编辑框的宽度调整行长或增加滚动条上下移动文本。编辑框允许输入回车符，可以编辑多行文本。

编辑框的很多属性都与文本框相同。此外，编辑框还具有它自己的一些属性。例如：

ScrollBars 属性：指定编辑框是否具有滚动条。属性值为 0 时，编辑框没有滚动条；属性值为 2 时，编辑框含有垂直滚动条。系统默认值为 2。

除了编辑框外，该属性还适用于表单、表格等控件。

**【例 8.11】** 基于例 8.10 中的"学生"表单，再添加一个标签和一个编辑框用于显示备注信息。

操作步骤如下。

(1) 打开“学生”表单,同时打开了“表单设计器”窗口。

(2) 在“表单控件”工具栏中单击“标签”控件,将鼠标(已变为“十”字形状)移至表单窗口中的合适位置后单击。

(3) 在“属性”窗口中设置标签属性。

```
AutoSize: .T.
Caption: 简历
FontSize: 12
FontName: 宋体
```

(4) 在“表单控件”工具栏中单击“编辑框”控件,将鼠标(已变为“十”字形状)移至表单窗口中的合适位置后单击。

(5) 在“属性”窗口中设置编辑框属性。

```
ControlSource: 学生.简历
```

(6) 保存修改后的表单。

(7) 运行表单,效果如图 8.15 所示。

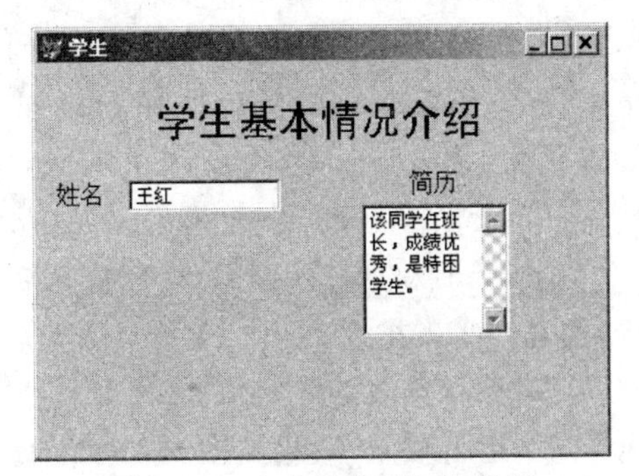


图 8.15　在表单中添加编辑框

### 8.4.4　选项按钮组

选项按钮组(OptionGroup)控件是一个容器类控件,一个选项组包含若干个选项按钮,用户可以从中选择一个按钮,同一时刻只能选中一个选项按钮。

选项按钮组的常用属性如下。

(1) ButtonCount 属性:指定选项按钮组中的选项按钮个数。默认值为 2。

(2) ControlSource 属性:指定与选项组建立关联的数据源,可以是字段变量或内存变量。

(3) Value 属性:指定选项按钮组中哪个按钮被选中。当 Value 值为数值型 N 时,表示选项组中第 N 个按钮被选中;Value 值为字符型 C 时,表示选项组中 Caption 属性值为 C 的按钮被选中。

**【例 8.12】** 基于例 8.11 中的“学生”表单,再添加一个标签和一个选项按钮组用于显示性别信息。

操作步骤如下。

(1) 打开“学生”表单,同时打开了“表单设计器”窗口。

(2) 在“表单控件”工具栏中单击“标签”控件,将鼠标(已变为“十”字形状)移至表单窗口中的合适位置后单击。

(3) 在“属性”窗口中设置标签属性。

```
AutoSize: .T.
Caption: 性别
FontSize: 12
FontName: 宋体
```

(4) 在“表单控件”工具栏中单击“选项按钮组”控件，将鼠标(已变为“十”字形状)移至表单窗口中的合适位置后单击。

(5) 在“属性”窗口中设置选项按钮组属性。

```
ButtonCount: 2
ControlSource: 学生.性别
```

(6) 右击选项按钮组控件，从弹出的快捷菜单中选择“编辑”命令，然后选择 Option1 对象，设置属性：AutoSize 为 .T.，Caption 为“男”；再选择 Option2 对象，设置属性：AutoSize 为 .T.，Caption 为“女”。调整两个选项按钮的位置，使它们水平排列。

(7) 保存修改后的表单。

(8) 运行表单，效果如图 8.16 所示。

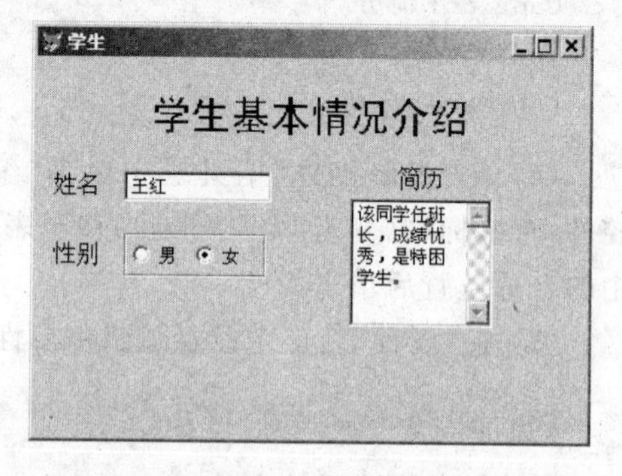


图 8.16　在表单中添加选项按钮组控件

## 8.4.5　复选框

复选框(CheckBox)可以用来表示两种状态：真(.T.)和假(.F.)。当为真值时，复选框显示√；为假值时，复选框为空。它适用于数据编辑和条件选择等情况。

复选框的常用属性如下。

(1) Caption 属性：指定复选框提示文字。

(2) Value 属性：指定复选框的当前状态。1 或 .T. 表示选中，0 或 .F. 表示未选中，2 或 .NULL. 表示不确定(此属性值只在代码中可以使用)。

(3) ControlSource 属性：指定与复选框关联的数据源。

**【例 8.13】** 基于例 8.12 中的“学生”表单，再添加一个复选框用于显示该同学是否为团员信息。

操作步骤如下。

(1) 打开“学生”表单，同时打开了“表单设计器”。

(2) 在“表单控件”工具栏中单击“复选框”控件，将鼠标(已变为“十”字形状)移至表单窗口中的合适位置后单击。

(3) 在“属性”窗口中设置复选框属性。

```
AutoSize: .T.
Caption: 团员
FontSize: 12
FontName: 宋体
ControlSource: 学生.是否团员
```

(4) 保存修改后的表单。

(5) 运行表单,效果如图 8.17 所示。

**【例 8.14】** 在表单 Form1 中使用复选框对文本框中的文字进行修饰,运行 Form1 的效果如图 8.18 所示。

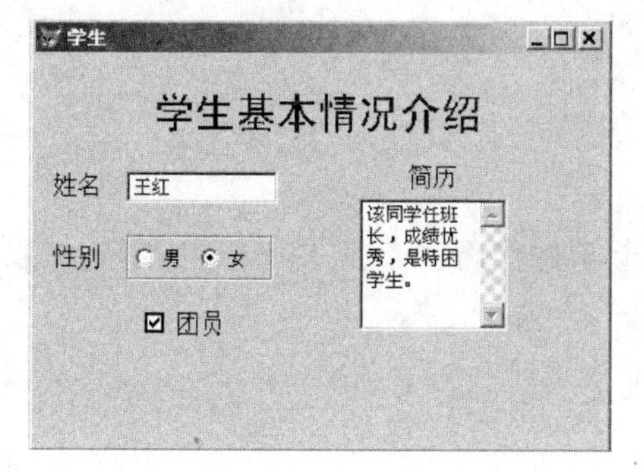


图 8.17　在表单中添加复选框

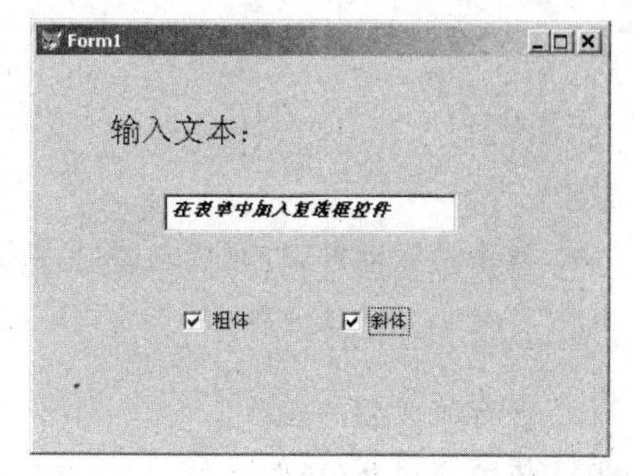


图 8.18　复选框的使用

操作步骤如下。

(1) 新建 Form1 表单,同时打开了"表单设计器"窗口。

(2) 在 Form1 中添加一个标签,设置其 Caption 属性为"输入文本:";添加一个文本框,用于输入文字。

(3) 在"表单控件"工具栏中单击"复选框"控件,将鼠标(已变为"十"字形状)移至表单窗口中的合适位置后单击。使用同样的方法再添加一个复选框。两个复选框(Check1 和 Check2)的 Caption 属性分别设置为"粗体"和"斜体"。

(4) 编写 Check1 的 Click 事件代码:

```
ThisForm.Text1.FontBold=This.Value
```

(5) 编写 Check2 的 Click 事件代码:

```
ThisForm.Text1.FontItalic=This.Value
```

(6) 保存表单。

(7) 运行表单。

### 8.4.6　命令按钮

使用命令按钮(CommandButton)控件,可以通过单击鼠标触发其 Click 事件,完成特定的功能。

命令按钮最常用的属性是 Enabled 属性,用于指定表单或控件能否响应由用户操作触发的事件。默认值为.T.,即对象是有效的,能被选择,能响应用户操作触发的事件。

**【例 8.15】** 基于例 8.13 中的"学生"表单,再添加一个命令按钮用于退出该表单。

操作步骤如下。

(1) 打开“学生”表单，同时打开了“表单设计器”窗口。

(2) 在“表单控件”工具栏中单击“命令按钮”控件，将鼠标(已变为“十”字形状)移至表单窗口中的合适位置后单击。

(3) 在“属性”窗口中设置命令按钮属性。

```
AutoSize: .T.
Caption: 退出
FontSize: 12
FontName: 宋体
```

(4) 双击按钮控件，打开代码窗口，输入 Click 事件代码：

```
ThisForm.Release
```

(5) 保存修改后的表单。

(6) 运行表单，效果如图 8.19 所示。

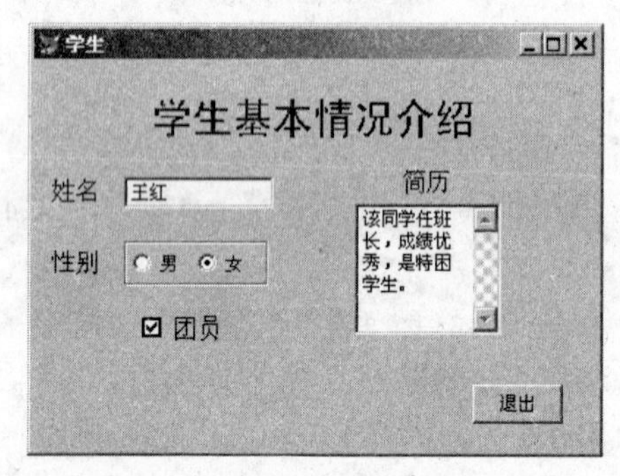


图 8.19　在表单中添加命令按钮

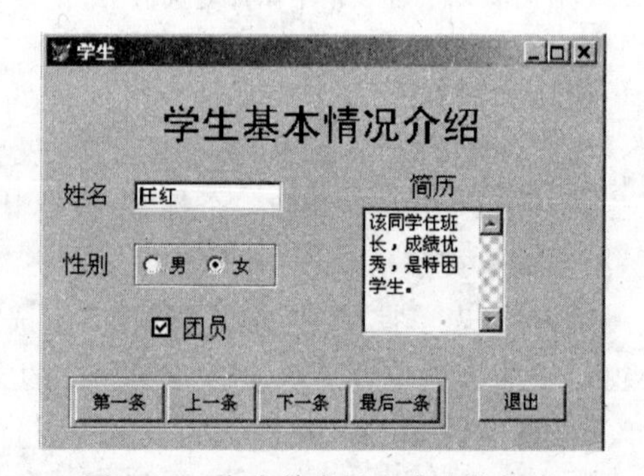


图 8.20　在表单中插入命令按钮组

### 8.4.7　命令按钮组

命令按钮组(CommandGroup)控件是包含一组命令按钮的容器，在一个命令按钮组中，可以含有多个按钮，每个按钮可以分别定义自己的属性和事件。

命令按钮组的一些常用属性，如 Value，ButtonCount，Buttons 等，与选项按钮组相同。

**【例 8.16】** 基于例 8.15 中的“学生”表单，再添加一个命令按钮组用于定位表单中的记录，运行效果如图 8.20 所示。

操作步骤如下。

(1) 打开“学生”表单，同时打开了“表单设计器”窗口。

(2) 在“表单控件”工具栏中单击“命令按钮组”控件，将鼠标(已变为“十”字形状)移至表单窗口中的合适位置后单击。

(3) 在“属性”窗口中设置命令按钮组属性 ButtonCount 为 4。

(4) 右击“命令按钮组”控件，在弹出的快捷菜单中选择“生成器”命令，打开“命令组生成器”对话框，在“标题”选项卡和“布局选项卡”中设置各按钮的属性。Command1～

Command4 的 Caption 属性分别为：第一条、上一条、下一条、最后一条。各按钮布局为水平，间隔为 2(以像素为单位)，边框样式为单线。

(5) 双击命令按钮组控件，打开代码窗口，输入 Click 事件代码：

```
DO CASE
CASE This.Value=1                    &&Value 属性指明单击了哪个按钮
      GO TOP
      ThisForm.Refresh               && 调用表单的 Refresh 方法，更新字段的显示
CASE This.Value=2
      SKIP -1
      IF BOF()
          GO TOP
      ENDIF
      ThisForm.Refresh
CASE This.Value=3
      SKIP
      IF EOF()
          GO BOTTOM
      ENDIF
      ThisForm.Refresh
CASE This.Value=4
      GO BOTTOM
      ThisForm.Refresh
ENDCASE
```

(6) 保存修改后的表单。

(7) 运行表单。

### 8.4.8　列表框

列表框显示一个条目列表，供用户选择其中的一条或多条。当列表框只能显示条目的一部分时，可以通过滚动条浏览其他条目，但不能对各条目进行编辑。

列表框的常用属性如下。

(1) ColumnCount 属性：指定列表框的列数。

(2) ControlSource 属性：指定一个字段或变量用来保存用户从列表中选择的结果。

(3) MultiSelect 属性：指定用户能否在列表框内进行多项选择。默认值为 0，表示不允许。

(4) RowSource 属性：指定列表框条目的数据源。

(5) RowSourceType 属性：指定列表框条目数据源的类型。它的取值要与 RowSource 属性指定的数据源相对应。RowSourceType 属性的取值及说明如表 8.11 所示。

表 8.11 RowSourceType 属性的取值及说明

| 属性值 | 含 义 | 说 明 |
| --- | --- | --- |
| 0 | 无(默认值) | 在程序运行时，通过 AddItem 方法添加列表框条目，通过 RemoveItem 方法移去列表框条目 |
| 1 | 值 | 通过 RowSource 属性手工指定具体的列表框条目 |
| 2 | 别名 | 将表中的字段值作为列表框的条目。ColumnCount 属性指定要取的字段数目，即列表框列数，指定的字段总是表中最前面的若干字段 |
| 3 | SQL 语句 | 将 SQL SELECT 语句的执行结果作为列表框条目的数据源 |
| 4 | 查询(.qpr) | 将.qpr 文件执行后产生的结果作为列表框条目的数据源 |
| 5 | 数组 | 将数组中的内容作为列表框条目的数据源 |
| 6 | 字段 | 将表中的一个或几个字段作为列表框条目的数据源(与值为 2 时不同，这里可以指定所需的字段) |
| 7 | 文件 | 将某路径下的文件名作为列表框的条目 |
| 8 | 结构 | 将表中的字段名作为列表框的条目，由 RowSource 属性指定表，若 RowSource 属性为空值，则列表框显示当前表中的所有字段名 |
| 9 | 弹出式菜单 | 将弹出式菜单作为列表框条目的数据源 |

**【例 8.17】** 基于例 8.16 中的“学生”表单，改用列表框显示学生的姓名、性别及是否为团员这几项信息，运行效果如图 8.21 所示。

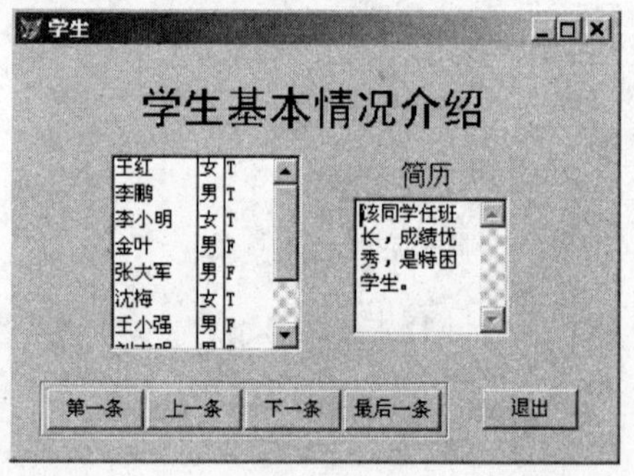

图 8.21 在表单中使用列表框控件

操作步骤如下。

(1) 打开“学生”表单，同时打开了“表单设计器”窗口。

(2) 删除表单左侧原有的用来显示学生姓名、性别及是否为团员这几项信息的控件。在“表单控件”工具栏中单击“列表框”控件，将鼠标(已变为“十”字形状)移至表单窗口中的合适位置后单击，并调整成合适的大小。

(3) 在“属性”窗口中设置列表框的属性。

```
ColumnCount: 3
RowSource: 学生.姓名, 学生.性别, 学生.是否团员
RowSourceType: 6
```

(4) 双击列表框控件，打开代码窗口，输入 Click 事件代码：

```
ThisForm.Refresh
```

(5) 保存修改后的表单。

(6) 运行表单。

## 8.4.9　组合框

组合框(ComboBox)的使用与列表框类似，它们的属性设置也基本相同，但两者之间还是有一定区别的。

(1) 组合框的列表是下拉式列表，若组合框接近屏幕底部，列表自动改为上拉式，它的优势是占用空间少。

(2) 组合框允许用户输入数据，或对选定的数据进行再编辑。

(3) 组合框不允许选择多项，即没有 MultiSelect 属性。

(4) 组合框有两种形式：一种为下拉式组合框(Style 属性为 0 时)，允许用户输入数据；另一种是组合式列表框(Style 属性为 2 时)，只允许用户选择列表中的条目。

**【例 8.18】** 基于例 8.16 中的“学生”表单，改用组合框显示学生的姓名信息，运行效果如图 8.22 所示。

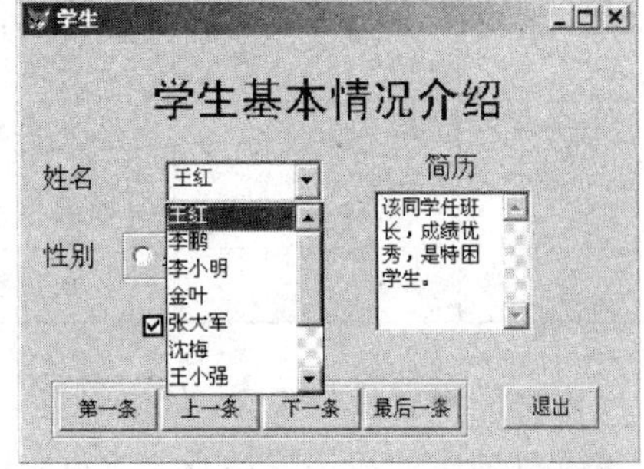

图 8.22　在表单中使用组合框控件

操作步骤如下。

(1) 打开“学生”表单，同时打开了“表单设计器”窗口。

(2) 删除表单左侧原有的用来显示学生姓名的文本框控件。在“表单控件”工具栏中单击“组合框”控件，将鼠标(已变为“十”字形状)移至表单窗口中的合适位置后单击，并调整成合适的大小。

(3) 在“属性”窗口中设置组合框的属性。

```
ControlSource: 学生.姓名
RowSource: 学生.姓名
RowSourceType: 6
Style: 0
```

(4) 双击组合框控件，打开代码窗口，输入 Click 事件代码：

```
ThisForm.Refresh
```

(5) 保存修改后的表单。

(6) 运行表单。

## 8.4.10　表格

表格(Grid)控件以表格的形式显示数据表中的数据，类似于数据表的浏览窗口。表格控件是一个容器控件，它可以包含若干个列(Column)控件。每个列控件又包含了表头(Header)控件和文本框(或编辑框、组合框等)控件。表头用来显示列的标题，文本框用来编辑列中的数据。

表格的常用属性如下。

(1) AllowAddNew 属性：指定是否可以向表格中添加新记录。

(2) ControlSource 属性：指定表格列中显示的数据源。

(3) CurrentControl 属性：指定表格列中显示的控件。例如，在例 8.19 中，指定“是否团员”字段使用“复选框”控件。

(4) ReadOnly 属性：指定表格数据是否只读。

(5) RecordSource 属性：指定表格数据源。

(6) RecordSourceType 属性：指定表格数据源的类型。其属性取值及说明如表 8.12 所示。

表 8.12 RecordSourceType 属性取值及说明

| 属性值 | 含 义 | 说 明 |
| --- | --- | --- |
| 0 | 表 | 数据源为由 RecordSource 属性指定的表，该表可自动打开 |
| 1 | 别名(默认值) | 数据源为已经打开的表 |
| 2 | 提示 | 运行时会提示用户选择数据源 |
| 3 | 查询 | 数据源为查询文件 |
| 4 | SQL 语句 | 数据源为 SQL 语句 |

表格的设置比较复杂，首先设置表格的整体属性，然后设置表格内部各列的属性，还需设置每列中的表头属性及文本框(或复选框等其他控件)的属性。表格及其内部所有控件都有各自的属性集，可以完全控制表格中的每一个元素。

使用“表格生成器”对话框来设置表格相对直观、简便。“表格生成器”对话框如图 8.23 所示。

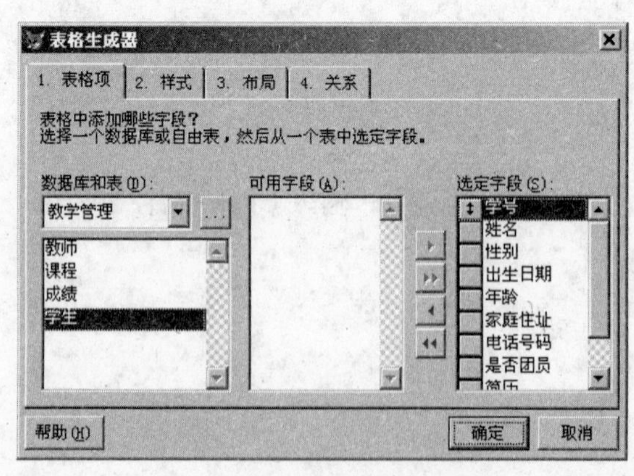


图 8.23 “表格生成器”对话框

【例 8.19】 创建名为“表格表单”的新表单，在其中浏览学生记录，运行效果如图 8.24 所示。

操作步骤如下。

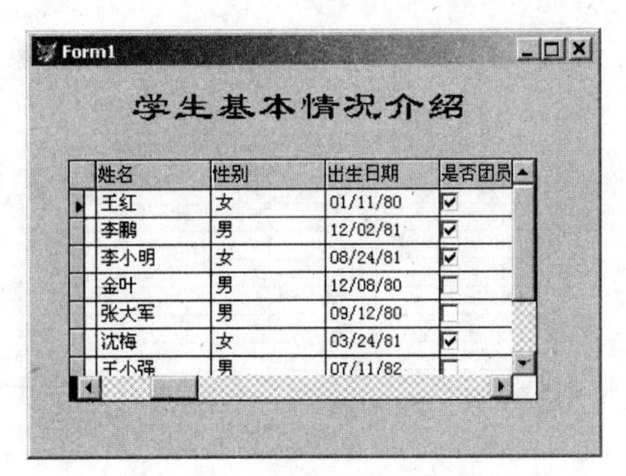


图 8.24　在表单中使用表格控件

(1) 创建新表单,命名为“表格表单”,打开表单设计器。

(2) 在表单中添加一个标签控件,在“属性”窗口中设置其属性。

```
Caption: 学生基本情况介绍
FontSize: 20
FontName: 隶书
```

(3) 在表单中添加一个表格控件,选中它,右击鼠标,在弹出的快捷菜单中选择“生成器”命令,打开“表格生成器”对话框。

(4) 在“表格项”选项卡中,选中学生表中的所有字段,添加到“选定字段”列表框中。

(5) 在“表格生成器”对话框的“布局”选项卡中,单击“是否团员”一列,在“控件类型”组合框中选择“复选框”选项,使此列以复选框形式显示。

(6) 保存表单。

(7) 运行表单。

### 8.4.11　页框

页框(PageFrame)控件是一种容器控件,它可以包含多个页面(Page)。页面本身又是一种容器控件,可以包含其他控件。在页框中某一时刻只能有一个活动页面,页面就是通常所说的选项卡。

使用页框控件,可以在很大程度上扩大表单的可用空间,使表单容纳更多的控件。

页框的常用属性如下。

(1) ActivePage 属性:返回当前活动页面的页号。其值为数值型,即活动页面的序号。

(2) PageCount 属性:指定页框包含的页面数。默认值为 2。

(3) Pages 属性:用于存取页框中的某个页面。

**【例 8.20】** 创建名为“页框表单”的新表单,在其中浏览学生记录和教师记录,运行效果如图 8.25 所示。

操作步骤如下。

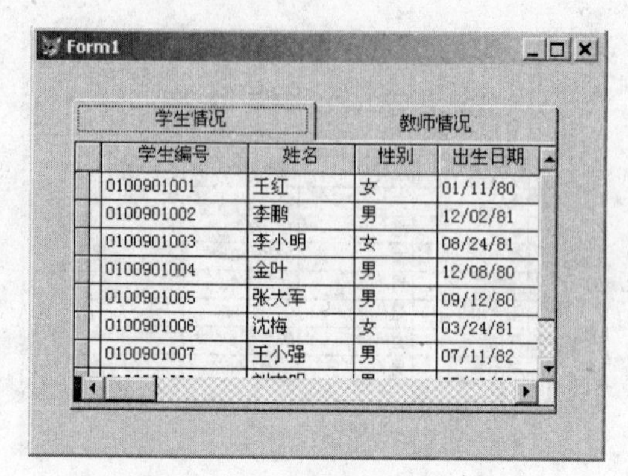


图 8.25 在表单中使用页框控件

(1) 创建新表单,命名为“页框表单”,打开表单设计器。

(2) 在表单中添加一个页框控件。在“属性”窗口中选中 Page1,设置其 Caption 属性为“学生情况”,选中 Page2,设置其 Caption 属性为“教师情况”。

(3) 在 Page1 中添加一个表格控件,设置其 RecordSource 属性为“学生”表,其 RecordSourceType 属性为 0;在 Page2 中添加一个表格控件,设置其 RecordSource 属性为“教师”表,其 RecordSourceType 属性为 0。

(4) 保存表单。

(5) 运行表单。

## 习 题 八

1. 选择题

(1) 在面向对象程序设计中,程序运行的基本实体是(　　)。

A) 对象　　B) 类　　C) 方法　　D) 事件

(2) 表单文件的扩展名是(　　)。

A) .dbf　　B) .scx　　C) .sct　　D) .pjx

(3) Visual FoxPro 中的基类分为(　　)。

A) 表单和表格　　B) 容器和控件

C) 容器类和控件类　　D) 基类和子类

(4) 属于非容器类控件的是(　　)。

A) Form　　B) Label　　C) Page　　D) Container

(5) 在表单中加入命令按钮 Command1 和 Command2,Command1 的 Click 事件代码如下:This.Parent.Command2.Enabled=.F.,则单击 Command1 后(　　)。

A) Command1 命令按钮不能激活

B) Command2 命令按钮不能激活

C) 事件代码无法执行

D) 命令按钮组中的第二个命令按钮不能激活

(6) 假定一个表单中有一个文本框 Text1 和一个命令按钮组 CommandGroup1，命令按钮组中包含两个命令按钮 Command1 和 Command2。如果要在 Command1 的某个方法中访问文本框的 Value 属性值，下面语句正确的是（　　）。

A) This. ThisForm. Text1. Value　　B) This. Parent. Parent. Text1. Value

C) Parent. Parent. Text1. Value　　D) This. Parent. Text1. Value

(7) 下面关于列表框和组合框的描述中，正确的是（　　）。

A) 列表框和组合框都可以设置成多重选择

B) 列表框可以设置成多重选择，而组合框不能

C) 组合框可以设置成多重选择，而列表框不能

D) 列表框和组合框都不可以设置成多重选择

(8) 用于指定列表框或组合框数据项的数据源类型的属性是（　　）。

A) RowSourceType　　B) ControlSource

C) RowSource　　D) ControlSourceType

2. 思考题

(1) 面向对象程序设计方法和面向过程设计方法有何异同？

(2) 什么是对象？什么是类？

(3) 在什么情况下可以使用向导来创建表单？如何利用表单设计器创建表单？

(4) 标签、文本框和编辑框都可以用来显示文本信息，它们有何异同？

(5) 命令按钮组中的命令按钮与单独的命令按钮在设置与使用上有何异同？

# 第9章 菜单设计

## 9.1 菜单简介

在一个良好的系统程序中，菜单起着组织协调其他对象的关键作用，一个好的菜单系统会给用户一个十分友好的操作界面，并带来操作上的便利。在对数据库进行操作时，菜单程序尤为重要，本章将介绍应用系统程序菜单的设计及应用。

### 9.1.1 菜单结构

菜单系统是由菜单栏、菜单标题、菜单和菜单项组成的。其中，菜单栏用于放置多个菜单标题；菜单标题标明每个菜单的名称，单击菜单标题，可以打开一个对应的菜单；菜单是包含命令、过程和子菜单的列表；菜单项是实现某一任务的选项。

在 Windows 中，菜单可以分为下拉式菜单和快捷式菜单两种类型。

(1) 下拉式菜单：一般由以下两部分组成。

① 菜单栏：位于下拉式菜单的顶端，它是包含若干个菜单项的一个水平条形区域。

② 菜单项：可执行用户指定的一个命令或过程，或者弹出下一级子菜单。

(2) 快捷式菜单：又称为弹出式菜单，是为某一控件或对象实现某些功能的菜单，当用户在控件或对象上右击时，将会弹出其快捷菜单。

### 9.1.2 Visual FoxPro 系统菜单

系统菜单是操作 Visual FoxPro 的另一种方法，用户不必记住 Visual FoxPro 的命令，通过操作菜单就可实现 Visual FoxPro 的大部分功能。Visual FoxPro 系统的主菜单如图 9.1 所示。

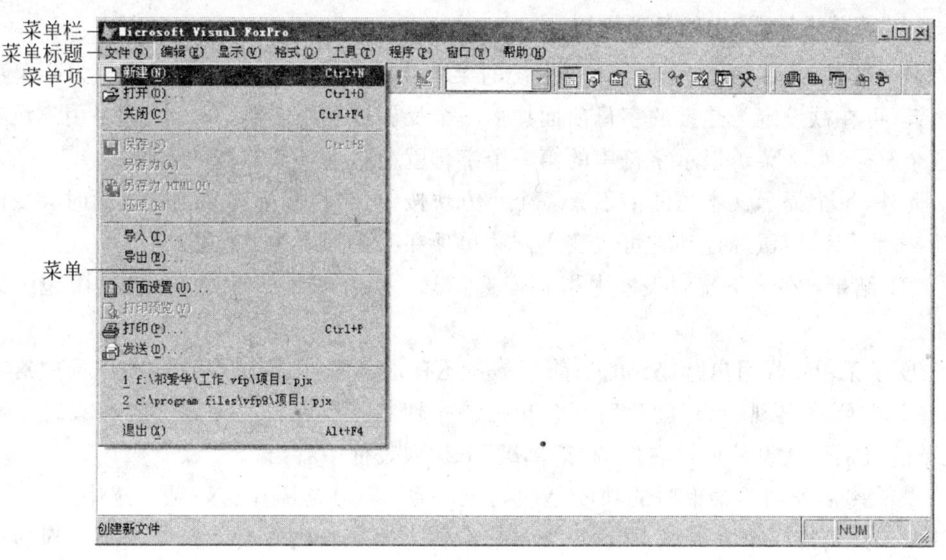


图 9.1 Visual FoxPro 系统的主菜单

## 9.2 菜单设计器的使用

### 9.2.1 菜单设计器

创建菜单系统的大量工作是在“菜单设计器”中完成的。

**1. 打开“菜单设计器”的方法**

(1) 在“文件”菜单中选择“新建”命令，或直接单击工具栏中的“新建”按钮，打开“新建”对话框。选中“菜单”单选按钮，并单击“新建文件”按钮，打开“新建菜单”对话框。

(2) 单击“菜单”按钮，打开“菜单设计器”对话框，如图 9.2 所示。

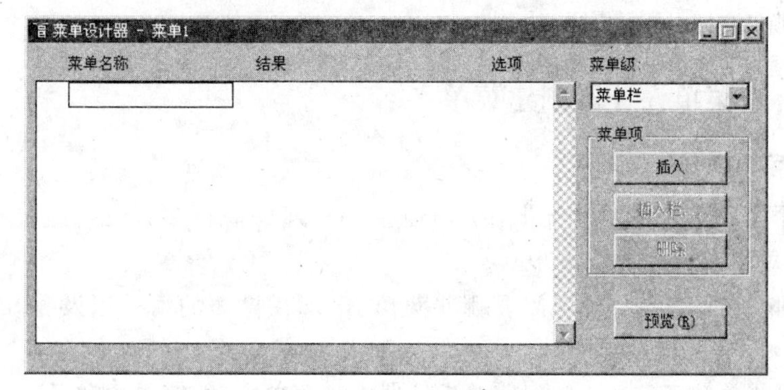


图 9.2 “菜单设计器”对话框

在“项目管理器”对话框中选择“其他”选项卡，选择“菜单”选项，单击“新建”按钮后，在打开的“新建菜单”对话框中单击“菜单”按钮，同样可以打开“菜单设计器”对话框。

**2.“菜单设计器”中的各项设置**

(1) 菜单名称：在这里输入菜单系统的菜单项的菜单标题。如果用户想为菜单项加入热键，可在欲设定为热键的字母前面加上一个反斜杠和小于号(\<)。如果用户没有给出这个符号，那么菜单提示字符串的第一个字母就被自动当成热键的定义。

此外，每个提示文本框的前面有一个小方块按钮，当将鼠标移动到它上面时会变成上下箭头的形状，用鼠标拖动它可改变当前菜单项在菜单列表中的位置。

(2) 结果：在该下拉列表框中指定当选择某一菜单项时发生的动作，其中包括以下几个选项。

① 子菜单：若用户所定义的当前菜单项还有子菜单，则应选择这一项。选中这一项后，在其右侧将出现一个“创建”按钮，单击该按钮将打开新的菜单设计器来设计子菜单(菜单的级别可从设计窗口右侧的“菜单级”下拉列表框中看出)。

② 命令：若当前菜单项的功能是执行某种动作，则应选择这一项。选中这一项后，在其右侧将出现一个文本框，在这个文本框中输入要执行的命令。这个选项仅对应于执行一条命令或调用其他程序的情况。如果所要执行的动作需多条命令才能完成，而又无相应的程序可用，那么在这里应该选择“过程”选项。

③ 填充名称：选择“填充名称”选项，在其右侧会出现一个文本框，在文本框中可以输入一个名称。这个名称可以在程序中引用，便于设计动态菜单。

(3) “选项”按钮：单击各菜单项的该按钮，将打开“提示选项”对话框，使用该对话框可设置用户定义的菜单系统中的各菜单项的各种属性。

(4) 菜单级：这个下拉列表框中显示出当前所处的菜单级别。当菜单的层次较多时利用这一项可知当前的位置。从子菜单返回上面任一级菜单也要使用这一项。

(5) “预览”按钮：单击该按钮可观察所设计的菜单的外观。此时可在所显示的菜单中进行选择，检查菜单的层次关系及提示等是否正确，只是这种选择不会执行各菜单的相应动作。

(6) “插入”按钮：在当前菜单项的前面插入一个新的菜单项。

(7) “删除”按钮：删除当前的菜单项。

## 9.2.2 用菜单设计器创建菜单

**1. 创建菜单系统**

创建一个菜单系统包括若干步骤。不管应用程序的规模多大，打算使用的菜单多么复杂，创建菜单系统都需要以下步骤。

(1) 规划与设计系统：确定需要哪些菜单、出现在界面的何处以及哪几个菜单要有子菜单等。

(2) 创建菜单和子菜单：使用菜单设计器定义菜单标题、菜单项和子菜单。

(3) 按实际要求为菜单系统指定任务：指定菜单所要执行的任务，例如显示表单或对话框等。

(4) 生成菜单程序。

(5) 运行生成的程序,测试菜单系统。

**2. 规划菜单**

菜单系统的质量直接关系到应用系统的质量。规划合理的菜单,可使用户易于接受应用程序。在规划菜单系统时,应遵循下列准则。

(1) 按照用户所要执行的任务组织菜单系统,避免应用程序的层次影响菜单系统的设计。

(2) 应用程序最终是要面向用户的,用户的思考习惯、完成任务的方法将直接决定用户对应用程序的认同程度。用户通过查看菜单和菜单项,可以对应用程序的组织方法有一个感性认识。因此,规划合理的菜单系统,应该与用户执行的任务是一致的。

**【例 9.1】** 创建一个学生管理系统的菜单。

菜单规划:

| 信息录入 | 查询 | 退出 |
|---|---|---|
| 学生信息 | 学生选课 | 退出 |
| 教师信息 | 学生成绩 | |
| 课程信息 | 教师任课查询 | |

创建应用系统菜单,要完成主菜单、子菜单项的设计,其创建步骤如下。

(1) 创建主菜单。主菜单实际上是菜单文件的一部分,是建立菜单文件的最初操作,它包含菜单文件中各菜单项的名称。在"菜单设计器"对话框中,单击"插入"按钮,系统将自动插入一行新的菜单项。在默认情况下,新菜单项被插入到所有菜单项的末尾。在"菜单名称"列中输入菜单标题"信息录入"。

按照上述方法创建"查询"、"退出"菜单,如图 9.3 所示。

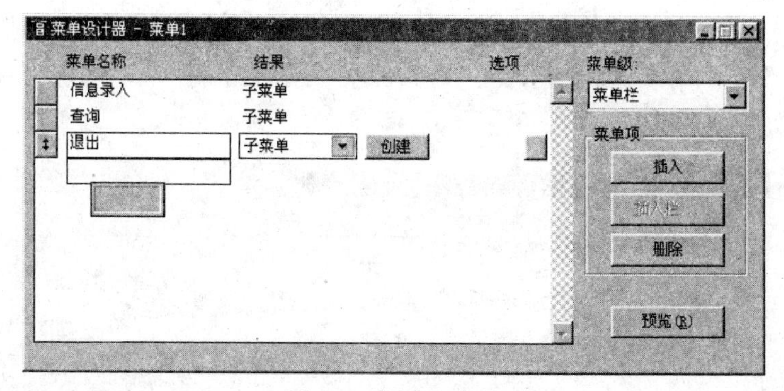


图 9.3　创建主菜单

(2) 创建子菜单。对于每个菜单项,都可以创建包含其他菜单的子菜单。

选择"信息录入"菜单,在"结果"下拉列表框中选择"子菜单"选项,单击"创建"按钮,Visual FoxPro 将打开下一级子菜单设计对话框,按照前述的创建菜单的方法创建子菜单的各菜单项:"学生信息"、"教师信息"和"课程信息",如图 9.4 所示。

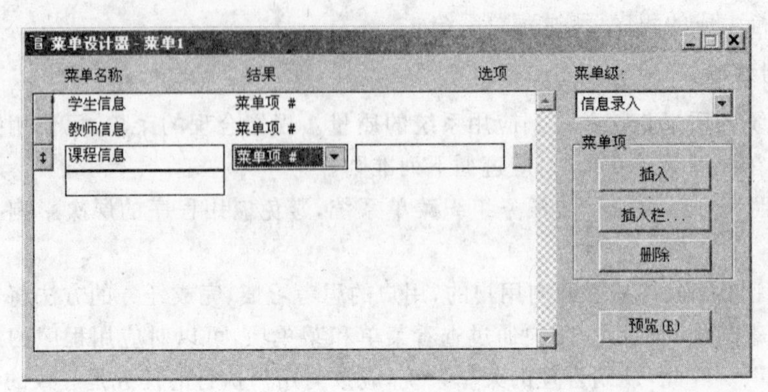


图 9.4 创建子菜单

### 9.2.3 菜单项的分组

为增强可读性，在定义子菜单的各菜单项时，将具有相关功能的菜单项分成一组，会使菜单的界面更加清晰，同时可以方便用户的操作。将菜单项分组的方法为：打开“菜单设计器”对话框，单击“插入”按钮，在“菜单名称”列中输入“\-”(用于创建分隔符)，拖动“\-”左边的移动按钮将分隔符移动到所希望的位置上即可。

### 9.2.4 为菜单系统指定任务

(1) 设置键盘访问键。一般 Windows 应用程序都提供了菜单项的键盘访问方式，从而通过键盘可以快速地访问菜单的功能。在菜单标题或菜单项中，访问键用带下划线的字母表示。例如，Visual FoxPro 的“文件”菜单使用 F 作为访问键。

为菜单设置访问键的方法是：在“菜单设计器”对话框中选择该菜单项，然后在“菜单名称”中，在欲设定为访问键的字母前面加上“\<”即可。例如，要在前面创建的“学生信息”菜单项中设置 X 作为访问键，可在“菜单名称”提示栏中将“学生信息”替换为“学生信息(\<X)”，如图 9.5 所示。

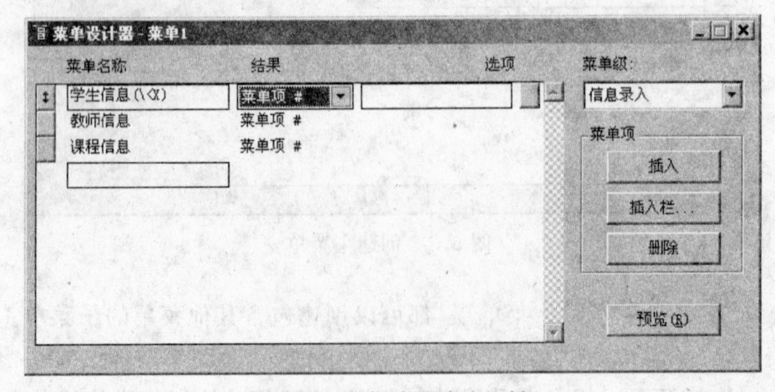


图 9.5 为菜单设计访问键

如果没有为某个菜单标题或菜单项指定访问键，Visual FoxPro 将自动指定该菜单项的菜单名称中的第一个字母作为访问键。

(2) 指定键盘快捷键。使用键盘快捷键，用户可通过键盘操作直接访问菜单项。与键盘访问键不同，使用键盘快捷键可以在菜单没有被激活的情况下，选取并执行某一菜单中的菜单项。

Visual FoxPro 菜单项的快捷键一般用 Ctrl 或 Alt 键与另一个键相组合。例如，按 Ctrl＋N 组合键可在 Visual FoxPro 中创建新文件。

创建步骤如下。

(1) 在“菜单设计器”对话框中选择某一菜单标题或菜单项。

(2) 单击“选项”列中的按钮，打开“提示选项”对话框。

(3) 在“键标签”文本框中，按要定义的组合键，可创建快捷键。

(4) 在“键说明”文本框中，输入希望在菜单项的旁边出现的文字，如图 9.6 所示。

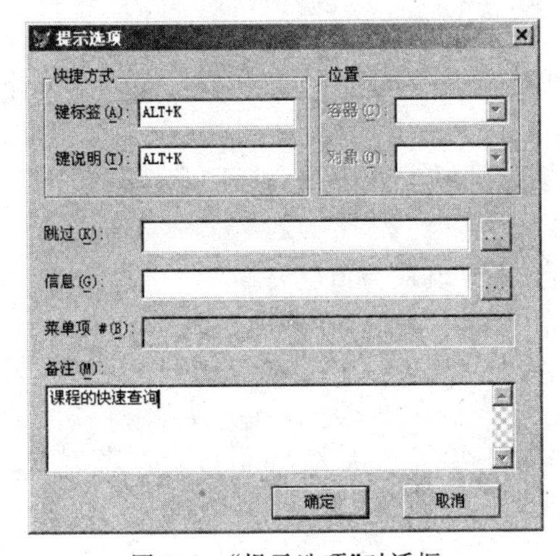


图 9.6　“提示选项”对话框

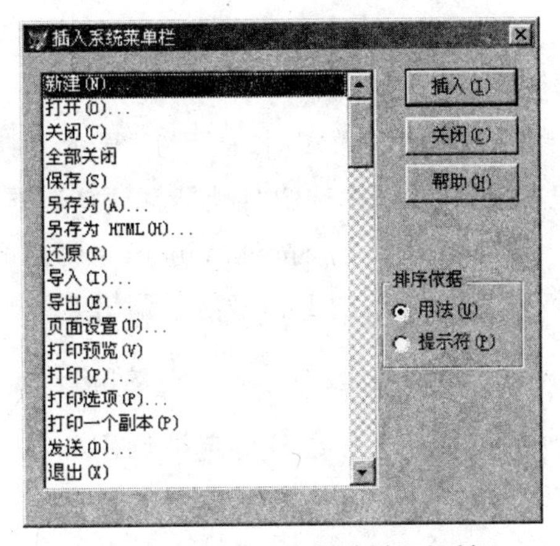


图 9.7　“插入系统菜单栏”对话框

### 9.2.5　插入系统菜单

系统菜单中的有些菜单项具有通用性，如“编辑”菜单中的各菜单项等，需要时可把这些功能菜单项直接插入用户的菜单系统中。

插入系统菜单的具体步骤如下。

(1) 在菜单设计器中，单击“插入栏”按钮，打开“插入系统菜单栏”对话框。

(2) 在其中的菜单项列表框中列出了所有可用的系统菜单项名称，从中选择一个需要的菜单项，单击“插入”按钮，如图 9.7 所示。

(3) 重复步骤(2)，可把需要插入的系统菜单项插入菜单设计器指定的位置上，如图 9.8 所示。

(4) 完成所有的操作后，关闭该对话框。

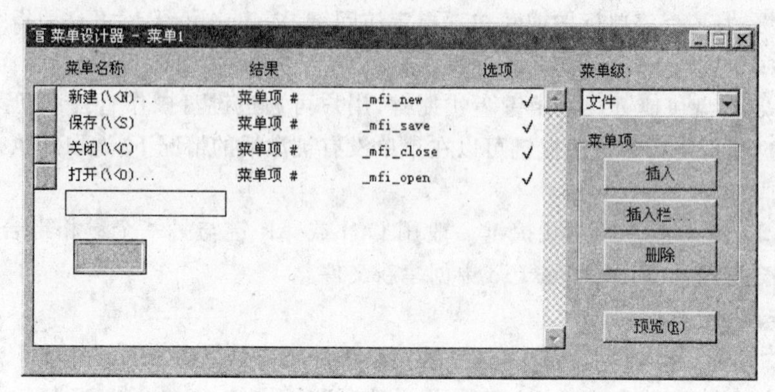


图 9.8 菜单设计器

### 9.2.6 为顶层表单添加菜单

在进行程序设计时,有时还需要将一个下拉式菜单添加到一个顶层表单里,其方法和步骤如下。

(1) 在设计菜单时,从系统"显示"菜单中选择"常规选项"命令,打开"常规选项"对话框,在此对话框中选中"顶层表单"复选框。

(2) 将表单的 Show Windows 属性值设置为 2,使其成为顶层表单。

(3) 在表单的 Init 事件中调用菜单。在 Init 事件中输入以下代码:

```
DO <文件名>WITH This[,"<菜单名>"]
```

其中,<文件名>用于指定被调用的菜单程序文件名(含扩展名.mpr);This 表示对当前表单对象的引用。通过菜单名可以为添加的下拉菜单的条形菜单指定一个内部名称。

(4) 在表单的 Destroy 事件代码中添加清除菜单命令,这样在关闭表单时能同时清除菜单,清除其所占的内存空间。命令格式如下:

```
RELEASE MENU<菜单名>[EXTENDED]
```

其中的 EXTENDED 表示在清除条形菜单时一起清除其下属的所有子菜单。

**【例 9.2】** 为一个学生管理表单建立一个下拉式菜单。

操作步骤如下。

1) 创建表单

(1) 新建表单,打开表单设计器,添加一个文本框。

(2) 对文本框进行属性设置:Name 属性值为 text1,FontSize 属性值为 36,FontName 属性值为"隶书",Value 属性值为"学生管理系统"。

(3) 将表单保存为"学生管理.scx"。

2) 设计菜单

用在前面设计好的菜单系统创建菜单。

(1) 以新建方式打开“菜单设计器”对话框。

(2) 选择系统“显示”菜单中的“常规选项”命令，在打开的对话框中选中“顶层表单”复选框，如图 9.9 所示，将菜单设置于顶层表单之中。单击“确定”按钮返回菜单设计器。

(3) 按照前面设置下拉菜单的要求，在菜单设计器中创建分级菜单并分别输入菜单名，设置热键。

(4) 在系统“菜单”菜单中选择“生成”命令，打开“生成菜单”对话框，输入文件名“学生信息. mpr”并单击“生成”按钮，生成菜单程序文件。

(5) 在表单中将其 ShowWindow 属性值设置为 2，使之成为顶层表单。

(6) 编写菜单代码。

在表单的 Init 事件代码中添加调用菜单程序的命令：

```
DO 学生.mpr WITH ThisForm,'xxx'
```

在表单的 Destroy 事件代码中添加清除菜单的命令：

```
RELEASE MENU xxx EXTENDED
```

(7) 建立主程序 MAIN. prg 调用顶层表单，程序代码如下：

```
_SCREEN.Visible=.F. 隐藏系统主窗口
DO FORM 学生管理.scx
READ EVENT
_SCREEN.Visible=.T. 恢复系统主窗口
```

(8) 执行主程序(DO MAIN)，运行结果如图 9.10 所示。

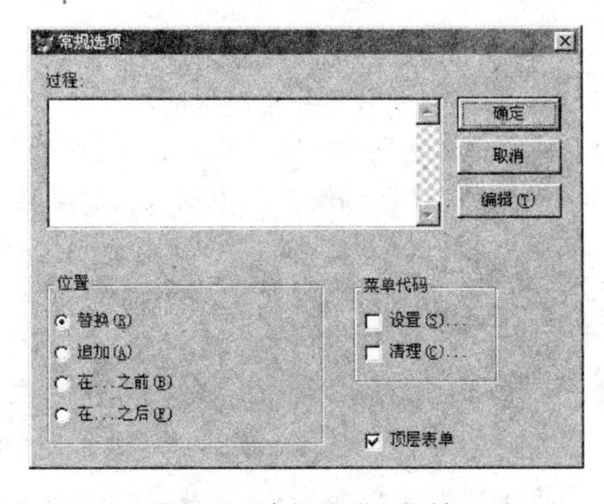


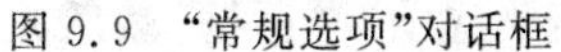
图 9.9 “常规选项”对话框

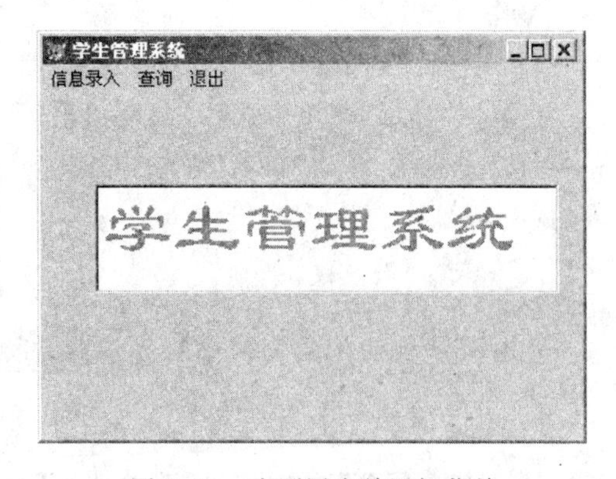


图 9.10 为顶层表单添加菜单

## 9.3 建立快捷菜单

在 Visual FoxPro 6.0 或者在 Windows 中，选定某个控件或对象后右击时，就会弹出快捷菜单，可以快速展示对当前对象进行操作的各种可用的功能。正是因为这种菜单的方便快捷，它才被称为快捷菜单。可用 Visual FoxPro 创建快捷菜单，并将这些菜单附加在控件中。创建步骤如下。

(1) 从"项目管理器"对话框中选择"其他"选项卡,选择"菜单"选项,单击"新建"按钮,在打开的"新建菜单"对话框中单击"快捷菜单"按钮,则打开"快捷菜单设计器"对话框,如图 9.11 所示。

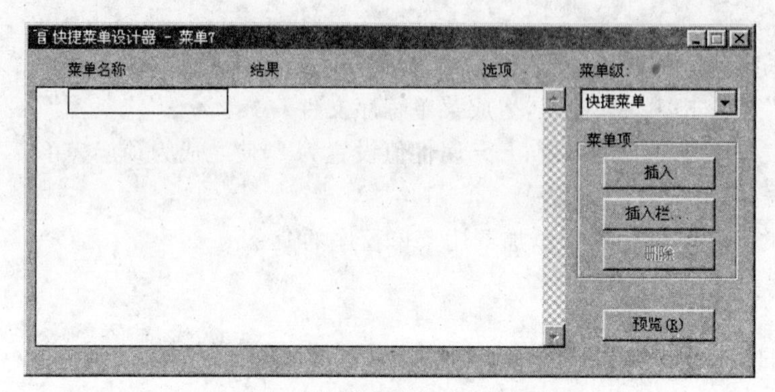


图 9.11 "快捷菜单设计器"对话框

(2) 利用快捷菜单设计器添加菜单项的过程与创建菜单完全相同。

(3) 保存菜单,生成.mpr 菜单文件。

(4) 将快捷菜单指派给某个对象,只需为该对象的 RightClick 事件编写如下代码:

```
DO <快捷菜单名.mpr>
```

**【例 9.3】** 为例 9.2 中的"学生管理系统"表单再建立一个快捷菜单 kjlx,其中的菜单项包括 "浏览"、"编辑"、"复制"、"剪切"。

操作步骤如下。

(1) 打开"快捷菜单设计器"对话框,然后按要求定义快捷菜单各菜单项的内容。

(2) 从"显示"菜单中选择"常规选项"命令,打开"常规选项"对话框,依次选中"设置"和"清理"复选框,单击"确定"按钮退出对话框。在"设置"代码编辑窗口中输入接收参数语句:

```
PARAMETERS  mfRef                && mfRef 为当前表单对象引用
```

在"清除"代码编辑窗口中输入清除快捷菜单的命令:

```
RELEASE POPUPS kjlx
```

(3) 从"显示"菜单中选择"菜单选项"命令,打开"菜单选项"对话框,然后在"名称"文本框中输入快捷菜单的内部名称 kj。

(4) 选择"菜单"菜单中的"生成"命令,生成快捷菜单程序文件 kjlx. mpr。

(5) 打开"学生管理"表单,在其 RightClick 事件代码中添加调用快捷菜单程序的命令:

```
DO  kjlx.mpr WITH This
```

建立主程序 MAIN. prg 调用顶层表单,程序代码如下:

```
_SCREEN.Visible=.F.              隐藏系统主窗口
DO FORM 学生管理.scx
READ EVENT
_SCREEN.Visible=.T.              恢复系统主窗口
```

执行主程序(DO MAIN),运行结果如图 9.12 所示。

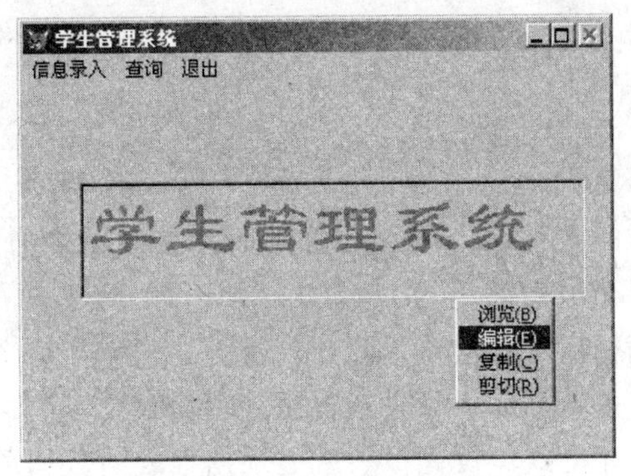


图 9.12　表单的快捷菜单

## 习　题　九

1. 简述 Visual FoxPro 的菜单系统组成。
2. 简述创建菜单系统的步骤。
3. 如何在菜单界面中设置快捷键?

# 第 10 章　报表与标签设计

报表是最常用的打印文档，它为显示并汇总数据提供了灵活的途径，因此报表设计是应用程序开发的一个重要组成部分。

报表可以提供数据输出的预定格式和数据范围。它包括两个基本的组成部分：数据源和布局。数据源通常是数据库中的表或自由表，也可以是视图、查询或临时表；而报表布局则定义了报表的打印格式。设计报表就是根据报表的数据源和应用需求来设计报表的布局。设计的报表保存在以.frx 和.frt 为扩展名的报表文件中。报表文件并不存储指定的字段值，只存储数据的位置和格式信息，所以每次打印报表时报表文件的内容都会随着数据库内容的改变而改变。

## 10.1　建立报表

Visual FoxPro 6.0 提供了 3 种创建报表的方法。

(1) 使用“报表向导”对话框创建报表。

(2) 使用报表设计器创建自定义的报表。

(3) 使用“快速报表”功能创建简单规范的报表。

报表的总体布局大体分为列报表、行报表、一对多报表、多栏报表和标签 5 个大类。

(1) 列报表：此报表只有一栏记录，记录字段水平放置。这种报表布局较常用，各种分组、汇总报表、财务报表等都可以使用这种布局形式。

(2) 行报表：此报表只有一栏记录，一条记录占用报表的多行位置。字段沿报表边沿向下排列，这类报表布局适用于各类清单。

(3) 一对多报表：此报表基于表间的一对多关系生成。打印时在父表中取得一条记录后，必须在子表中将与父表记录相关的多条记录取出打印。这类报表布局多用于基于表间一对多关系的货运清单等。

(4) 多栏报表：此报表拥有多栏记录，可以是多栏行报表，也可以是多栏列报表，适用于字段数较少、字段长度较短的一些简单报表，例如电话号码簿和名片等。

(5) 标签：这类布局一般拥有多栏记录，字段一般沿左边对齐向下排列，通常在专用标签纸上打印，多用于邮政标签和名片标签等的布局。

### 10.1.1　建立报表文件

一般可以用“报表向导”或“快速报表”先创建简单布局，然后在“报表设计器”中对前面生成的布局进行个性设置和定制。

应用“报表向导”可以很容易地建立自己的报表。用户只要回答“报表向导”提出的一系列问题，系统即可基于用户的选择自动创建一个报表布局。

**1. 用“报表向导”对话框创建报表**

(1) 从 Visual FoxPro“工具”菜单中选择“向导”子菜单中的“报表”命令后，打开如图 10.1 所示的“向导选取”对话框。

(2) 在对话框中选择“报表向导”选项，并单击“确定”按钮，打开如图 10.2 所示的“报表向导”对话框。

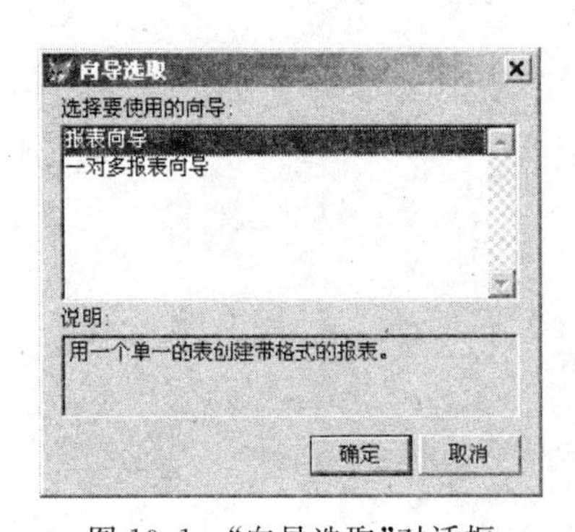

图 10.1　“向导选取”对话框

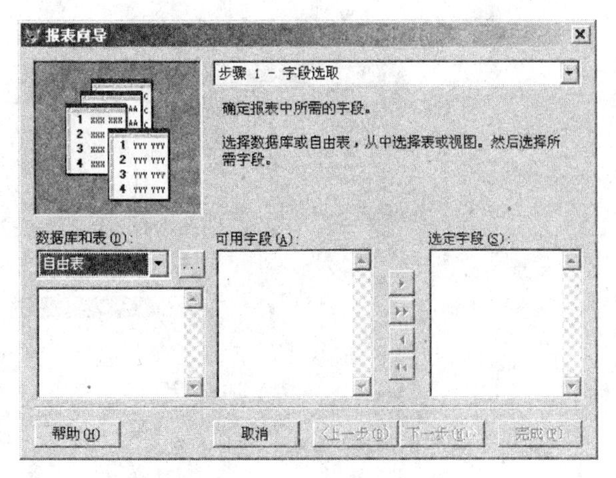

图 10.2　“报表向导”对话框

(3) 该对话框中的“数据库和表”列表框用于选择报表中要使用的数据库和表。在该列表框中选择数据库 student 和对应的学生表 S1。选中 S1 后，该表中的所有字段就会出现在“可用字段”列表框中。单击“可用字段”和“选定字段”列表框之间的按钮选择报表中要使用的字段。

(4) 单击“下一步”按钮，打开如图 10.3 所示的“步骤 2-分组记录”对话框，根据需求对表记录数据按照分组字段的关系分成若干个小组，打印时以每个小组为单位由上而下顺序输出。如选择“性别”作为分组字段，单击“分组选项”按钮设置分组字段的分组间隔。

如果要对数据字段进行“求和”、“平均值”、“计数”、“最大值”、“最小值”等计算，单击“总结选项”按钮进行总结选项的设置，实现报表对数值字段的统计功能。

(5) 单击“下一步”按钮，打开“步骤 3-选择报表样式”对话框，如图 10.4 所示。

(6) 选择报表样式后，单击“下一步”按钮，打开向导提示为“步骤 4-定义报表布局”的对话框，如图 10.5 所示。在此对话框中可以灵活地定义报表的布局。

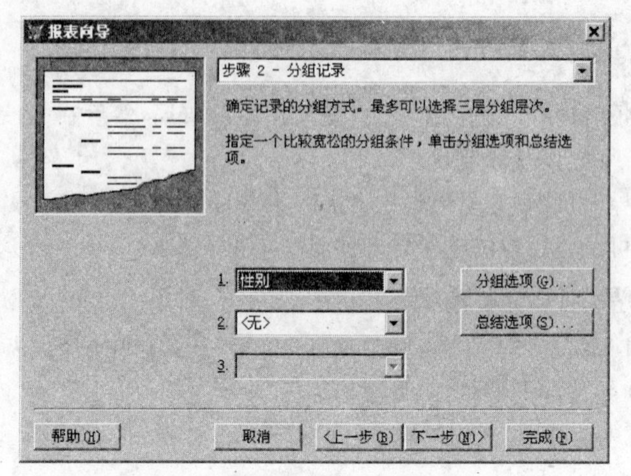


图 10.3 “步骤 2-分组记录”对话框

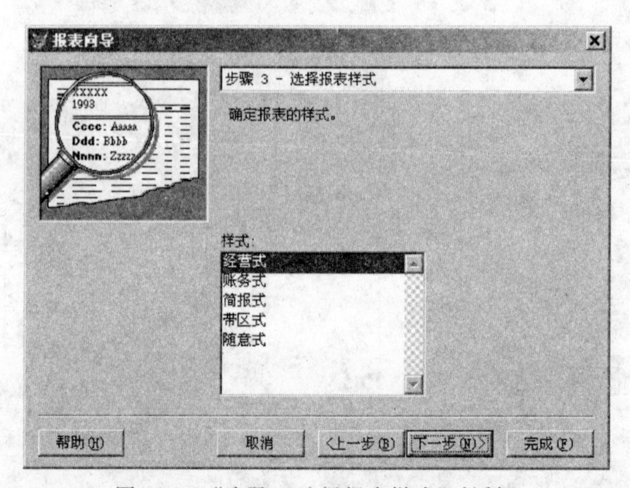


图 10.4 “步骤 3-选择报表样式”对话框

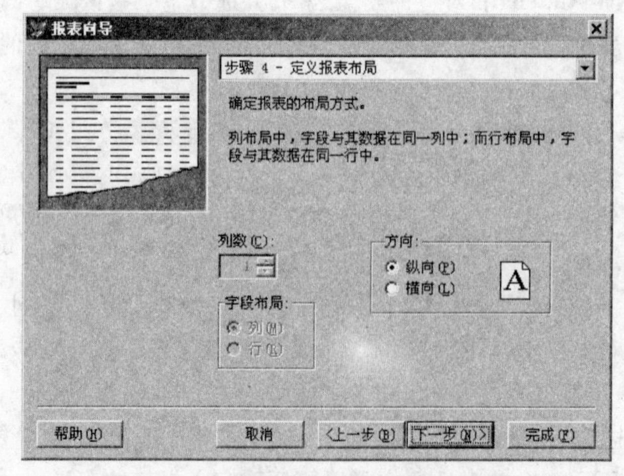


图 10.5 “步骤 4-定义报表布局”对话框

(7) 单击"下一步"按钮,选择以学号作为排序方式,再单击"下一步"按钮,打开向导提示为"步骤 6-完成"的对话框,可为该报表的标题命名,如图 10.6 所示,单击"完成"按钮,打开"另存为"对话框,此时可将设计好的报表命名保存。

图 10.6 "步骤 6-完成"对话框

**2. 使用报表设计器建立报表**

Visual FoxPro 提供了报表设计器,为用户创建和修改报表提供了方便。启动报表设计器可以通过以下方法。

(1) 在"文件"菜单中选择"新建"命令,在打开的对话框中选中"报表"单选按钮,再单击"新建文件"按钮。

(2) 使用命令:

```
CREATE REPORT [<报表文件>]
```

(3) 在项目管理器中,选择"文档"选项卡,在列表框内选择"报表"选项,然后单击"新建"按钮。

进行以上操作后,便打开"报表设计器"窗口,如图 10.7 所示。在报表设计器中用户可以以交互的方式设计和修改报表,也可以使用系统提供的"快速报表"功能创建报表。

启动报表设计器后,通常先使用"快速报表"功能创建一个简单报表,然后在此基础上进行修改,以达到快速创建报表的目的。下面通过实例说明创建快速报表的步骤。

**【例 10.1】** 创建学生信息统计简表的快速报表。

(1) 打开报表设计器后,选择系统菜单中的"报表"→"快速报表"命令,即打开如图 10.8 所示的"打开"对话框,从中选择"学生"数据表,再单击"确定"按扭,将打开如图 10.9 所示的"快速报表"对话框。

(2) 在"快速报表"对话框中的"字段布局"区域有两个图形按钮,允许用户定义字段布局为列布局或行布局,系统默认为列布局,这里保留默认设置。

(3) 如果选中"标题"复选框,则可以使用字段名作为标题头。

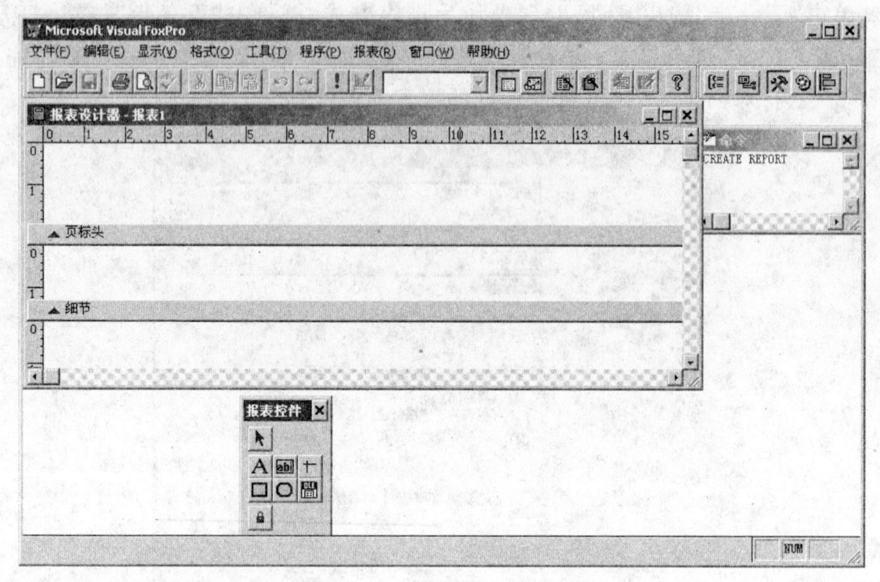


图 10.7 “报表设计器”窗口

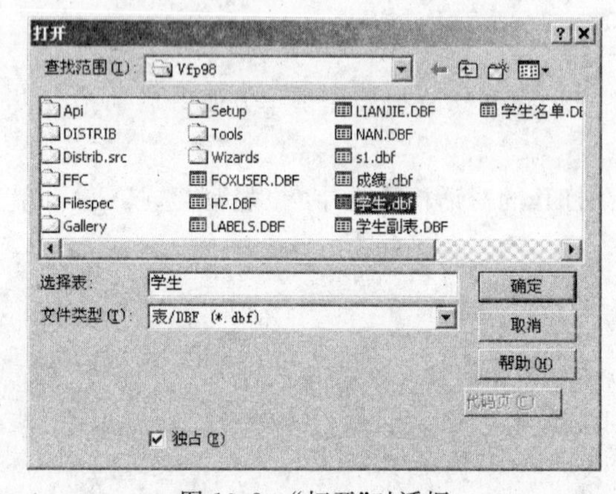


图 10.8 “打开”对话框

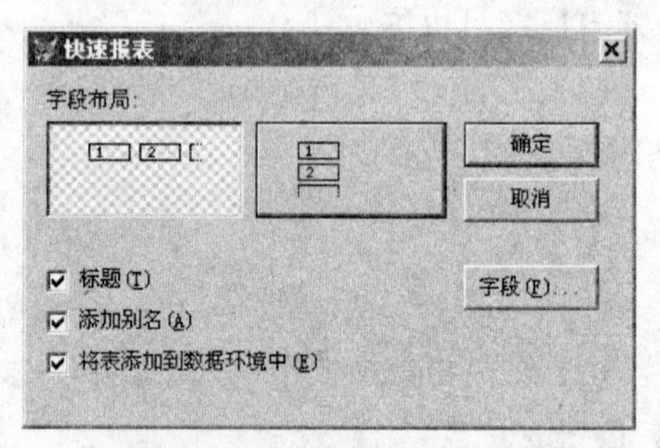


图 10.9 “快速报表”对话框

(4) 如果选中“添加别名”复选框，那么当字段中的数据被引用时，报表设计器将加入一个引用到相应的表文件。

(5) 如果选中“将表添加到数据环境中”复选框，则报表设计器将报表使用的表文件自动加入报表的数据环境中。

(6) 如果要选择部分字段添加到报表中，可以单击“字段”按钮，打开如图 10.10 所示的“字段选择器”对话框。在该对话框中选择希望在报表中出现的字段。若不使用“字段选择器”对话框选择字段，“快速报表”将表文件的全部字段加入报表布局文件中。在这里选择如图 10.10 所示的若干字段。

(7) 确认所有设置后，在报表设计器上出现“快速报表”生成的报表布局，如图 10.11 所示。

使用“快速报表”方式只能添加一个数据表，但可以自动完成简单的报表框架。接下

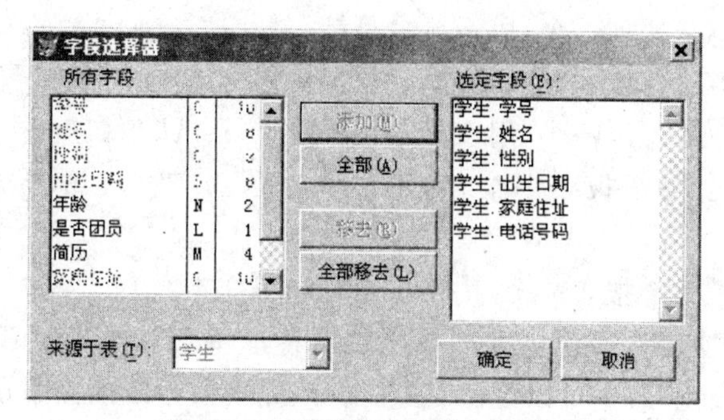


图 10.10　“字段选择器”对话框

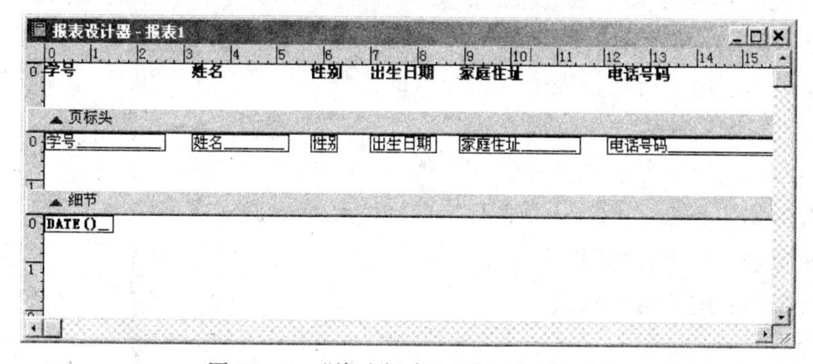


图 10.11　“快速报表”生成的报表布局

来就可以在“报表设计器”窗口中对它进行一定的修改和定制。用户可以把“快速报表”作为一种快速的自动向报表布局中调入表字段的工具来使用。

**3. “报表设计器”窗口的组成**

(1) 报表带区：报表设计器将报表布局划分成若干个不同的区域，称之为带区。不同的报表带区用于放置报表的不同部分。

报表设计器默认有3个带区：“页标头”带区、“细节”带区和“页注脚”带区。

“页标头”带区位于每个报表页面开始的位置，主要放置大标题、表头说明或注解、序号、时间以及特殊标记等内容。

“细节”带区位于报表的中间位置，是报表的主体，用于放置报表的数据部分。

“页注脚”带区位于每个报表页面结束的位置，用于放置报表的页码及其他每个页面输出一次的内容。如一些说明、时间、数值累计、签名与标注，或者是指定的任何形式的内容，或者是与标头一样的装饰性内容。

另外，在设计报表的3个部分时，必须使整体风格一致，如字形、表格、图形应该设计成一体。

“页标头”、“细节”和“页注脚”带区是报表的基本带区，如果要设置其他带区，用户可以通过“文件”菜单中的“页面设置”命令或“报表”菜单中的相应命令来完成。下面是用户可以向报表加入的一些其他分区。

① “列标头”带区：每列一个，用于显示列标题。

② “列注脚”带区：每列一个，用于显示总结、总计信息。

③ “组标头”带区：每组一个，用于显示数据前面的文本。

④ “组注脚”带区：每组一个，用于显示数据的计算结果值。

⑤ “标题”带区：每个报表一个，用于显示标题、日期等，每个报表只显示一项的内容。

⑥ “总结”带区：每个报表一个，用于显示总结等文本。

(2) 标尺：用于在各个带区中准确地定位对称的垂直和水平位置。使用标尺和“显示”菜单中的“显示位置”命令可以定位对象。标尺刻度由系统的测量设置决定，默认单位为英寸或厘米，可使用“格式”菜单中的“设置网格刻度”命令把标尺的单位改为像素。

(3) “报表”菜单项：用于设计报表的数据源和布局，其中各选项的功能说明如下。

① 标题/总结：用于添加或删除标题/总结带区。

② 数据分组：用于指定报表中数据分组的条件。

③ 变量：用于向报表中添加内存变量。

④ 默认字体：用于为报表设置默认字体。

⑤ 私有数据工作期：用于将报表运行在一个私有数据工作区中。

⑥ 快速报表：用于运行“快速报表”。

⑦ 运行报表：用于运行报表。

### 10.1.2 输出数据

可使用报表打印命令 REPORT 输出数据。

格式：

```
REPORT FORM<报表文件名>/?[范围][FOR<条件 1>][WHILE<条件 2>][HEADING<字符串表达式>][NOCONSOLE][PLAIN][PREVIEW [IN WINDOW <表单名>/IN SCREEN][TO PRINTER [PROMPT]/TO FILE<文件名>][SUMMARY]]
```

功能：该命令用于显示或打印指定的报表。若选择？选项，将显示已有的报表供用户选择。

若省略[范围]选项，则等价于 ALL。

说明：

(1) [HEADING<字符串表达式>]选项用于指定放在报表每页上的附加标题文件。[PLAIN]选项用于指定在报表开始位置出现的页标题。

(2) [NOCONSOLE]选项用于指定在打印报表或将一个报表传输到一个文件时，不在 Visual FoxPro 主窗口或当前活动窗口中显示有关信息。

(3) PREVIEW 选项用于指定以预览模式显示报表，其中的[IN WINDOW<表单名>/IN SCREEN]选项用以指定是在 Visual FoxPro 主窗口还是在用户自定义表单中输出报表。

(4) TO PRINTER [PROMPT]选项用于把报表送到打印机打印。若包括[PROMPT]选项，则在开始打印前显示打印机设置对话框。

(5) 若选择[SUMMARY]选项，则不打印细节行，只打印总计和分类总计信息。

### 10.1.3　定制报表

报表基本格式只包含“页标头”、“细节”和“页注脚”这 3 个基本带区。如果使用其他带区，可以由用户自己设置，以适应不同报表的要求。在每个报表中都可以添加或删除若干个带区。

**1. 添加“标题”和“总结”带区**

“标题”带区包含有报表结束时打印一次的信息，可以从“报表”菜单中选择“标题/总结”命令将它们显示出来，“标题/总结”对话框如图 10.12 所示。

在图 10.12 中有两个区域，一个是“报表标题”区域，它控制“标题”带区的有无；另一个是“报表总结”区域，它决定是否有“总结”带区。如果希望这两个带区单独作为一个页，应该选中“报表总结”区域中的“新页”复选框。

**2. 定义报表的页面**

在设计报表时用户对报表页面都有一定的要求，如页边距、纸张类型等。通过“页面设置”对话框可以完成上述设置。

从“文件”菜单中选择“页面设置”命令，打开“页面设置”对话框，如图 10.13 所示。

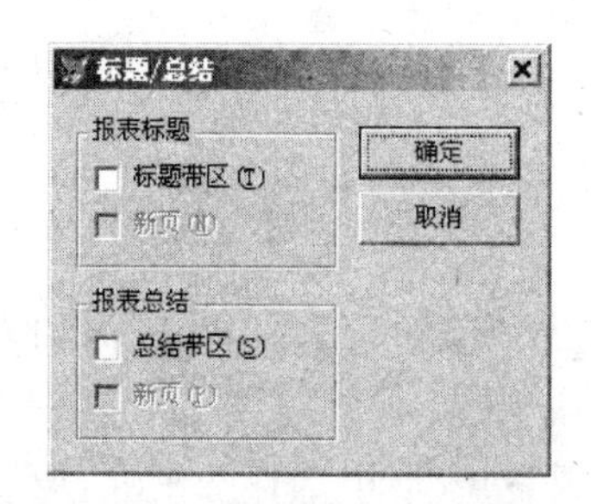


图 10.12　“标题/总结”对话框

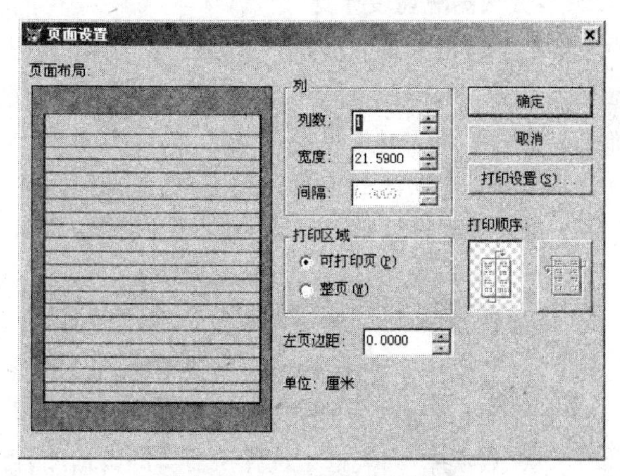


图 10.13　“页面设置”对话框

“页面设置”对话框中的“页面布局”区域中显示的就是整个打印页面的外观。在“页面设置”对话框的“左页边距”微调框中，可以设置报表的左边距，改变微调框中的数值，可以看出在“页面布局”区域中的显示也会随着改变。

“页面设置”对话框中各主要选项的意义如下。

(1) 列数：指定页面上要打印的列数。

(2) 宽度：指定一列的宽度，以英寸或厘米为单位。

(3) 间隔：指定列之间的距离，以英寸或厘米为单位。

(4) 打印区域：如选择“可打印页”选项，则指定由打印机驱动程序确定最小页边距；

若选择“整页”选项,则指定由打印纸尺寸确定最小页边距。

(5) 打印设置:打开“打印设置”对话框。

如果要设置纸张大小,可单击“打印设置”按钮,在打开“打印设置”对话框中,从“大小”列表中选择所需纸张大小。

**3. 设置报表带区高度**

在报表设计器中可以修改每个带区的大小和特征。可以利用鼠标拖动带区到适当高度。带区高度使用左侧的标尺作为指导,标尺度量仅指带区高度,不包含页边距。双击某个带区的边框,会弹出这个带区的属性设计对话框,用以对这个带区的详细属性进行设置。例如,双击图10.11中“细节”带区的边框,会弹出“细节带区属性”对话框。

## 10.2 报表设计

### 10.2.1 报表的数据源和布局

可在数据环境设计器中简单地定义报表的数据源,用它们来填充报表中的控件。可添加表或视图并使用一个表的索引排序数据。

**1. 打开数据环境设计器**

首先介绍数据环境的概念。数据环境是一个对象,可以在数据环境设计器中直观地设置数据环境,并将其与报表一起保存。数据环境中的表及其字段都是对象,可以像引用其他对象那样引用表对象和字段对象。

下面介绍两种常用的方法。

(1) 打开报表设计器,在“显示”菜单中选择“数据环境”命令。

(2) 打开报表设计器,右击,从快捷菜单中选择“数据环境”命令。

**2. 添加数据源**

(1) 在“数据环境设计器”窗口中右击,从快捷菜单中选择“添加”命令,打开“添加表或视图”对话框,该对话框用于从数据库中选择所需要的表或视图。

(2) 从“数据库”列表框中选择所需要的数据库,再从“表”列表框中选择一个表,最后单击“添加”按钮,即可将该表加入报表中,在将所需的表全部加入报表之后,关闭对话框。

**3. 设置报表的输出顺序**

当用表作为报表数据源时,在默认情况下报表完全按照表中的记录顺序输出数据。若要按其他顺序在报表中输出数据,必须为此表建立适当的索引,然后在报表的数据环境中为报表设置记录的输出顺序,具体方法是:在数据环境设计器中选取表,右击,在弹出的快捷菜单中选择“属性”命令,在打开的对话框中选择“数据”选项卡,设置表的Order属性为适当的索引字段。

**4. 设置报表的私有数据工作期**

为了防止其他设计器对全局数据工作期的更改影响到报表的数据工作环境,可以将报表的数据环境设定为私有。

设置报表私有数据工作期的方法是：选择“报表”菜单中的“私有数据工作期”命令，此时在“私有数据工作期”菜单项的前面加上一个√，表示已经将当前报表的数据工作期设置为私有工作期，再次选择该命令会取消私有数据工作区设置。

## 10.2.2　在报表中使用控件

在报表设计过程中，一般都需要用到许多控件。控件的位置、大小等的设置可以直接影响到报表的外观和质量。选择“显示”菜单中的“工具栏”命令，打开“工具栏”对话框，选中“报表控件”复选框，单击“确定”按钮，打开“报表控件”工具栏，就可以看到报表控件按钮，如图10.14所示。

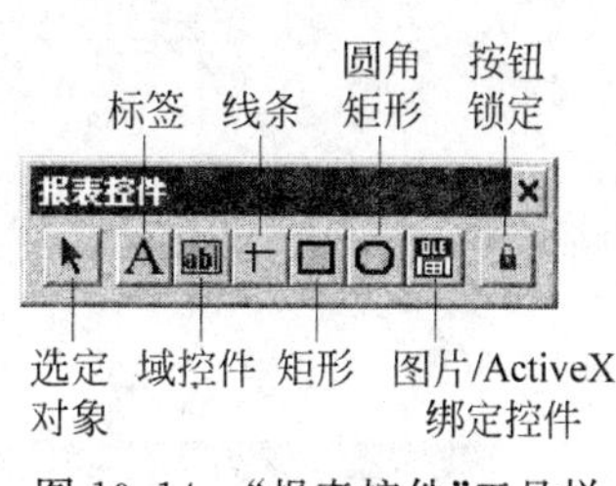


图10.14　“报表控件”工具栏

设计报表格式应首先确定报表的类型，然后创建数据环境，再根据需要设置带区，最后在相应带区内设置相应的控件。报表设计器中的控件是控制报表输出数据、执行操作或修饰报表的部件。可使用的控件如下。

(1) 域控件：用于输出表的字段、内存变量或其他表达式的内容。

(2) 标签控件：用于输出固定的文本，如报表的标题。

(3) 线条控件：用于画各种样式的线条。

(4) 矩形控件：用于画矩形或边框。

(5) 圆角矩形控件：用于画圆、椭圆和圆角矩形或边框。

(6) 图片/ActiveX绑定控件：用于输出图片或通用数据字段的内容。

设置控件时，首先要设计的就是域控件。

**1. 域控件设计**

(1) 设置域控件。所谓域控件就是通过“表达式生成器”对话框设置字段变量、内存变量或表达式输出的控件。

设计域控件的操作是：从“数据环境设计器”窗口中将相应的字段名拖入“报表设计器”窗口中，或者在“报表控件”工具栏中单击“域控件”按钮，然后单击相应带区，打开“报表表达式”对话框(图10.15)，然后设置相应变量或表达式。

**【例10.2】** 修改s1表的结构，增加一个专业字段，并输入建筑系和土木工程系的一些学生记录。制作学生登记表，要求在“细节”带区放置学号、姓名、性别和专业字段，如图10.16所示。

① 在项目管理器中，选择“文档”选项卡，选择“报表”选项，单击“新建”按钮，然后在打开的“新建报表”对话框中，单击“新建报表”按钮，打开“报表设计器”窗口。

② 在“报表设计器”窗口上右击，在弹出的快捷菜单中选择“数据环境”命令，打开“数据环境设计器”窗口。

③ 在“数据环境设计器”窗口中右击，在弹出的快捷菜单中选择“添加”命令，然后在打开的“添加表或视图”对话框中选择“s1”表，将其添加到“数据环境设计器”窗口中，最后

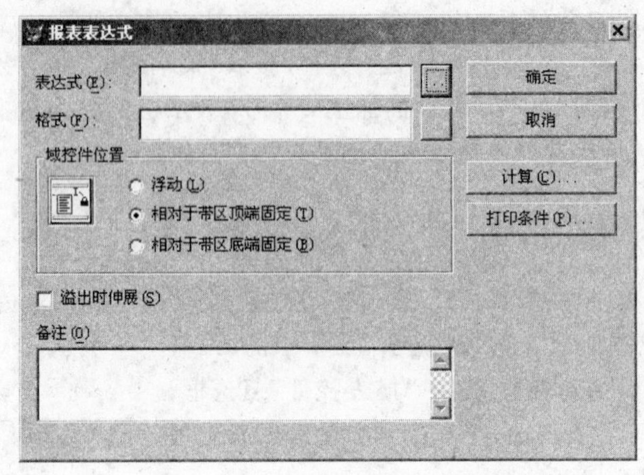


图 10.15 "报表表达式"对话框

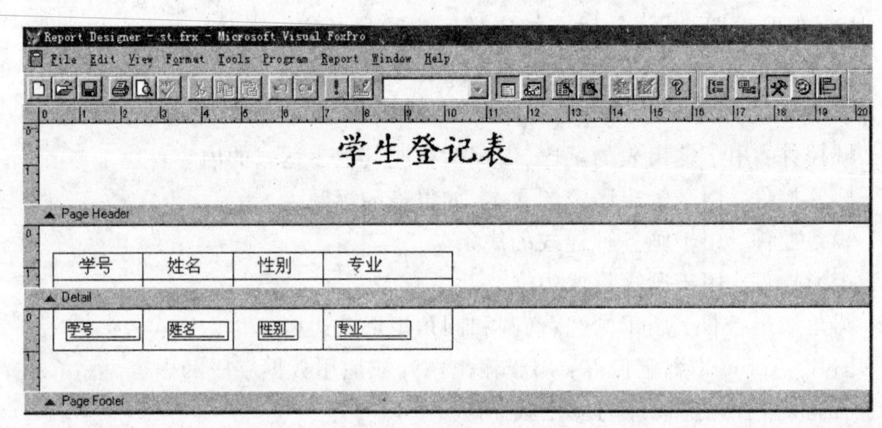


图 10.16 学生登记表

关闭该对话框。

④ 从"数据环境设计器"窗口中,将"学号"字段拖入"报表设计器"窗口的"细节"带区,即可将该字段变量放置到"细节"带区,用此方法将"姓名"和"专业"放置到"报表设计器"窗口的合适位置。

⑤ 在"报表控件"工具栏中单击"域控件"按钮,打开如图 10.17 所示的"报表表达式"对话框。

⑥ 在"表达式"文本框中输入"s1.学号",如果不能准确地写出字段名,可以单击该文本框右边的按钮,将打开"表达式生成器"对话框,从中选择相应的字段变量名。

⑦ 设置输出格式:在"格式"文本框中设置,也可以单击该文本框右边的"..."按钮,打开"格式"对话框,然后在此对话框中选择或设置(不同数据类型的数据,"编辑选项"区域的复选项也不同)输出格式。

⑧ 设置域控件的位置,即设置当带区高度变动时,该域控件的输出位置如何变动。

⑨ 在此选中"相对于带区顶端固定"单选按钮,"溢出时伸展"复选框一般都选中。其作用表现在:若域控件设置的宽度是 10 个汉字,有的字段值是 15 个汉字,则在输

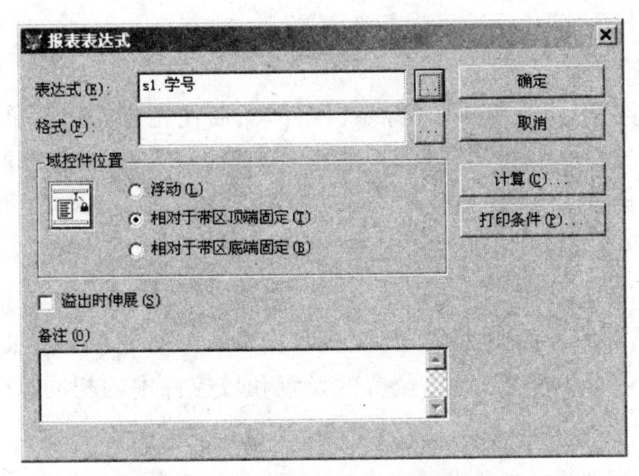


图 10.17　s1 的“报表表达式”对话框

出 15 个汉字时，如果选中了“溢出时伸展”复选框，将自动伸展该列，即在两行内输出内容。如果没有选中该复选框，输出 15 个汉字时将被截掉 5 个汉字。

⑩ 设置打印条件：每个域控件在打印时，可以控制输出。单击“打印条件”按钮，打开“打印条件”对话框。在“打印条件”对话框中，有 4 种设置，第 1 种是重复值设置，即设置是否打印重复值；第 2 种是在有条件打印中设置相应条件；第 3 种是若是空白行则删除；第4 种是设置特定打印条件。

本例在此设定“学生.性别='男'”，表示只打印男学生的性别值，若记录是女同学，则该列不打印值。

(2) 修改域控件属性。完成初步的域控件设置之后，若希望修改域控件属性，则双击相应的域控件，就会得到如图 10.14 所示的“报表表达式”对话框，然后重新设置。

(3) 调整域控件大小。调整域控件大小的操作是：单击相应的域控件，这时域控件四周有 8 个控点，将鼠标移到左右控点上，拖动鼠标可以调整其宽度。将鼠标移到上下控点上，拖动鼠标可以调整域控件的高度。

**注意：**域控件大小实际上受字体、字号的控制。

(4) 调整域控件位置。调整域控件位置的操作是：单击指定域控件，这时域控件四周有 8 个控点，使用光标↑、↓、←、→键可以很精确地调整其位置。

(5) 对象排列。像排列表单中的对象一样，也可以通过“格式”菜单中的命令排列各带区的对象。

① 选择 4 个域控件：单击某个控件，然后按住 Shift 键，依次单击其他控件，或者将鼠标移到“学号”前面，然后拖动鼠标画一个包含 4 个控件的虚线矩形。

② 选择“格式”→“对齐”→“底边对齐”命令，设置这 4 个对象的底边对齐。

③ 选择“格式”→“水平间距”→“相同间距”命令，设置这 4 个对象具有相同的间距。

(6) 对象分组与取消。当同时操作多个对象时，可将多个对象组合成一个对象，称为对象分组。

**2. 标签控件设计**

报表中的标签控件不如表单中的标签控件灵活。报表中的标签控件是用来显示各种文本信息的，如设计页标头、设计报表标题等。

(1) 设计标签控件。

① 在“报表控件”工具栏中单击“标签”控件，然后在相应的带区单击，接着输入文字。

**注意**：这种标签具有不可编辑性，也就是说，输入的文字不能再修改，只能通过先删除然后重新输入的方法来修改。

② 在“报表控件”工具栏中单击“标签”控件，然后在页标头带区单击，接着输入“学号”，就完成该标签的设计。

③ 设置标签属性。标签只有位置属性，双击“学号”标签，打开如图 10.18 所示的对话框。从图 10.18 中可以看出，对象位置的设置和域控件中的相同，在此不再重复。

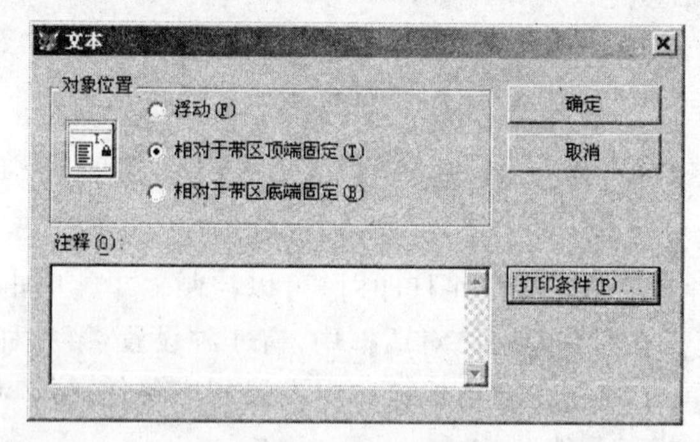


图 10.18 “文本”对话框

(2) 字体、字号设计。初始格式报表中使用的字体、字号是默认值，即小 5 号字、宋体，整个报表靠左排列。用户也可以自己定制域控件、标签控件相应的字体、字号。

① 单击“学号”标签，选择“格式”→“字体”命令，打开“字体”对话框，选择“黑体”、“五号”字，单击“确定”按钮之后，就完成了该标签的字体、字号设计。

② 用同样的方法设置其他标签字体、字号的设置。

如果要同时设置 4 个标签的字体、字号，只要同时选中这 4 个标签，进行相应设置即可。

**3. 画线设计**

在报表格式中画线的目的是使得报表像表格。“线条”控件是专门用来画线的控件。“线条”控件分为横线和竖线(没有斜线，这是 Visual FoxPro 的缺陷)。

画线操作是在“报表控件”工具栏中单击“线条”控件，然后在相应带区拖动鼠标就可以画一条线。向右拖动画一条横线，向下拖动画一条竖线。

(1) 在“报表控件”工具栏中单击“线条”控件，然后在“页标头”带区中从“学号”标签的左上方拖动鼠标至“专业”标签的右上方，画出一条横线。

(2) 选定该横线，然后选择“格式”→“绘图笔”菜单项，如图 10.19 所示，在此可以选择线条的粗细和形式，这里选择“2 磅”。

(3) 选定该横线，选择“编辑”→“复制”命令，然后选择“编辑”→“粘贴”命令，复制该横线。

(4) 拖动被复制的横线到“学号”标签的下方，完成页标头的横线设置。

(5) 重复步骤(3)、(4)完成页注脚部分的横线设置。

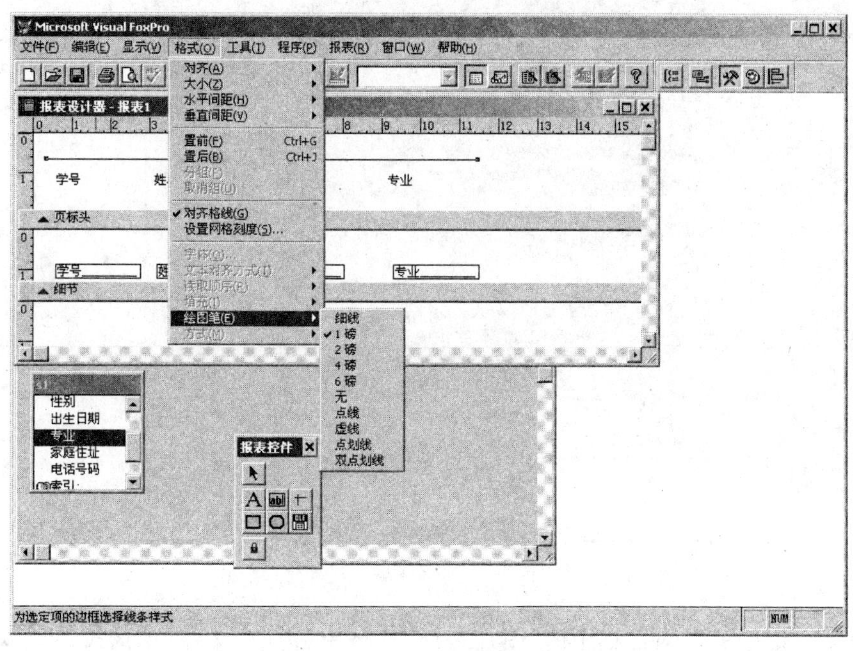

图 10.19　选择线条的粗细和形式

(6) 在“报表控件”工具栏中单击“线条”控件，然后在“细节”带区中从“学号”域控件的左下方拖动鼠标至“专业”域控件的右下方，画出一条横线(“细节”带区的横线在输出时将每条记录输出一次)。

(7) 在“报表控件”工具栏中单击“线条”控件，然后从“页标头”带区的“学号”标签的左上方拖动鼠标至“页注脚”带区的横线，画出一条竖线。

(8) 用复制和移动的方法完成其他几条竖线的设置。

在画线时，由于系统没有提供以像素为单位的修改方案，所以只有按住 Alt 键，然后拖动鼠标细心调整。

**4. 标题/总结设计**

报表标题和总结是对报表头和尾的设计。

每个报表可以设计一个标题，从“报表”菜单中选择“标题/总结”命令，打开如图 10.12 所示的“标题/总结”对话框。

报表标题中有两项设置。“标题带区”复选框是指在报表格式中增加“标题”带区；“新页”复选框是指标题在第 1 页，相当于封面，内容从第 2 页开始。一旦增加了“标题”带区，就可以在该带区设置相应的信息。

**5. 图片/ActiveX 绑定控件**

在报表中插入一些图形，可以使报表更为生动。利用图片/ActiveX 绑定控件可以向报表中插入包含 OLE 对象的通用型字段和图片。

(1) 在报表设计器的“报表控件”工具栏中单击“图片/OLE 绑定型”控件，再在报表中单击想要放置该控件的位置，将会打开“报表图片”对话框，如图 10.20 所示。

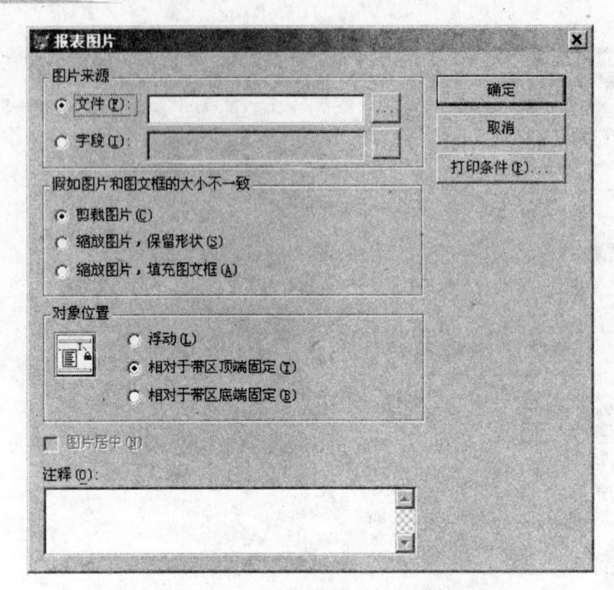


图 10.20 “报表图片”对话框

(2) 在“报表图片”对话框中的“图片来源”区域中，选中“文件”单选按钮可以指定图片文件，也可选中“字段”单选按钮，并在其右侧的文本框中输入通用字段名，或者单击右边的按钮，在打开的“选择字段/变量”对话框中选择需要绑定的通用字段。

(3) 当图片与控件大小不一致时，还可在该对话框中进行如下内容的设置。在“假如图片和图文框的大小不一致”区域可以设置以下选项。

① 剪裁图片：如果图片尺寸大于图文框尺寸，图片将保持原有大小，以图文框左上角为基准点，仅显示图片在图文框中的部分，而超出的右下部分不可见。

② 缩放图片，保留形状：显示整个图片，在保持图片的相对比例的条件下尽量填满图文框，可以防止图片的纵向和横向变形。

③ 缩放图片，填充图文框：显示整个图片，图片通过纵向和横向变形完全填满图文框。

“图片居中”复选框可设置图片放置的位置。当图片尺寸小于图文框尺寸时，选中该复选框，可确保图被放置在图片框中央，否则图片将显示在图片框的左上角。

## 10.3 分组报表与报表变量

### 10.3.1 分组报表的设计

记录在表中是按录入顺序排列的，如果希望将记录以某种特定规律输出，就需要对其进行分组。例如在“学生”表中，要按专业输出学生名单，就必须按专业进行分组输出。通过指定字段或字段表达式对记录进行分组可以使报表更加清楚，这种报表通常又称为分组/总计报表。

要对数据进行分组，可首先使用报表设计器建立一个普通报表，再在报表设计器中利用“报表”菜单中的“数据分组”命令为报表添加一个或多个组，更改组的顺序，重复组标头以及更改或删除组带区等，最后，设计完成后保存报表。

**1. 添加单个组**

一个单组报表具有基于输入表达式的一级数据分组。

操作步骤如下。

(1) 从"报表"菜单中选择"数据分组"命令。

(2) 在第一个"分组表达式"文本框中输入分组表达式，在"组属性"区域，选中需要的属性。

说明：

分组表达式：它是数据分组的主要依据，可以是一个字段名，也可以由多个字段组成。可以在此文本框中直接输入或单击旁边的按钮，在打开的"表达式生成器"对话框中创建表达式。

组属性：在该区域共有4个属性复选框。

设置完成后，在报表中将添加一个"组标头"带区和"组注脚"带区。

**2. 添加多个数据分组**

可以为记录创建多个组(最多20级)，以可视地分开各组记录，并显示各组的详细信息和总计信息。创建多个组的方法与创建单个组相似，唯一不同的是，在"分组表达式"框中要创建多个表达式。分组顺序将利用"组注脚 $X$"(其中 $X=1,2,3,\cdots$)来标识其顺序。

**3. 修改"组"带区及分组顺序**

要修改"组"带区，只需在"数据分组"对话框中插入或删除分组表达式，即可添加或删除带区。

要调整"组"带区的顺序，从而重新布局报表的输出版面，只需在"数据分组"对话框中，选中某分组表达式，用鼠标将其拖到新的位置上即可。

## 10.3.2　分组报表举例

**【例 10.3】** 为 s1.dbf 表创建一个分组/总计报表，要求：首先按专业分成大组，在每一大组中按性别分成小组。

下面是创建该分组报表的操作步骤。

(1) 按10.2节所介绍的方法打开"报表设计器"窗口。

(2) 添加数据源：在"显示"菜单中选择"数据环境"命令，在打开的"数据环境设计器"窗口中右击，从弹出的快捷菜单中选择"添加"命令，在打开的对话框中添加 STUDENT.dbc 数据库、s1.dbf 表，然后关闭"数据环境设计器"窗口。

(3) 建立快速报表：使用"报表"→"快速报表"命令建立快速报表，所选字段是 s1.dbf 表中除"简历"、"照片"外的所有字段。

(4) 进行数据分组：选择"报表"→"数据分组"命令，在打开的对话框中添加两个分组，首先按专业分组，再按性别分组，如图10.21所示。

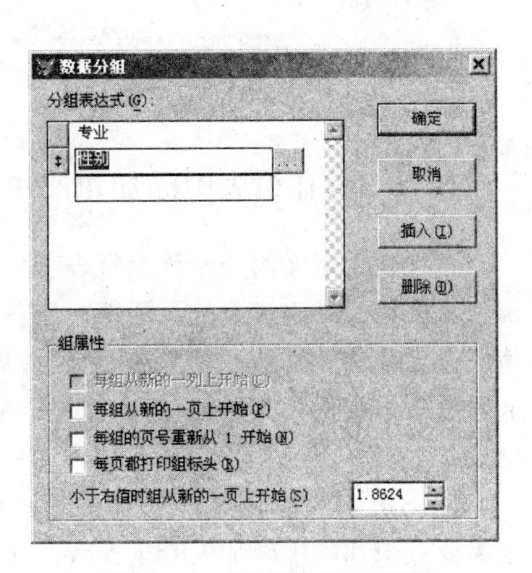


图 10.21　"数据分组"对话框

(5) 设置完成后，在报表中将添加一个“组标头”带区和“组注脚”带区。

(6) 调节“组标头 1”和“组标头 2”两个带区的大小，并从“细节”带区中将第一个分组标准“专业”拖到“组标头 1”带区中，将第二个分组标准“性别”拖到“组标头 2”带区中，并调整其余控件的位置，如图 10.22 所示。

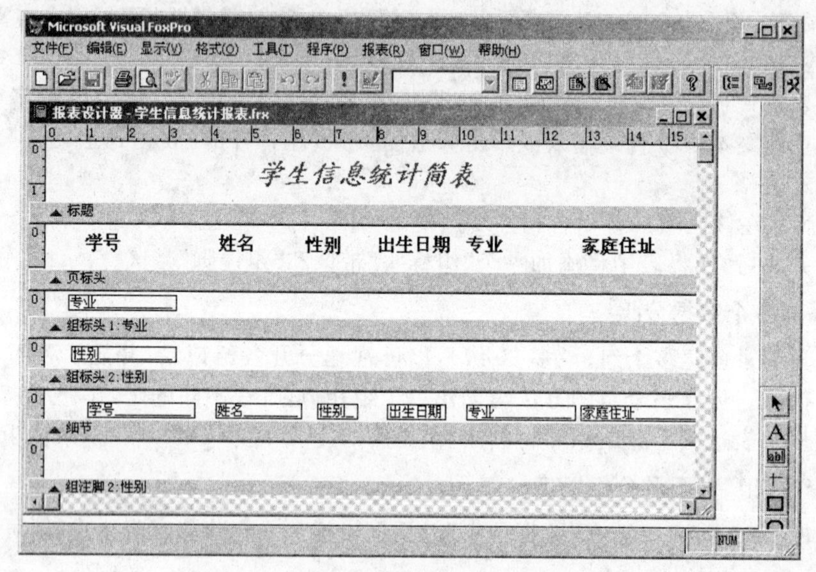


图 10.22 添加分组后的“报表设计器”窗口

(7) 保存该报表，文件名为“学生信息统计报表.frx”。

(8) 打印输出报表内容：在打印输出分组报表内容之前，必须先对报表数据源按分组标准建立索引。执行以下命令：

```
USE s1
INDEX  ON  专业+性别 TAG FZSY
SET ORDER TO FZSY
REPORT FORM 学生信息统计报表 TO PRINTER
```

打印预览结果如图 10.23 所示。

### 10.3.3 在报表中添加和使用变量

在报表中定义的变量称为报表变量。在数据库应用系统中，变量的应用最为广泛，能够给程序设计带来极大的灵活性。用户可以在报表中使用变量，计算各种值，并利用这些值来设计报表。例如，一个统计学生人数的报表，要求在打印学生信息的同时统计各个专业男女学生人数。为此，只需添加一个报表变量即可完成设计要求，而无须修改学生表的结构。

**【例 10.4】** 修改例 10.3 中的学生报表，利用变量来计算各专业的男女学生数，并在报表的分组注脚带区加入学生人数。

操作步骤如下。

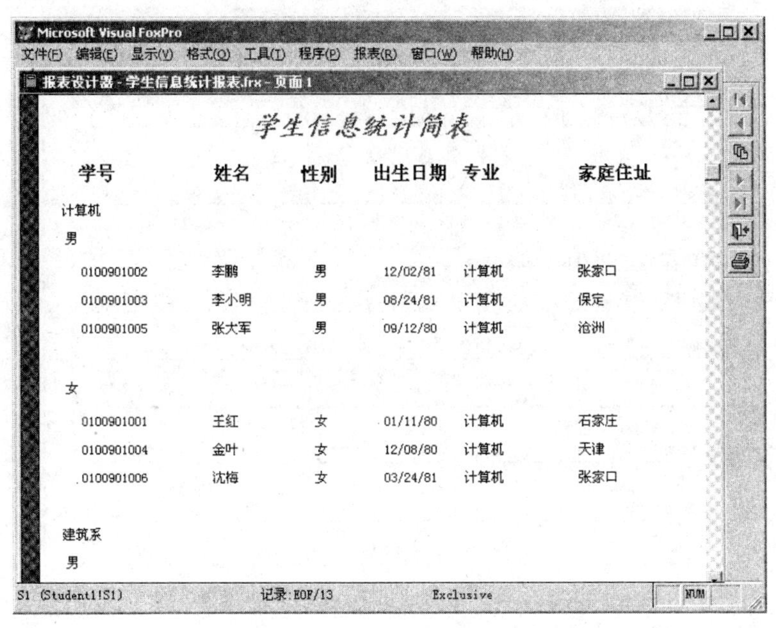


图 10.23 多级分组报表的打印预览结果

(1) 打开学生报表，在“报表”菜单中选择“变量”命令，打开“报表变量”对话框，如图 10.24 所示。

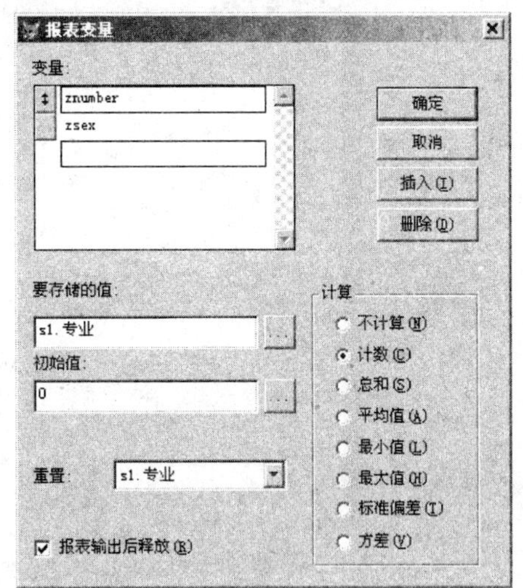


图 10.24 “报表变量”对话框

(2) 在“报表变量”对话框中，在“变量”文本框中输入一个变量名 znumber，在“要存储的值”文本框中输入 s1. 专业，设置“初始值”为 0，重置位置为分组表达式：s1. znumber，选中“报表输出后释放”复选框，选择“计数”计算方式。

(3) 在“初始值”文本框中设置初始值为 0，在“重置”下拉列表框中指定变量重置位置为分组表达式 s1. 专业。选中“报表输出后释放”复选框，在报表打印完成后将从内存中释放该变量。如果未选中此项，报表运行后不释放变量。

(4) 用同样的方法设置报表变量 zsex，在“要存储的值”文本框中输入或通过对话框设置字段名 s1. 性别，在“计算”区域选择“计数”方式。单击“确定”按钮完成变量的定义。

(5) 在组注脚 1 中添加域控件，报表表达式为：s1. 专业＋str(znumber,2)＋"人"，在组注脚 2 中添加域控件，报表表达式为：s1. 性别＋str(zsex,2)＋"人"，如图 10.25 所示。

(6) 单击“常用”工具栏上的“打印预览”按钮，显示如图 10.26 所示的结果。

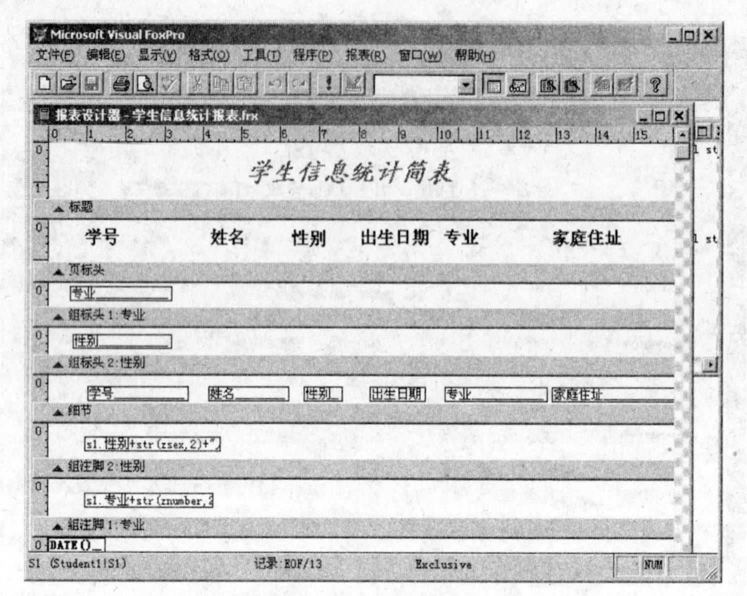


图 10.25 添加报表变量的“报表设计器”窗口

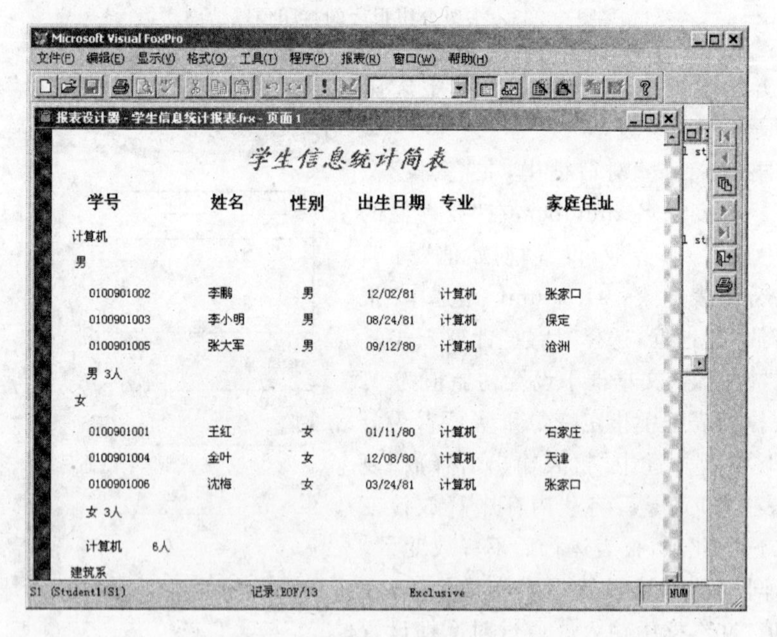


图 10.26 添加报表变量后的学生报表

## 10.4 用标签实现数据输出

### 10.4.1 建立标签

在日常工作和学习中经常会接触和应用到标签。标签可以起到提示、记录、说明等重要作用。在 Visual FoxPro 中,可以使用标签设计器来创建或修改标签。标签设计器是报表设计器的一部分，它们使用相同的菜单和工具栏。报表设计器使用整页标准纸张，而标签设计器则使用标准标签纸张，可以用英制或公制标签尺寸，按不同的要求创建各种各样的标签。创建标签的过程与创建报表的过程类似。

(1) 在“文件”菜单中选择“新建”命令，在“新建”对话框中选择“标签”文件类型，单击“新建文件”按钮。

(2) 在“新建标签”对话框中选择一种标签布局，如图 10.27 所示，单击“确定”按钮，打开“标签设计器”窗口，如图 10.28 所示。

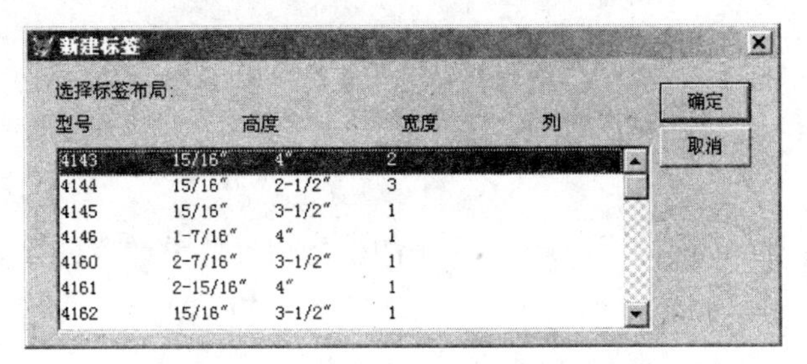


图 10.27　“新建标签”对话框

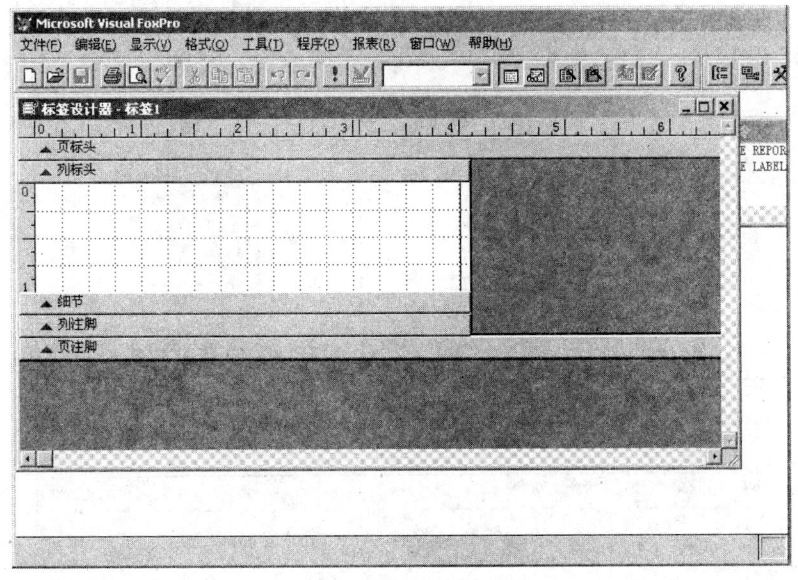


图 10.28　“标签设计器”窗口

(3) 在“标签设计器”窗口中为标签设置数据源，右击，在弹出的快捷菜单中选择“数据环境”命令，打开“数据环境设计器”窗口。如果此时尚未打开表，则可右击并从弹出的快捷菜单中选择“添加”命令，打开“添加表或视图”对话框，如图 10.29 所示，并加入所需的数据库表。

(4) 插入控件，其处理方法与创建报表中的对应部分相同，选择所需的字段并放在“细节”带区的相应位置上，利用“报表控件”工具栏为标签加上适当的标题和图形，如使用“矩形”控件可以在“细节”带区添加一个包括其他控件的矩形框，这样在打印或显示时每

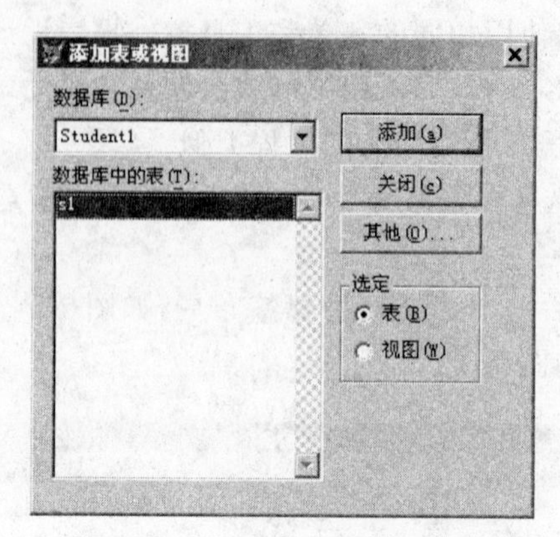


图 10.29 “添加表或视图”对话框

个标签都有矩形分割框分隔。图 10.30 显示的就是用标签设计器进行上述处理得到的学生标签。

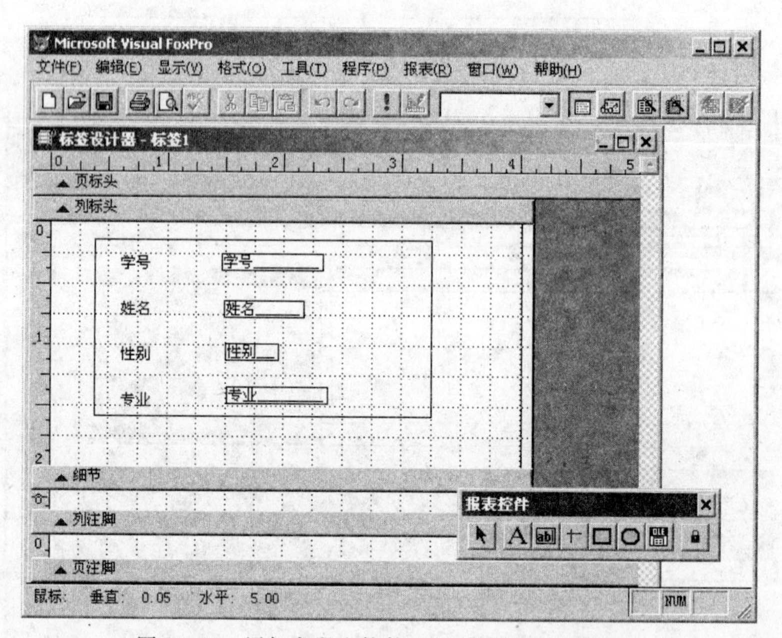


图 10.30 添加字段和控件后的“标签设计器”窗口

### 10.4.2 输出标签

输出标签的命令是 LABEL。其命令格式如下：

```
LABEL[FROM<标签文件名>/?][<范围>][FOR<条件 1>][WHILE<条件 2>] [NOCONSOLE]
[PREVIEW][TO PRINTER][PROMPT]/TO<文件名>
```

功能：执行此命令，将按照指定标签文件的格式和内容为当前符合要求的记录制作标签。

说明：

(1) [FROM＜标签文件名＞/?]：用于指定标签文件，不带此选项时，等同于此项为?，此时将显示已有的标签文件，供用户选择。

(2) 若省略＜范围＞选项，则等同于 ALL。

(3) 其余选项的作用与报表输出命令 REPORT 中的对应项相同。

## 10.4.3 标签打印

在完成报表或标签的设计后，可以预览工作结果或打印一份报表或标签，也可以在设计过程中随时预览。预览效果如图 10.31 所示。

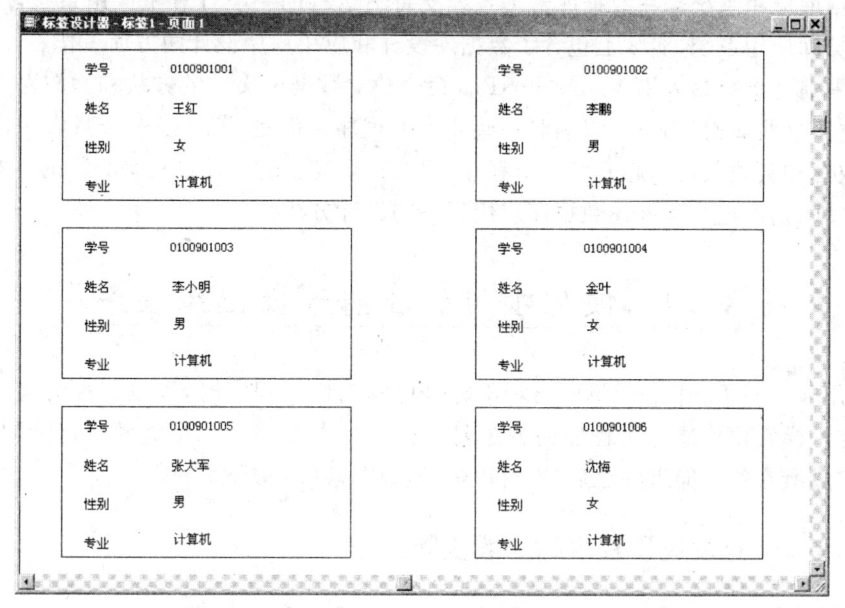


图 10.31　打印预览窗口

要预览报表或标签，可按以下方法进行操作。

(1) 从“文件”菜单中选择“打印预览”命令或单击工具栏中的“预览”按钮。

(2) 在“打印预览”工具栏中单击“前一页”或“下一页”按钮来切换页面。

(3) 若要更改标签图像的大小，单击“缩放”按钮。

(4) 若要打印报表或标签，单击“打印报表”按钮。

(5) 若要返回到设计状态，单击“关闭预览”按钮。

## 习　题　十

1. 在报表设计器中共有几个带区？各有什么作用？

2. 在“数据环境设计器”窗口中如何为报表设置数据源？

3. 如何在“报表设计器”窗口中添加控件？

# 第 11 章　应用程序的开发

数据库应用系统是在数据库管理系统支持下运行的一类计算机应用系统，所以开发一个数据库应用系统，实际上包含了数据库设计和应用程序设计两方面工作。

本书前几章介绍了用 Visual FoxPro 命令建立数据库文件的方法和面向对象的编程技术，利用这些知识，用户可以编制一些简单的程序。但是，若开发一个具有一定规模的程序，或者和其他人员一起开发一个程序，那么一个完整的开发过程是必需的。本章将从系统开发的角度进一步阐述数据库应用程序的设计方法。

## 11.1　使用项目管理器开发应用程序

使用 Visual FoxPro 创建面向对象的事件驱动应用程序时，可以每次只建立一部分模块，这种模块化构造应用程序的方法可以使用户在每完成一个组件后，就对其进行检验，在完成所有的功能组件之后，就可以进行应用程序的编译了。

### 11.1.1　开发应用程序的一般步骤

一般来讲，Visual FoxPro 应用程序的开发过程包括以下步骤。

**1. 构造应用程序框架**

所谓应用程序框架，是指构成整个系统的整体控制结构。一个典型的数据库应用程序由数据结构、用户界面、查询选项和报表等组成，在设计应用程序时，应仔细考虑每个组件提供的功能以及与其他组件之间的关系。

在建立应用程序时，需要考虑以下几个任务。

(1) 设置应用程序的起始点。

(2) 初始化系统运行环境。

(3) 设置初始的用户界面。

(4) 控制事件循环。

(5) 退出应用程序时，恢复初始的开发环境。

**2. 将文件添加到项目文件中**

一个 Visual FoxPro 项目包含若干个独立的组件，这些组件如功能模块、数据库、视图、表单、程序、类等作为单独的文件保存。要使应用程序中包含这些文件，就必须将它们添加到项目文件中。这样，在编译应用程序时，Visual FoxPro 会在最终的应用程序中将这些文件作为组件包含进来，否则在编译过程中会出现错误。而向一个项目中添加文件，通常是通过手工方法完成的。

**3. 连编应用程序**

将所有在项目中引用的文件合并成一个应用程序文件，然后对项目进行整体测试。

**4. 发布应用程序**

应用程序的发布，就是将应用程序和应用程序的支持文件进行整理、压缩后，将其复制到磁盘上，生成一个可以脱离 Visual FoxPro 环境，并为用户提供安装应用程序的软件产品的过程。

### 11.1.2 使用项目管理器

当使用 Visual FoxPro 完成一定的管理任务或开发应用程序时，常常需要创建相应的表、数据库、查询、视图、表单、程序、类等，这些新创建的组件保存在不同类型的文件中，为了能方便地管理这些文件，Visual FoxPro 提供了项目管理器。一个任务就是一个项目，项目中包含了完成该任务而创建的所有表、数据库、查询、视图、表单、程序、菜单和一些其他类型的文件，可用“项目管理器”来维护项目。项目管理器是 Visual FoxPro 中处理数据和对象的主要组织工具，是 Visual FoxPro 的“控制中心”。最好把应用程序中的所有文件都组织到项目管理器中以便于管理和查找。

**1. 创建项目文件**

项目文件的扩展名是.pjx。在创建应用程序之前应先建立一个项目文件。下面以创建一个名为“教学管理”的项目文件为例，说明创建项目文件的方法。

(1) 单击工具栏上的“新建”按钮，或者选择“文件”菜单中的“新建”命令，打开“新建”对话框，如图 11.1 所示。

(2) 选中“项目”单选项，单击“新建文件”按钮，打开“创建”对话框，如图 11.2 所示。

(3) 在“创建”对话框的“项目文件”文本框内输入文件名“教学管理”，之后在“保存在”列表框中选择文件夹，设置文件的保存位置。

(4) 单击“保存”按钮，创建完成后自动打开“项目管理器”对话框，如图 11.3 所示。

在“命令”窗口中执行命令：CREATE PROJECT 教学管理，也可以打开“项目管理器”对话框。

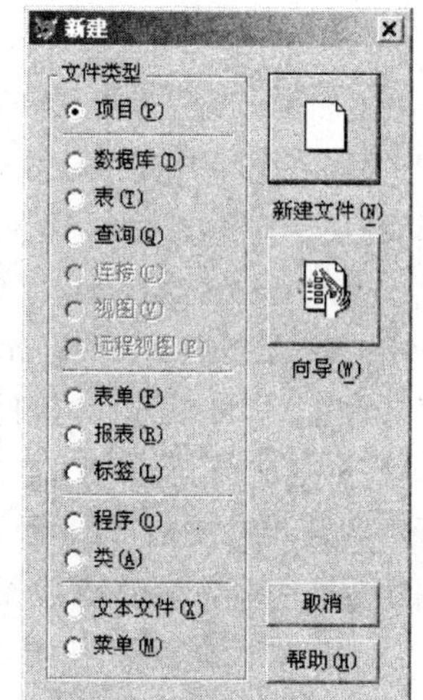


图 11.1 “新建”对话框

**2. “项目管理器”对话框中的选项卡**

项目管理器为数据提供了一个组织良好的分层结构视图。要处理项目中某一特定类

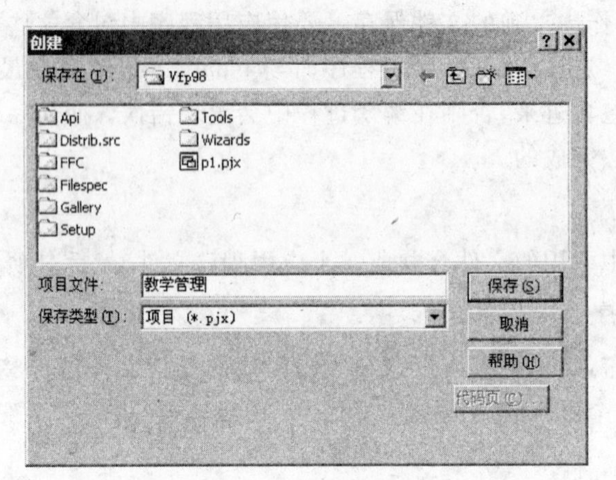


图 11.2 “创建”对话框

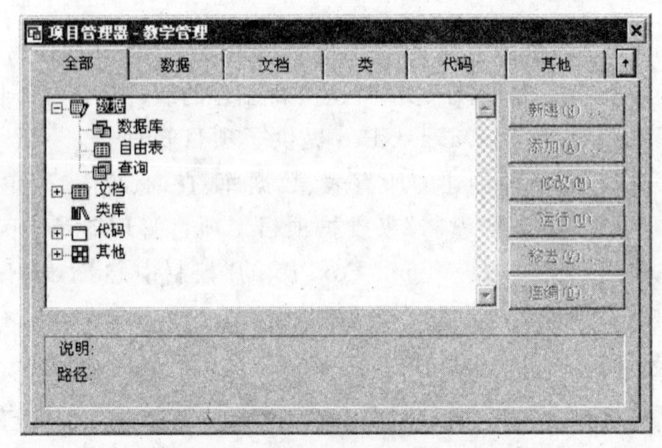


图 11.3 “项目管理器”对话框

型的文件或对象,可以选择相应的选项卡。

(1)“全部”选项卡。“全部”选项卡包含项目管理器中的所有文件,用户既可以从“全部”选项卡中选择对象,也可以从其他 5 个单项选项卡中选择对象。

(2)“数据”选项卡。“数据”选项卡主要用于显示和管理数据文件,它包含了一个项目中的所有数据项:数据库、自由表、查询和视图。在建立数据库、表、查询、视图、连接、存储过程时,可以选择“数据”选项卡。

(3)“文档”选项卡。“文档”选项卡主要用于显示和管理文档,它包含了处理数据时所用到的所有文档,即表单、报表和标签。当需要创建用于输入和查看数据的表单,或者创建用于打印和查询输出结果的报表和标签时,可以选择“文档”选项卡。

(4)“类”选项卡。“类”选项卡主要用于显示和管理类库文件。

(5)“代码”选项卡。“代码”选项卡主要用于显示和管理各种类型的程序代码。程序代码包括程序、API 库和应用程序 3 类。程序指 Visual FoxPro 的命令文件,扩展名为.prg;API 库是用其他程序设计语言编写的动态链接函数库;应用程序是由项目管理器连编得到的程序,扩展名为.app。

（6）“其他”选项卡。“其他”选项卡用于管理菜单文件、文本文件和其他文件，如图形、声音等可以支持OLE技术的文件。

**3. “项目管理器”对话框中的命令按钮**

在“项目管理器”对话框的右侧有一组命令按钮，包括“新建”、“添加”、“修改”、“运行”、“移去”、“连编”。用户可以通过命令按钮对项目中的某一个文件进行操作。

（1）新建：创建一个新文件或新对象。新文件或新对象的类型与当前选定的类型相同，此按钮与“项目”菜单中的“新建文件”命令作用相同。

（2）添加：把已存在的文件添加到项目文件中。此按钮与“项目”菜单中的“添加文件”命令相同，单击“添加”按钮，会出现“打开”对话框，要求输入或选择要添加的文件名，添加的文件类型必须与在选项卡中选择的类型相同。

（3）修改：根据在选项卡中选择的类型，打开不同的设计器修改选定的文件。此按钮与“项目”菜单中的“修改文件”命令作用相同。

（4）打开/关闭/浏览/预览/运行：此为同一个按钮，在选项卡中选择不同的对象时，显示不同的命令按钮。在选定一个数据库文件时，显示为“打开”或“关闭”，此时与“项目”菜单中的“打开文件”或“关闭文件”命令作用相同；在选定一个表时，显示为“浏览”，单击可在浏览窗口中打开一个表，此时与“项目”菜单中的“浏览文件”命令相同；在选定报表和标签时，显示为“预览”，单击可在打印预览方式下显示选定的报表和标签，此时与“项目”菜单中的“预览文件”命令相同；在选定程序、查询或表单时，显示为“运行”，单击可运行选定的程序、查询或表单，此按钮与“项目”菜单中的“运行文件”命令相同。

（5）移去：从项目中移去选定的对象。单击此按钮，出现“确认”对话框，可以选择将此对象从项目中移去或者将此对象同时从磁盘上删除。此按钮与“项目”菜单中的“移去文件”命令相同。

（6）连编：将一个项目连编成应用程序或可执行文件。此按钮与“项目”菜单中的“连编”命令相同。

**4. “项目管理器”对话框外观的改变**

“项目管理器”对话框显示为一个独立的界面，使用时与其他Windows窗口相似，也与工具栏相似，可以改变大小、移动位置或者折叠起来，只显示选项卡。

（1）移动窗口：将鼠标指针指向标题栏，拖动鼠标可将项目管理器移到其他位置。

（2）调整窗口大小：将鼠标指针指向“项目管理器”对话框的边框线上或角上，拖动鼠标即可改变它的大小。

（3）折叠和打开窗口：单击“项目管理器”对话框右上角的↑按钮，可以折叠或展开“项目管理器”对话框，在折叠时只显示6个选项卡，如图11.4所示。

图11.4　折叠的“项目管理器”对话框

(4) 移动选项卡：当“项目管理器”对话框折叠时，把鼠标指针指向某选项卡，可将其从“项目管理器”对话框中拖走，并根据需要在 Visual FoxPro 主窗口中重新安排它们的位置。如图 11.5 即为拖开的“全部”和“数据”选项卡。若要还原选项卡，只需将其拖回到“项目管理器”对话框中或者单击选项卡上的“关闭”按钮即可。

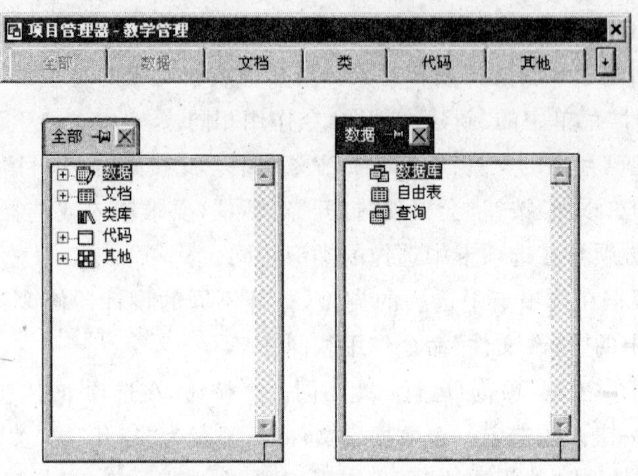


图 11.5 拖开的“全部”和“数据”选项卡

(5) 将项目管理器转换成工具栏形式：将“项目管理器”对话框拖动到屏幕顶部，或者双击其标题栏，可以将“项目管理器”作为工具栏的一部分，使它显示在 Visual FoxPro 主窗口的顶部，如图 11.6 所示。

图 11.6 “项目管理器”工具栏

此时，只显示选项卡，不能将其展开，但是可以单击某个选项卡来进行相应的操作，也可以从中拖开选项卡。如果想恢复“项目管理器”的对话框形式，只要双击“项目管理器”工具栏的空白处或者拖动其空白处到 Visual FoxPro 主窗口中即可。

**5. 使用项目管理器**

(1) 打开项目管理器。用菜单方式打开项目管理器的操作步骤如下。

① 从“文件”菜单中选择“打开”命令。

② 在弹出的“打开”对话框中选择或者输入所需的项目文件名，如图 11.7 所示。

③ 单击“确定”按钮。

在 Visual FoxPro 的“命令”窗口中输入命令：MODIFY PROJECT 项目文件名.pjx，也可以打开指定的项目文件。

当打开“项目管理器”对话框时，在 Visual FoxPro 的主菜单中将会增加一个“项目”菜单。

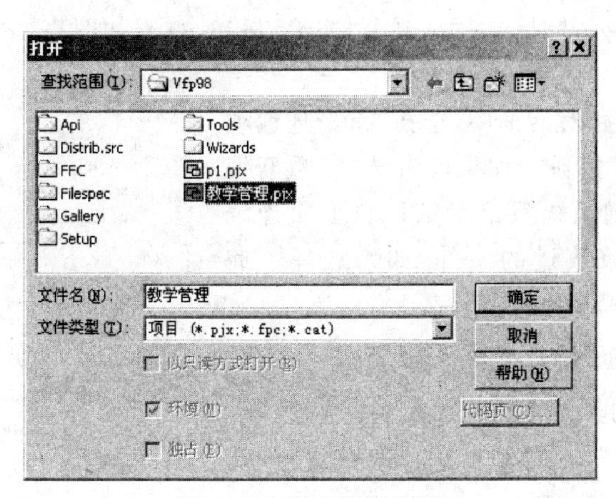


图 11.7 “打开”对话框

(2) 关闭项目管理器。单击“项目管理器”对话框右上角的“关闭”按钮或按 Ctrl＋W 组合键即可。

(3) 在项目管理器中创建文件。

① 在项目管理器中选择欲创建的文件类型。

② 单击“新建”按钮或选择“项目”菜单中的“新建文件”命令。

(4) 在项目管理器中修改文件。

① 在项目管理器中选择欲修改的文件类型。

② 单击“修改”按钮,即打开相应的界面进行修改。

(5) 在项目管理器中添加文件。

① 在项目管理器中选择欲添加的文件类型。

② 单击“添加”按钮。

③ 在“打开”对话框中选择或输入要添加的文件名。

④ 单击“确定”按钮,所选择的文件便被添加到项目管理器中。

(6) 在项目管理器中移去或删除文件。

① 在项目管理器中选择要删除或移去的文件。

② 单击“移去”按钮。

③ 在出现的询问对话框中单击“移去”或“删除”按钮,即可将文件从项目管理器中移去或将文件从磁盘上删除。

### 11.1.3 连编项目

连编项目的最终结果是将所有在项目中引用的文件合并成一个应用程序文件,以便将应用程序和数据文件一起发布,发布后便可执行该文件运行应用程序。

应用程序的连编一般要经过以下几个步骤。

#### 1. 重新连编项目

重新连编项目的具体步骤如下。

(1) 在"项目管理器"对话框中,单击"连编"按钮,打开如图 11.8 所示的"连编选项"对话框。

(2) 在"连编选项"对话框中,选择"重新连编项目"选项,单击"确定"按钮。如果没有选择"重新编译全部文件"选项,则系统只重新编译自上次连编后新加入的文件和修改过的文件,如果选择了此项,则系统会重新编译所有的文件。

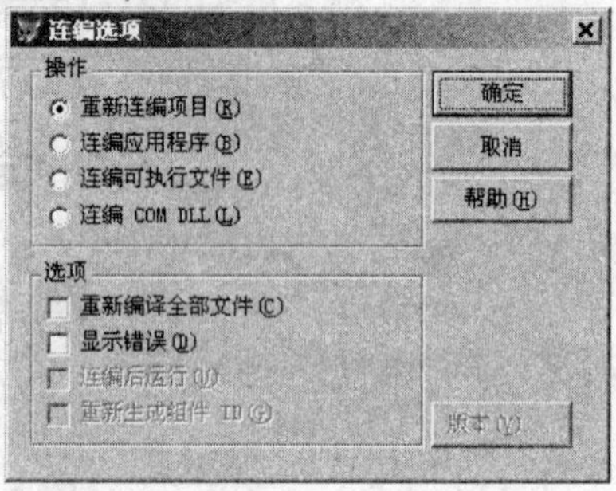

图 11.8 "连编选项"对话框

**2. 连编应用程序**

连编应用程序的具体步骤如下。

(1) 在"项目管理器"对话框中,单击"连编"按钮,打开 "连编选项"对话框。

(2) 在"连编选项"对话框中,选择"连编应用程序"选项,单击"确定"按钮。

连编应用程序之后,项目中的所有文件将被连编成一个扩展名为. app 的文件,各个程序文件则成为应用程序的若干个子过程,这个扩展名为. app 的文件必须在 Visual FoxPro 环境下运行。

**3. 连编可执行文件**

连编可执行文件的具体步骤如下。

(1) 在"项目管理器"对话框中,单击"连编"按钮,打开"连编选项"对话框。

(2) 在"连编选项"对话框中,选择"连编可执行文件"选项,单击"确定"按钮。

连编可执行文件之后,项目中的所有文件将被连编成一个扩展名为. exe 的文件,它是一个可独立于 Visual FoxPro 环境运行的 Windows 应用程序,在 Windows 操作系统下可直接双击该. exe 文件图标执行它。

### 11.1.4 主控程序设计

主控程序(又称为主文件)是整个应用程序的入口文件,即在整个应用程序运行时最先运行的文件,它负责为应用程序系统设置运行环境,显示初始用户界面和控制事件循环,并在退出事件循环后恢复原有的系统环境。主控程序可以是一个. prg 程序、一个表单或者菜单,当用户运行应用程序时,Visual FoxPro 将为应用程序启动主控程序,然后再由主控程序依次调用所需要的应用程序及其组件。应当注意:一个项目中仅有一个主控程序。一般将主控程序命名为 main. prg。

设置主控程序的方法是:在项目管理器中选择一个要作为主文件的对象(可以是一个程序、表单或者菜单),然后右击,从弹出的快捷菜单中选择"设置主文件"命令即可,如图 11.9 所示,也可在"项目"菜单中选择"设置主文件"命令。被设置成主文件后,该文件的文件名称将被加粗显示。

**1. 设置应用程序的运行环境**

在打开 Visual FoxPro 时,系统将建立 SET 命令和系统变量的默认值。但 Visual FoxPro 默认的开发环境可能不适合应用程序的运行,因此,要对应用程序的运行环境进

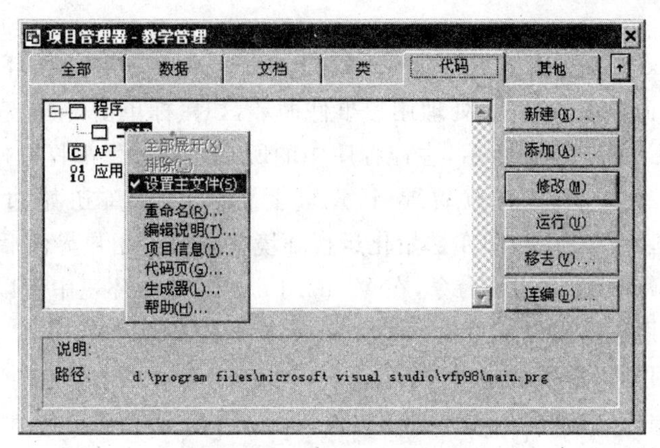


图 11.9　主控文件的设置

行初始化设置。如果要在应用程序运行结束退出时恢复原有的系统环境,则必须保存系统默认的原有环境,最好把这些值保存在公共变量、用户自定义类或应用程序对象的属性中。

**【例 11.1】** 欲设置 Deleted 参数为 ON,则应先将原默认值保存起来,再将应用程序的 Deleted 参数设置为 ON,其代码如下:

```
IF SET("DELETED")="OFF"
    SET DELETED ON
    cDeleVal="OFF"
ELSE
    cDeleVal="ON"
ENDIF
```

其中,cDeleVal 是自定义的公共变量。

**2. 显示初始用户界面**

初始用户界面可以是一个启动屏幕或注册对话框,也可以是一个菜单、表单或其他的用户组件。在主控程序中,可以用 DO mainmenu.mpr 命令运行一个菜单,或者用 DO FORM 命令运行一个表单来初始化用户界面。例如,在教学管理系统中,用 DO mainmenu.mpr 命令来启动用户初始界面,则在主控程序中添加如下语句:

```
DO mainmenu.mpr
```

**3. 建立事件循环**

命令格式:

```
READ EVENTS
CLEAR EVENTS
```

应用程序的环境建立之后,将显示初始用户界面,这时还要建立一个事件循环来等待用户的交互动作。事件循环就是使应用程序系统等待某一事件的发生以做出适当的响应。

在 Visual FoxPro 中,使用 READ EVENTS 命令来控制事件循环。应用程序执行 READ EVENTS 命令后,才开始处理用户事件循环,如鼠标单击、鼠标双击、按键等。

执行 READ EVENTS 命令后,主控程序中的所有处理过程都将被挂起,因此,READ EVENTS命令在主文件中的位置是十分重要的。一般在初始过程中,将 READ EVENTS作为最后一个命令,即在初始化运行环境并显示了用户界面后执行。如果在主控程序中没有 READ EVENTS 命令,在 Visual FoxPro 开发环境中可以正确运行此应用程序,但是将此应用程序编译成可执行文件在操作系统下运行时,显示了用户界面后,程序显示片刻将返回到操作系统中。

在启动事件循环之前,应用程序必须提供一个方法保证能够正常退出事件循环,否则应用程序就会进入死循环,只有按 Esc 键或者重新启动计算机才能退出循环。要结束事件循环,可以执行 CLEAR EVENTS 命令。此命令将挂起 Visual FoxPro 的事件循环处理过程,同时将控制权交给执行 READ EVENTS 命令并开始事件循环的程序,执行该程序中 READ EVENTS 后面的语句。在一般情况下,可以在一个菜单的"退出"子菜单中或者在一个表单的"退出"按钮事件中执行 CLEAR EVENTS 命令。

**4. 恢复初始的开发环境**

在结束事件循环后,应该恢复初始的开发环境。在设置应用程序的初始运行环境时,我们已经将系统的默认值保存到了公共变量中,现在可以将它们宏替换为原始的 SET 命令。例如,在前面我们将 Deleted 的设置保存在公共变量 cDeleVal 中,可以使用命令 SET DELETED &cDeleVal 来恢复初始的系统开发环境。

**【例 11.2】** 在教学管理系统中,将 main. prg 设置为主程序。

main. prg 的代码如下:

```
DO  SETUP.prg                     && 调用程序保存原有环境并设置应用程序环境
DO  MAINMENU.mpr                  && 将菜单作为初始的用户界面显示,菜单的"退出"
                                  && 命令代码中应包含 CLEAR EVENTS 命令
READ  EVENTS                      && 建立事件循环
DO  RESET.prg                     && 在退出之前,调用程序恢复环境设置
```

## 11.2 安装向导

当应用程序系统设计完成,经过测试和试运行阶段后,就要交付给用户使用,即发布应用程序。所谓应用程序的发布,就是将应用程序和应用程序的支持文件复制到磁盘中,为用户提供安装应用程序的方法。

在 Visual FoxPro 中,可以利用系统提供的安装向导来完成应用程序的发布。安装向导会自动压缩安装目录中的所有文件,并将压缩的文件复制到磁盘映像目录中,每个磁盘映像放在一个独立的目录下。然后,把每个独立目录下的内容依次复制到软盘上或将整个磁盘映像目录下的所有文件复制到光盘上。这些软盘或光盘交给用户后,用户执行

安装盘上的安装程序后，就可以将应用程序安装到自己的机器上。

利用安装向导制作发布磁盘的步骤如下。

(1) 创建发布目录，将应用程序及其相关文件复制到发布目录中。

(2) 制作安装盘。

### 11.2.1 准备安装向导

利用安装向导制作安装盘之前，必须建立一个安装目录。在安装目录中存放应用程序的所有文件或其副本，即包含要复制到用户机器上的所有文件。

创建发布目录的具体步骤如下。

(1) 建立目录，此目录默认与在用户机器上安装的目录同名。例如在D盘上建立一个"D:\教学管理"目录作为教学管理系统的发布目录。

(2) 将应用程序中所有需要安装到用户机器上的文件复制到此发布目录中。

在制作安装盘之前，可以利用发布目录模拟运行环境，测试应用程序，当一切工作正常后，就可以利用安装向导制作安装盘了。

### 11.2.2 制作安装盘

利用安装向导制作安装盘的步骤如下。

(1) 在"工具"菜单中选择"向导"子菜单，再从"向导"子菜单中选择"安装"命令，打开"安装向导"对话框，如图11.10所示。

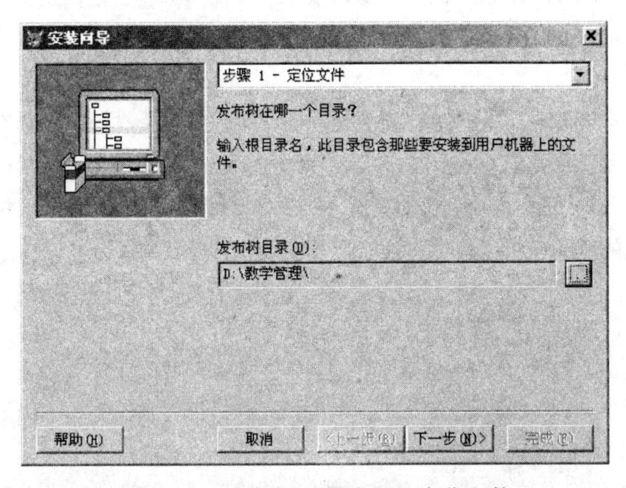


图11.10 "安装向导"步骤1-定位文件

(2) 选择发布目录。单击"发布树目录"文本框右边的[...]按钮，打开"选择目录"对话框，从中选择发布目录，向导会把此目录作为要压缩到磁盘映像目录中的文件源。现在选择前面已建立的发布目录"D:\教学管理"，如图11.10所示，然后单击"下一步"按钮。

(3) 指定组件。指定发布应用程序时所必需的组件，应用程序运行时的一些功能需要这些组件来支持。例如，要使Visual FoxPro的运行时刻组件可用，则应选中"Visual

FoxPro运行时刻组件"复选框，这样，安装向导会包含运行时所必需的系统文件，如图11.11所示，然后单击"下一步"按钮。

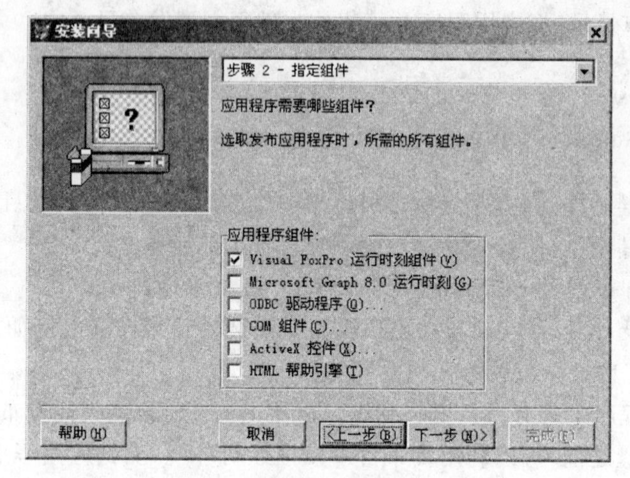


图11.11 "安装向导"步骤2-指定组件

(4) 指定磁盘映像。为应用程序指定磁盘映像目录和不同的安装磁盘类型。安装磁盘类型有3种：1.44MB 3.5英寸、Web安装和网络安装。

"磁盘映像"区域各选项的意义分别说明如下。

① 1.44MB 3.5英寸：安装向导将在用户指定的磁盘映像目录下创建3.5英寸的映像文件，其中SETUP.exe文件放在DISK1盘中。

② Web安装(压缩)：安装向导将创建一个压缩的安装文件，可以通过Web站点下载后进行安装。

③ 网络安装(非压缩)：安装向导将创建一个单独的目录，目录中包含所需的全部文件。

这里选择磁盘类型为"1.44 MB 3.5英寸"，并选择磁盘映像目录为"F:\新建文件夹\"，如图11.12所示，这样安装向导会在指定的磁盘映像目录"F:\新建文件夹\"下创建3个3.5英寸磁盘的映像文件，其中，应用程序安装文件SETUP.exe放在DISK1中。

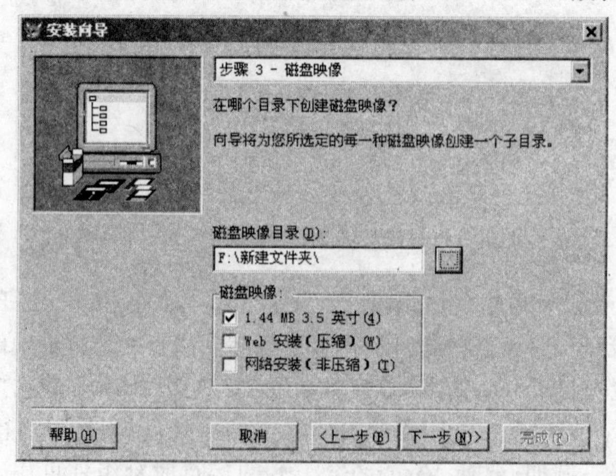


图11.12 "安装向导"步骤3-磁盘映像

（5）设置安装选项。其中，在“安装对话框标题”文本框中输入的是将来作为安装程序的标题，在“版权信息”文本框中输入安装程序的版权信息，在“执行程序”文本框中输入的是用户安装完应用程序后运行的程序文件名，如图 11.13 所示。

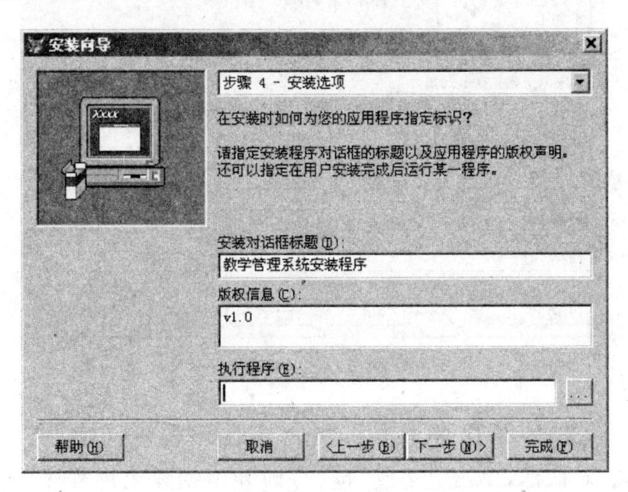


图 11.13　“安装向导”步骤 4-安装选项

（6）指定默认目标目录。其中，在“默认目标目录”文本框中指定应用程序安装在用户机器上所默认的目录名；在“程序组”文本框中指定一个程序组，当用户安装应用程序时，安装程序将为应用程序创建这个程序组，并将其设置在“开始”菜单中。如果允许用户在安装应用程序的过程中修改“默认目标目录”和“程序组”，则选择“用户可以修改”区域的选项，如图 11.14 所示。

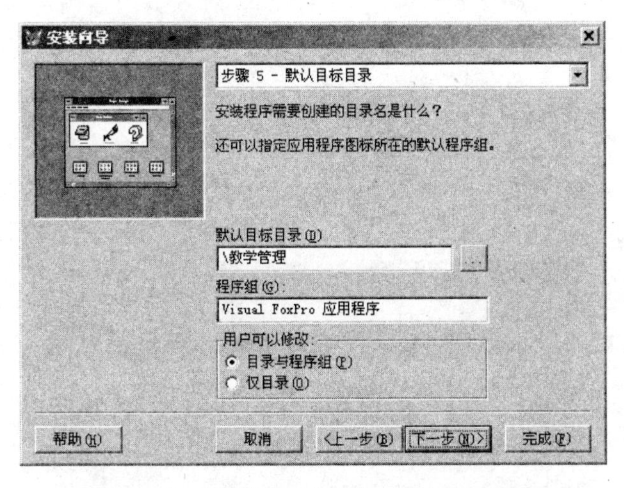


图 11.14　“安装向导”步骤 5-默认目标目录

（7）改变文件设置。在此对话框中，安装向导允许对文件名、文件的目标目录、程序管理器等一些选项进行修改。可以单击此对话框下部表格中想要修改的项目，改变文件设置，如图 11.15 所示。

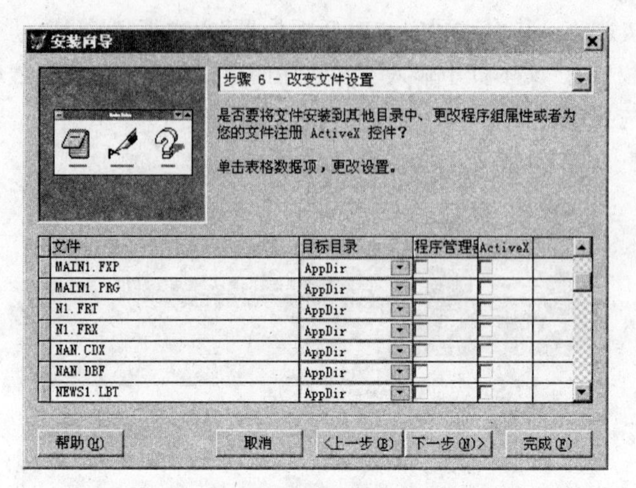


图 11.15 “安装向导”步骤 6-改变文件设置

(8) 完成制作安装盘。在图 11.15 中单击“下一步”按钮或“完成”按钮，打开“安装向导”的“步骤 7-完成”对话框，单击“完成”按钮，即开始创建应用程序的安装向导。之后，安装向导开始压缩文件并显示进展状态，如图 11.16 所示。最后显示磁盘映像统计信息，如图 11.17 所示，单击图 11.17 中的“完成”按钮，制作安装盘的工作全部完成。

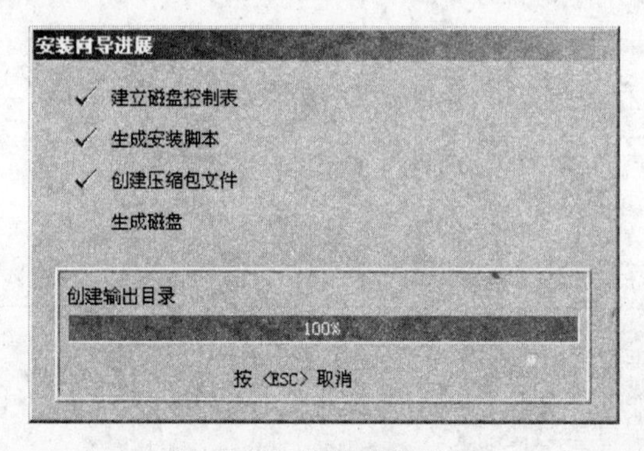


图 11.16 安装向导进展

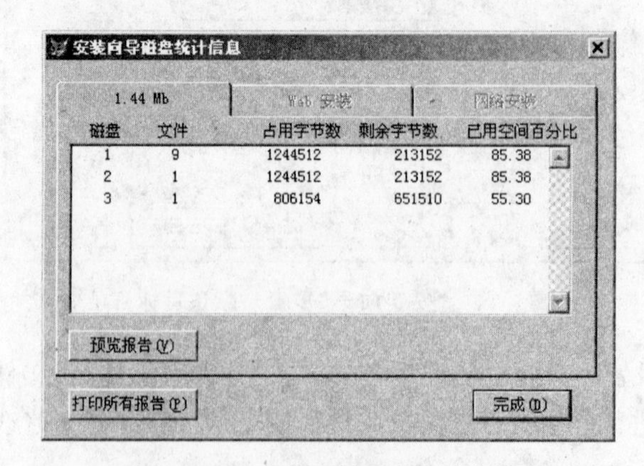


图 11.17 安装向导磁盘统计信息

安装盘制作完成后，磁盘映像文件存放在“F：\新建文件夹\”目录下，在此目录下有一个DISK144目录，它的里面有3个子目录，分别是DISK1、DISK2、DISK3，其中应用程序的安装程序放在DISK1目录下。把DISK1、DISK2、DISK3分别复制到3张软盘上，在用户的机器上运行DISK1中的SETUP.exe程序，即开始应用程序的安装过程，如图11.18所示，其余步骤同其他应用程序的安装过程。

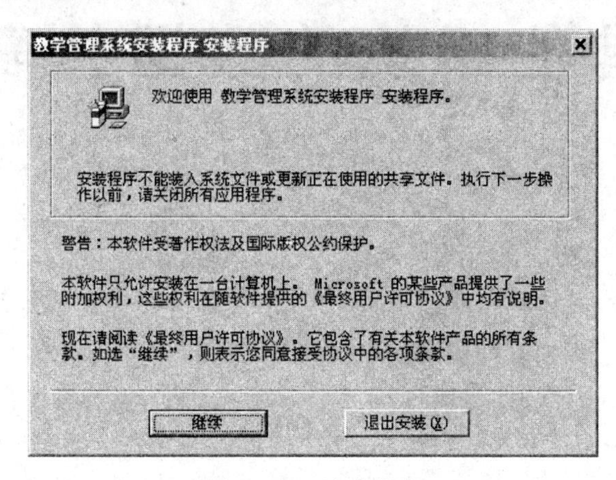


图11.18　安装程序

## 习　题　十一

1. 应用程序的开发包括哪些步骤？
2. 什么是项目文件？项目文件有什么作用？
3. 简述项目管理器的作用和使用方法。
4. 如何向项目管理器中添加一个对象？
5. 如何在项目管理器中创建一个对象？
6. “项目管理器”中有哪几个选项卡？它们的作用分别是什么？
7. 什么是主控文件？它的作用是什么？
8. 为什么要对项目文件进行连编？连编后生成的应用程序和可执行文件如何运行？
9. 什么是应用程序的发布？
10. 简述制作安装盘的过程。

# 第 12 章 Visual FoxPro 与其他系统的数据共享

作为一个数据库管理系统，Visual FoxPro 不仅具有管理其本身数据的功能，还可以和其他应用程序交互，即向其他应用程序提供自己的数据以及获取其他应用程序所提供的数据。可以通过在应用程序之间移动、复制和粘贴数据，以及直接在应用程序之间导入和导出数据来实现应用程序的数据共享，这样既可以节省输入数据、处理数据的时间，也可以减少错误。

## 12.1 数据导出

所谓数据导出，就是将数据从 Visual FoxPro 的表中复制到其他应用程序所用的文件中去，也就是将 Visual FoxPro 表中存储的数据导出到另一种格式的文件中，供其他应用程序使用。

### 12.1.1 导出文件的类型选择

在导出数据时，可以把 Visual FoxPro 表文件中的数据导出到文本文件、Excel 电子表格、Lotus 1-2-3 电子表格等其他应用程序文件中。

可以从 Visual FoxPro 表文件中导出的常用文件类型如表 12.1 所示。

表 12.1 可从 Visual FoxPro 表中导出的常用文件类型

| 文件类型 | 扩展名 | 说明 |
|---|---|---|
| 文本文件 | .txt | 用制表符、逗号或空格来分隔每个字段的文本文件 |
| 表文件 | .dbf | Visual FoxPro 3.0、FoxBASE+或 dBASE Ⅳ表 |
| System Data Format | .sdf | 有定长记录且记录以回车符和换行符结束的文本文件 |
| Microsoft Excel | .xls | Microsoft Excel 的电子表格格式，字段转变为列单元，记录转变为行 |
| Lotus 1-2-3 | .wks 及 .wkl | Lotus 1-2-3 电子表格格式，字段转变为列单元，记录转变为行 |

### 12.1.2　数据导出

在导出数据时，除可以选定源文件和目标文件外，还可以从 Visual FoxPro 表中指定导出哪些字段、设置导出记录的作用范围以及设置选定记录时所需要满足的条件。

导出数据的具体步骤如下。

(1) 选择"文件"菜单中的"导出"命令，打开"导出"对话框，如图 12.1 所示。

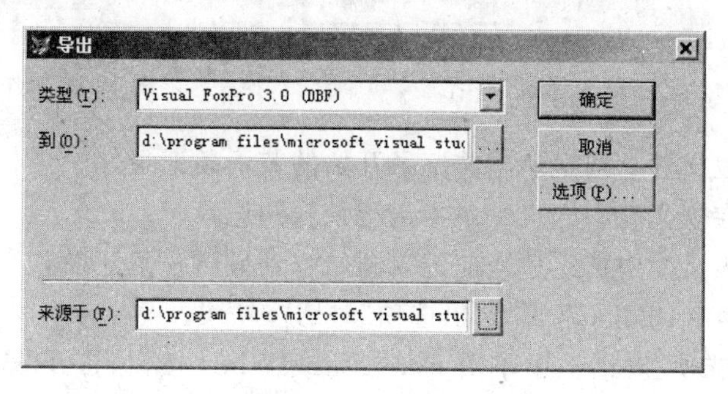


图 12.1　"导出"对话框

(2) 在"类型"下拉列表框中选择要导出的文件类型。

(3) 单击"到"文本框右侧的…按钮，在打开的"另存为"对话框中，选择导出以后的文件所在的文件夹和文件名。

(4) 单击"来源于"文本框右侧的…按钮，在弹出的"打开"对话框中，选择要将数据导出的表文件名。

(5) 如果此时单击"确定"按钮，则将 Visual FoxPro 表文件中的所有字段和记录全部导出到指定类型的目标文件中。若想指定导出哪些字段、设置导出记录的作用范围以及设置选定记录时所需要满足的条件，则需要单击"选项"按钮，打开"导出选项"对话框，如图 12.2 所示。

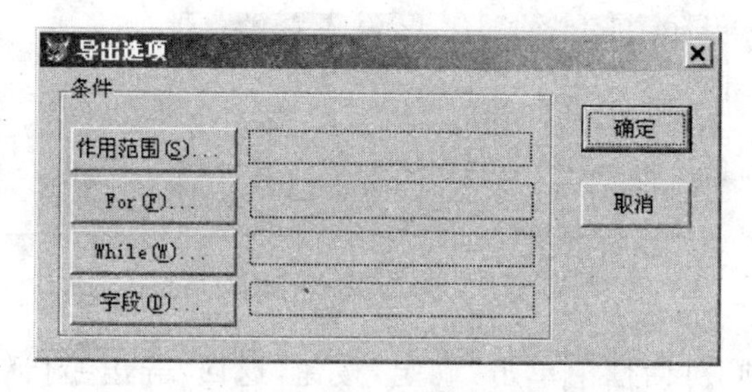


图 12.2　"导出选项"对话框

(6) 在"导出选项"对话框中单击"字段"按钮，打开"字段选择器"对话框，如图 12.3 所示，并在其中选择所需导出的字段，单击"确定"按钮返回"导出选项"对话框。

(7) 在"导出选项"对话框中单击"作用范围"按钮，打开"作用范围"对话框，如图 12.4 所示，在"作用范围"对话框中选择适当的范围选项，下面对这些选项进行简单说明。

① 全部：选定表文件中的全部记录。

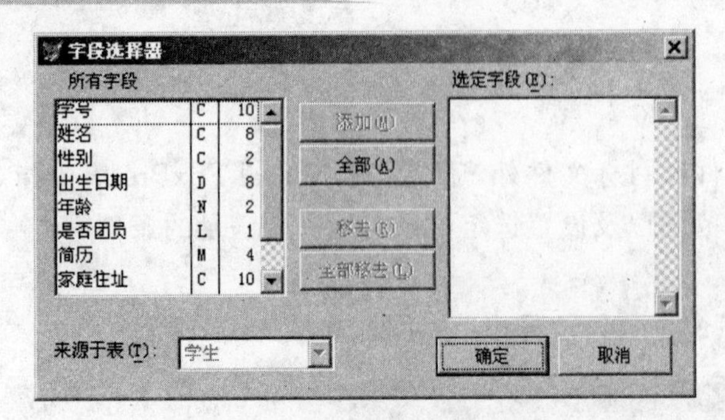


图 12.3 “字段选择器”对话框

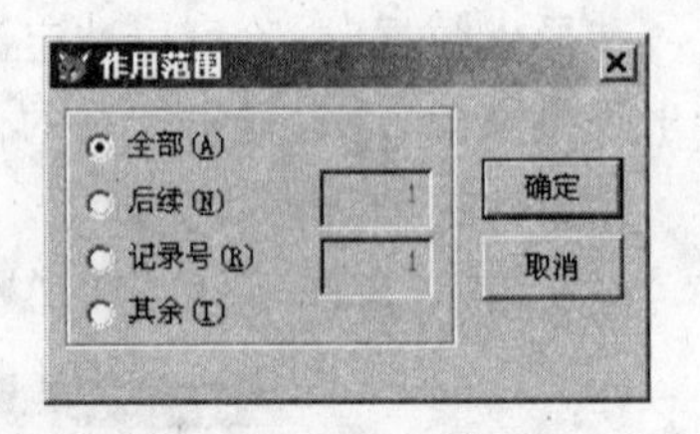


图 12.4 “作用范围”对话框

② 后续：在表文件中选定从当前记录开始的若干条记录。

③ 记录号：在表文件中选定一条指定记录号的记录。

④ 其余：在表文件中选定从当前记录开始直到最后一条记录。

之后，单击“确定”按钮，返回“导出选项”对话框。

(8) 在“导出选项”对话框中单击 For 按钮或 While 按钮，打开“表达式生成器”对话框，如图 12.5 所示，在“表达式生成器”对话框中输入所需要的表达式，单击“确定”按钮，返回“导出选项”对话框。

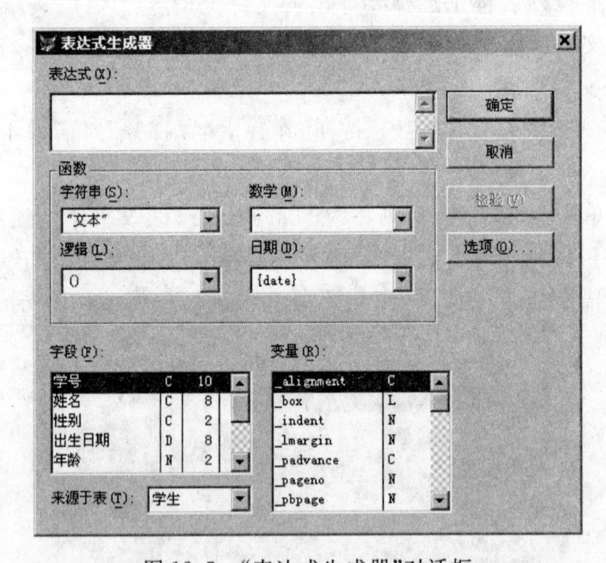


图 12.5 “表达式生成器”对话框

(9) 在“导出选项”对话框中单击“确定”按钮，返回“导出”对话框，在“导出”对话框中，再单击“确定”按钮，则将指定范围内满足条件的记录导出到指定类型的文件中。

## 12.2 数据导入

所谓数据导入，就是把另一个应用程序文件中所使用的数据导入 Visual FoxPro 表文件中。导入到表文件中后，可以像使用其他任意 Visual FoxPro 表文件一样使用它。

在 Visual FoxPro 中，可以导入多种类型的数据。

可导入 Visual FoxPro 的常用文件类型如表 12.2 所示。

**表 12.2　可导入 Visual FoxPro 的常用文件类型**

| 文件类型 | 扩展名 | 说　明 |
|---|---|---|
| 文本文件 | .txt | 用制表符、逗号或空格来分隔每个字段的文本文件 |
| Microsoft Excel | .xls | Microsoft Excel 的电子表格格式，列单元转变为字段，行转变为记录 |
| Lotus 1-2-3 | .wks 及 .wkl | Lotus 1-2-3 电子表格格式，列单元转变为字段，行转变为记录 |

对于 FoxBASE 或 dBASE 中的表文件，可以直接把它们打开使用而不需要导入。

### 12.2.1　导入文件

在导入数据时，既可以使用“导入向导”对话框，也可以使用“导入”对话框。

**1. 使用“导入”对话框导入数据**

操作步骤如下。

(1) 选择“文件”菜单中的“导入”命令，打开“导入”对话框，如图 12.6 所示。

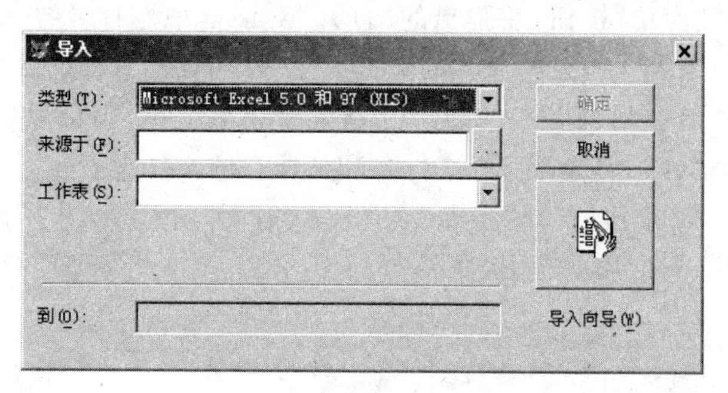


图 12.6　“导入”对话框

(2) 在“类型”下拉列表框中选择要导入的文件类型。

(3) 在“来源于”文本框中输入源文件名，或单击其右侧的 ... 按钮，在弹出的“打开”对话框中选择文件名。

(4) 如果在“类型”下拉列表框中选择了电子表格文件，则在“工作表”下拉列表框中选择一个工作表名。

(5) 单击“确定”按钮。

**2. 使用“导入向导”对话框导入数据**

“导入向导”对话框会给出导入数据的操作提示，用户根据提示进行相应设置即可导入文件，而且用户可以修改新表的结构。现在以将 Excel 文件导入 Visual FoxPro 表为例，说明使用“导入向导”对话框导入数据的过程。操作步骤如下。

(1) 选择“文件”菜单中的“导入”命令，打开“导入”对话框，如图 12.6 所示。

(2) 在“导入”对话框中单击“导入向导”按钮，打开“导入向导”的“步骤 1-数据识别”

对话框，如图 12.7 所示。

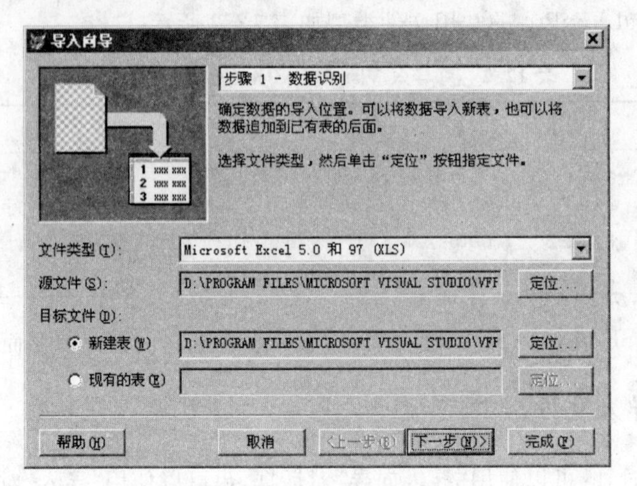


图 12.7 "步骤 1-数据识别"对话框

(3) 在"步骤 1-数据识别"对话框中选择源文件、目标文件和文件类型。在"文件类型"下拉列表框中选择要导入的文件类型为"Microsoft Excel 5.0 和 97(XLS)"；单击"源文件"文本框右侧的"定位"按钮，在弹出的"打开"对话框中选择要导入的 Excel 文件名；目标文件设置为"新建表"时，是为导入的数据建立一个新表，目标文件设置为"现有的表"时，是将导入的数据追加到现有表的最后一条记录之后。单击目标文件选项右侧的"定位"按钮，在打开的对话框中选择目标文件名和其所在的文件夹。

(4) 单击"下一步"按钮，打开"步骤 1a-选择数据库"对话框，选择是创建独立的自由表还是将表添加到某一个数据库中，如图 12.8 所示。

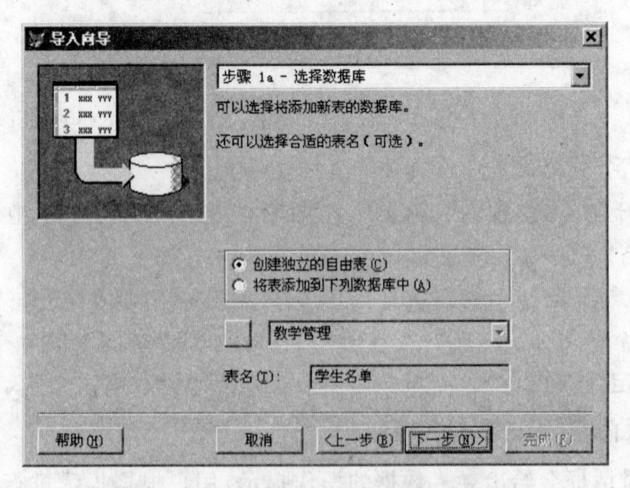


图 12.8 "步骤 1a-选择数据库"对话框

(5) 单击"下一步"按钮，打开"步骤 2-定义字段类型"对话框，如图 12.9 所示，其中部分选项的作用如下所述。

① 字段名所在行：指定用哪一行作为文件的字段名。

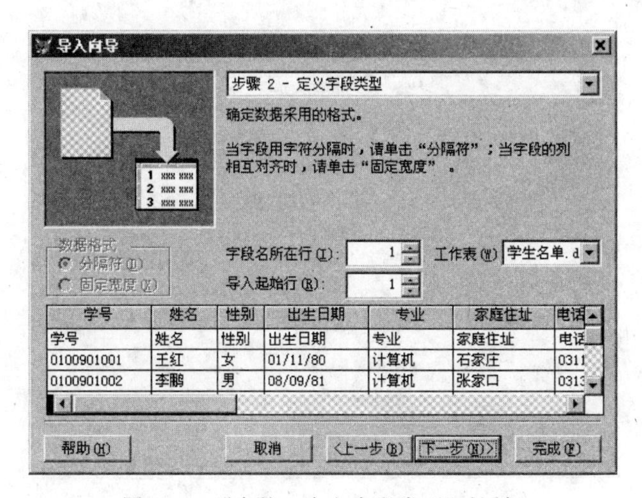


图 12.9　“步骤 2-定义字段类型”对话框

② 导入起始行：指定从哪一行开始导入数据。

③ 工作表：选择导入哪一个工作表。

(6) 单击“下一步”按钮，打开“步骤 3-定义输入字段”对话框，按照数据的要求修改指定字段的名称、类型和宽度，如图 12.10 所示。

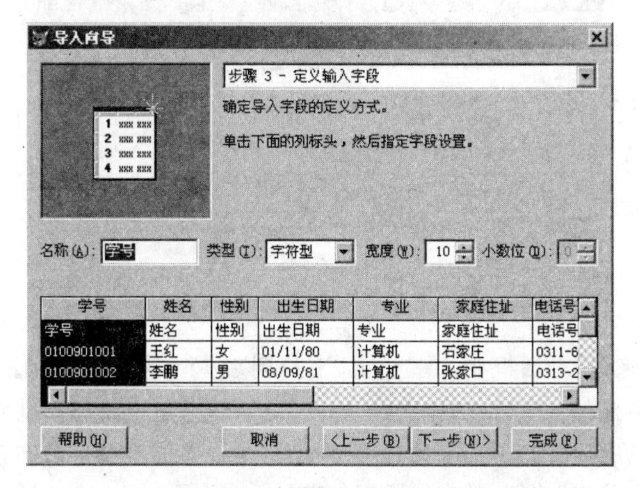


图 12.10　“步骤 3-定义输入字段”对话框

(7) 单击“下一步”按钮，打开“步骤 3a-指定国际选项”对话框，指定日期格式、货币符号和小数分隔符等，如图 12.11 所示。

(8) 单击“下一步”按钮，打开“完成”对话框，单击“完成”按钮，数据的导入过程结束。

### 12.2.2　数据的追加

除使用“导入向导”将要导入的数据追加到现有的 Visual FoxPro 表中之外，还可以使用“追加来源”对话框追加数据，操作步骤如下。

(1) 选择“文件”菜单中的“打开”命令，在“打开”对话框中选择要打开的文件名，单击

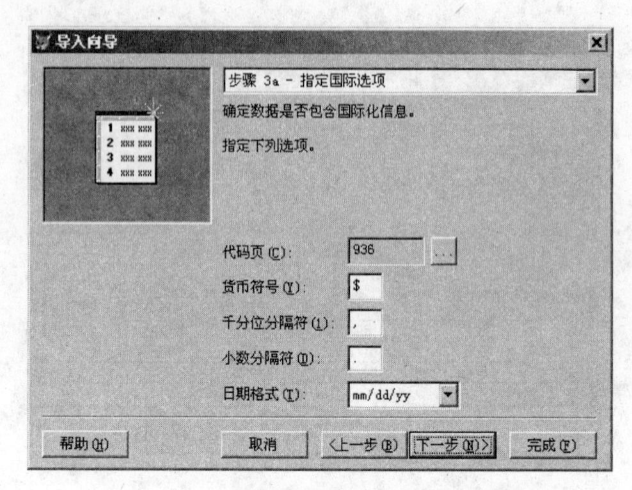


图 12.11　"步骤 3a-指定国际选项"对话框

"确定"按钮。

(2) 选择"显示"菜单中的"浏览"命令,将表文件显示在浏览窗口中。

(3) 选择"表"菜单中的"追加记录"命令,打开"追加来源"对话框,如图 12.12 所示。

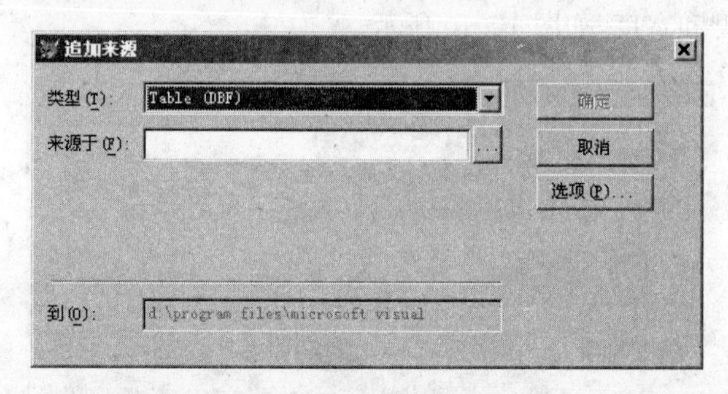


图 12.12　"追加来源"对话框

(4) 在"追加来源"对话框中,在"类型"下拉列表框中选择要追加的文件类型;单击"来源于"文本框右侧的按钮,在弹出的"打开"对话框中输入或选择追加来源的文件名;单击"选项"按钮,在打开的"追加来源选项"对话框中设置指定的字段和条件。在"追加来源"对话框中单击"确定"按钮,即完成数据的追加。

## 12.3　数据共享

对于远程服务器中的数据,可以通过建立远程视图的方式来共享它们。使用远程视图时,无须将所有的记录下载到本地计算机上即可提取远程 ODBC(Open Database Connectivity,开放数据库互连)服务器中的数据子集。可以在本地机上操作这些选定的记录,然后把添加或更改的数据返回到远程数据源中。在创建远程视图之前,首先要建立与远程服务器间的连接,并检验连接是否正常。

在安装 Visual FoxPro 时，选择"完全"或"自定义"安装选项，就可以把 ODBC 安装在系统中，因为 ODBC 数据源是在 Visual FoxPro 应用程序之外创建的，可以使用 ODBC Test 应用程序来检验与远程数据源的连接情况。

### 12.3.1 建立数据源和连接

有两种方法来连接远程数据源，既可以直接访问在机器上注册的 ODBC 数据源，也可以用"连接设计器"对话框设计自定义连接。

如果想为服务器创建一个定制的连接，可以使用"连接设计器"对话框，创建的连接中包含如何访问特定数据源的信息，可对其命名，并将其作为数据库的一部分保存起来。在创建过程中，通常需要设置连接选项，为了获得连接到特定服务器上的正确设置信息，可以询问系统管理员或查看服务器文档。必须打开数据库才能创建连接。

创建新连接的操作步骤如下。

(1) 在 Visual FoxPro 主窗口或项目管理器中选择一个数据库，如"教学管理.dbc"，并且把它打开。

(2) 选择系统主菜单"文件"中的"新建"命令，在打开的"新建"对话框中选择"连接"选项，再单击"新建文件"按钮；或选择主菜单"数据库"中的"连接"命令，在打开的"连接"对话框中单击"新建"按钮；或直接右击数据库设计器界面的空白处，从弹出的快捷菜单中选择"连接"命令，均可打开"连接设计器 连接 1"对话框，如图 12.13 所示。

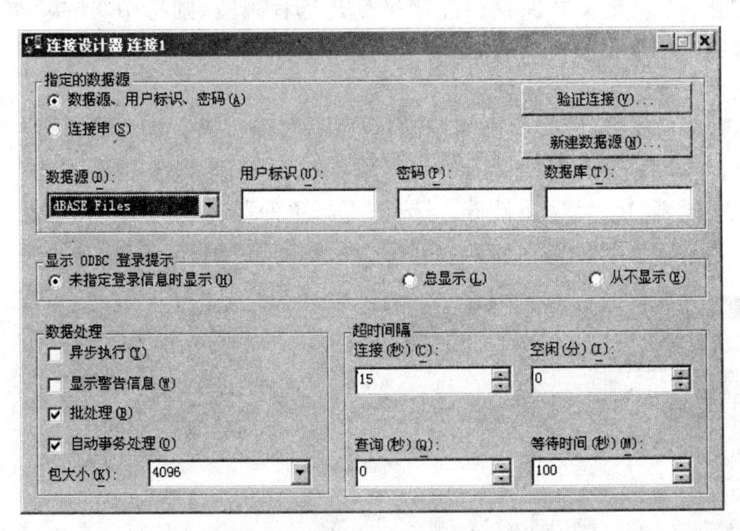


图 12.13 "连接设计器 连接 1"对话框

(3) 在"连接设计器 连接 1"对话框中，根据服务器的需要设置各个选项。

(4) 从"文件"菜单中选择"保存"命令。

(5) 在打开的"保存"对话框中，在"连接名称"文本框中输入创建连接的名称，单击"确定"按钮。

### 12.3.2 建立远程视图

在视图中访问远程数据，可以使用已有的连接或用新视图创建连接。

创建新的远程视图的操作步骤如下。

(1) 打开项目管理器，从中选择"远程视图"选项，单击"新建"按钮；或打开一个数据库，在"数据库"菜单中选择"新建远程视图"命令，在打开的"新建远程视图"对话框中单击"新建视图"按钮，均可打开"选择连接或数据源"对话框，如图12.14所示。

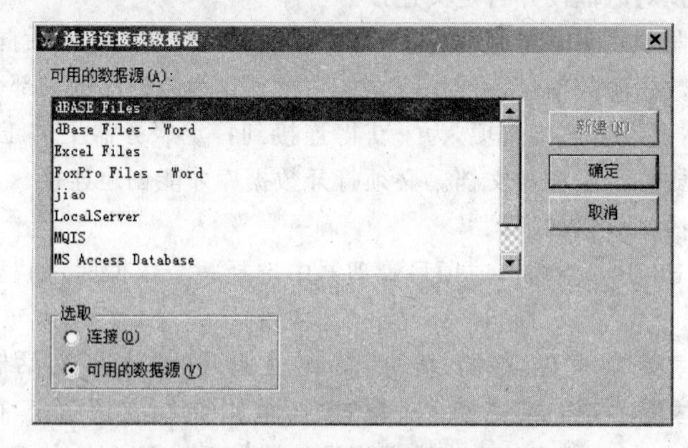


图12.14 "选择连接或数据源"对话框

(2) 若要用一个已定义并保存的连接来创建远程视图，则选中"连接"单选项。若要选定一个数据源来创建远程视图，则选中"可用的数据源"单选项。选定一个数据源或连接后，单击"确定"按钮。

(3) 一旦建立了连接，则会弹出"打开"对话框，从而可以在远程服务器中选择作为数据源的表，当选定表后，会打开"视图设计器"对话框，如图12.15所示。在"视图设计器"对话框中设置字段、联接、筛选条件等。选择"更新条件"选项卡，从中设置更新方式，可以控制把对远程数据的修改(更新、插入、删除等)反映到远程数据源中。

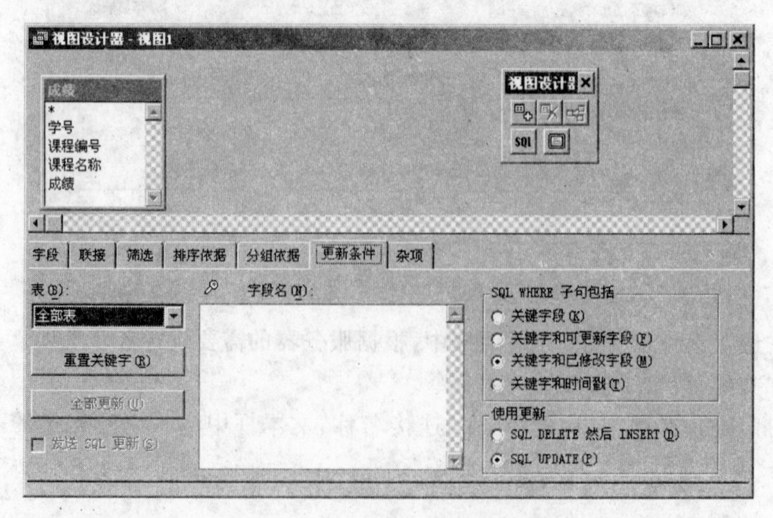


图12.15 "视图设计器"对话框

（4）关闭“视图设计器”对话框，将当前所创建的远程视图保存。

## 习　题　十二

1. 什么是数据导出？
2. 什么是数据导入？
3. 数据导入、导出的目的是什么？
4. 简述数据导入的过程。
5. 为什么要创建远程视图？
6. 简述创建数据连接的操作步骤。

# 附录 A　Visual FoxPro 常用命令

| 命　　令 | 功　　能 |
|---|---|
| **面向对象命令** | |
| ADD CLASS | 向一个.vcx 可视类库中添加类定义 |
| CREATE CLASS | 打开类设计器，创建一个新的类定义 |
| CREATE CLASSLIB | 以.vcx 为扩展名创建一个新的可视类库文件 |
| DEFINE CLASS | 创建一个自定义的类或子类，同时定义这个类或子类的属性、事件和方法 |
| DISPLAY OBJECTS | 显示一个或一组对象的信息 |
| LIST OBJECTS | 显示一个或一组对象的信息 |
| MODIFY CLASS | 打开类设计器，允许修改已有的类定义或创建新的类定义 |
| RELEASE CLASSLIB | 关闭包含类定义的.vcx 可视类库 |
| RENAME CLASS | 对包含在.vcx 可视类库中的类定义重新命名 |
| SET CLASSLIB | 打开一个包含类定义的.vcx 可视类库 |
| WITH…ENDWITH | 给对象指定多个属性 |
| **环境设置命令** | |
| CREATE COLOR SET | 从当前颜色选项中生成一个新的颜色集 |
| DIR 或 DIRECTORY | 显示目录或文件信息 |
| DISPLAY DLLS | 显示 32 位 Windows 动态链接库的信息 |
| DISPLAY STATUS | 显示 Visual FoxPro 环境的状态 |
| LIST DLLS | 显示有关 32 位 Windows DLL 函数的信息 |
| LIST STATUS | 显示状态信息 |
| SET | 打开“数据工作期”窗口 |
| SET ANSI | 确定在 Visual FoxPro SQL 命令中如何用操作符“＝”对不同长度的字符串进行比较 |
| SET ASSERTS | 确定是否执行 ASSERT 命令 |
| SET AUTOSAVE | 当退出 READ 或返回到命令窗口时，确定 Visual FoxPro 是否把缓冲区中的数据保存到磁盘中 |

续表

| 命　令 | 功　能 |
|---|---|
| SET BELL | 打开或关闭计算机的铃声，并设置铃声属性 |
| SET BLINK | 设置闪烁属性或高密度属性 |
| SET BLOCKSIZE | 指定 Visual FoxPro 如何为保存备注字段分配磁盘空间 |
| SET BRSTATUS | 控制浏览窗口中状态栏的显示 |
| SET CARRY | 确定是否将当前记录的数据送到新记录中 |
| SET CLASSLIB | 打开一个包含定义的.vcx 可视类库 |
| SET CLEAR | 当 SET FORMAT 执行时，确定是否清除 Visual FoxPro 主窗口 |
| SET CLOCK | 确定是否显示系统时钟 |
| SET COLOR OF | 指定用户自定义菜单和窗口的颜色 |
| SET COLOR OF SCHEME | 指定配色方案中的颜色 |
| SET COLOR SET | 加载已定义的颜色集 |
| SET COLOR TO | 指定用户自定义菜单和窗口的颜色 |
| SET COMPATIBLE | 控制与 FoxBASE＋以及其他 XBASE 语言的兼容性 |
| SET CONFIRM | 指定是否可以通过在文本框中输入最后一个字符来退出文本框 |
| SET CONSOLE | 启用或停止从程序向窗口的输出 |
| SET COVERAGE | 打开或关闭编辑日志，或指定一个文本文件，将编辑日志的所有信息输出到文件中 |
| SET CPCOMPILE | 指定编译程序的代码页 |
| SET CPDIALOG | 打开表时，指定是否显示“代码页”对话框 |
| SET CURRENCY | 定义货币符号，并指定货币符号在数值型表达式中的显示位置 |
| SET CURSOR | Visual FoxPro 等待输入时，确定是否显示插入点 |
| SET DEBUG | 从 Visual FoxPro 的菜单系统中打开调试窗口和跟踪窗口 |
| SET DECIMALS | 显示数值表达式时，指定小数位数 |
| SET DEFAULT | 指定默认驱动器、目录(文件夹) |
| SET DELIMITED | 指定是否分隔文本框 |
| SET DEVELOPMENT | 在运行程序时，比较目标文件的编译时间与程序的创建日期时间 |
| SET DEVICE | 指定将@…SAY 产生的输出定向到屏幕、打印机或文本文件中 |
| SET DISPLAY | 在支持不同显示方式的监视器上允许更改当前显示方式 |
| SET DOHISTORY | 把程序中执行过的命令放入命令窗口或文本文件中 |
| SET ESCAPE | 按 Esc 键后，中断所执行的程序或命令 |

续表

| 命　令 | 功　能 |
| --- | --- |
| SET EXACT | 指定用精确或模糊规则来比较两个不同长度的字符串 |
| SET FIXED | 数值数据显示时,指定小数位数是否固定 |
| SET FULLPATH | 指定 CDX()、DBF()、IDX()和 NDX()是否返回文件名中的路径 |
| SET FUNCTION | 把表达式(键盘宏)赋给功能键或组合键 |
| SET HEADINGS | 指定显示文件内容时是否显示字段的列标头 |
| SET HELP | 启用或禁用 Visual FoxPro 的联机帮助功能,或指定一个帮助文件 |
| SET HELPFILTER | 指定 Visual FoxPro 在帮助窗口中显示. dbf 风格的帮助主题的子集 |
| SET HOURS | 将系统时钟设置成 12 或 24 小时的格式 |
| SET KEYCOMP | 控制 Visual FoxPro 的击键位置 |
| SET MACKEY | 指定显示“宏键定义”对话框的单个键或组合键 |
| SET MARGIN | 指定打印的左页边距,并对所有定向到打印机的输出结果都起作用 |
| SET MEMOWIDTH | 指定备注字段和字符表达式的显示宽度 |
| SET MESSAGE | 定义在 Visual FoxPro 主窗口或图形状态栏中显示的信息 |
| SET MOUSE | 设置鼠标是否能使用,并控制鼠标的灵敏度 |
| SET NEAR | 当 FIND 或 SEEK 查找命令不成功时,确定记录指针停留的位置 |
| SET NOCPTRANS | 防止把已打开表中的选定字段转到另一个代码页 |
| SET NOTIFY | 显示某种系统信息 |
| SET NULL | 确定 ALTER TABLE、CREATE TABLE、INSERT-SQL 命令是否支持 NULL 值 |
| SET NULLDISPLAY | 指定 NULL 值显示时对应的字符串 |
| SET ODOMETER | 为处理记录的命令设置计算器的报告间隔 |
| SET OLEOBJECT | Visual FoxPro 找不到对象时,指定是否在 Windows Registry 中查找 |
| SET OPTIMIZE | 使用 Rushmore 优化 |
| SET PALETTE | 指定 Visual FoxPro 使用默认调色板 |
| SET PATH | 指定文件搜索路径 |
| SET PDSETUP | 加载/清除打印机驱动程序 |
| SET POINT | 显示数值表达式或货币表达式时,确定小数点字符 |
| SET PRINTER | 指定输出到打印机 |
| SET RESOURCE | 指定或更新资源文件 |
| SET SAFETY | 在改写已有文件之前,确定是否显示对话框 |
| SET SCOREBOARD | 指定在何处显示 NumLock、CapsLock 和 Insert 等键的状态 |

续表

| 命　　令 | 功　　能 |
| --- | --- |
| SET SECONDS | 当显示日期时间值时，指定显示时间部分的秒数 |
| SET SEPARATOR | 在小数点左边，指定每 3 位数一组所用的分隔字符 |
| SET SHADOWS | 给窗口、菜单、对话框和警告信息加上阴影 |
| SET SPACE | 使用？或?? 命令时，确定字段或表达式之间是否要显示一个空格 |
| SET STATUS | 显示或删除字符表示的状态栏 |
| SET STATUS BAR | 显示或删除图形状态栏 |
| SET STICKY | 在选择一个菜单项、按 Esc 键或在菜单区域外单击鼠标之前，指定菜单保持下拉状态 |
| SET SYSFORMATS | 指定 Visual FoxPro 系统设置是否随当前 Windows 系统设置而更新 |
| SET TALK | 确定是否显示命令结果 |
| SET TOPIC | 激活 Visual FoxPro 帮助系统时，指定打开的帮助主题 |
| SET TOPIC ID | 激活 Visual FoxPro 帮助系统时，指定显示的帮助主题 |
| SET VIEW | 打开或关闭“数据工作期”窗口，或从一个视图文件中恢复 Visual FoxPro 环境 |
| **文件管理命令** | |
| CD\|CHDIR | 将默认的 Visual FoxPro 目录改为指定的目录 |
| COPY FILE | 复制任意类型的文件 |
| DELETE FILE | 从磁盘上删除一个文件 |
| DISPLAY FILE | 显示文件的信息 |
| ERASE | 从磁盘上删除文件 |
| LIST FILE | 显示文件信息 |
| MD\|MKDIR | 在磁盘上创建一个新目录 |
| MODIFY FILE | 打开编辑窗口，以便修改或创建一个文本文件 |
| RD\|RMDIR | 从磁盘上删除目录 |
| RENAME | 把文件名改为新文件名 |
| RUN\|! | 运行外部操作命令或程序 |
| SET ALTERNATE | 把?、??、DISPLAY 或 LIST 命令创建的输出定向到一个文本文件 |
| TYPE | 显示文件的内容 |
| **数据库操作命令** | |
| ADD TABLE | 向当前打开的数据库中添加一个自由表 |
| APPEND | 在表的末尾添加一条或多条记录 |
| APPEND FROM | 将其他文件中的记录添加到当前表的末尾 |

续表

| 命　令 | 功　能 |
|---|---|
| APPEND FROM ARRAY | 将数组的行作为记录添加到当前表中 |
| APPEND GENERAL | 从文件导入一个 OLE 对象,并将此对象置于数据库的通用字段中 |
| APPEND MEMO | 将文本文件的内容复制到备注字段中 |
| APPEND PROCEDURES | 将文本文件中的内部存储过程追加到当前数据库的内部存储过程中 |
| AVERAGE | 计算数值型表达式或字段的算术平均值 |
| BLANK | 清除当前记录所用字段的数据 |
| BROWSE | 打开浏览窗口 |
| CHANGE | 显示要编辑的字段 |
| CLOSE | 关闭各种类型的文件 |
| CLOSE MEMO | 关闭备注编辑窗口 |
| CALCULATE | 对表中的字段或字段表达式执行财务和统计操作 |
| COMPILE DATABASE | 编译数据库中的内部存储过程 |
| CONTINUE | 继续执行前面的 LOCATE 命令 |
| COPY MEMO | 将当前记录的备注字段的内容复制到一个文本文件中 |
| COPY PROCEDURES | 将当前数据库中的内部存储过程复制到文本文件中 |
| COPY STRUCTURE | 创建一个同当前表具有相同数据结构的空表 |
| COPY STRUCTURE EXTENDED | 将当前表的结构复制到新表中 |
| COPY TO | 将当前表中的数据复制到指定的新文件中 |
| COPY TO ARRAY | 将当前表中的数据复制到数组中 |
| COUNT | 计算表记录数目 |
| CREATE | 创建一个新的 Visual FoxPro 表 |
| CREATE CONNECTION | 创建一个命名连接,并把它存储在当前数据库中 |
| CREATE DATABASE | 创建并打开数据库 |
| CREATE FROM | 利用 COPY STRUCTURE EXTENDED 命令建立的文件创建一个表 |
| CREATE LABEL | 启动标签设计器,创建标签 |
| CREATE TRIGGER | 创建一个表的触发器 |
| CREATE VIEW | 从 FoxPro 环境中生成一个视图文件 |
| DELETE | 对要删除的记录做标记 |
| DELETE CONNECTION | 从当前数据库中删除一个命名连接 |
| DELETE DATABASE | 从磁盘上删除一个数据库 |

续表

| 命　令 | 功　能 |
|---|---|
| DELETE TRIGGER | 从当前的数据库中移去一个表的触发器 |
| DELETE VIEW | 从当前数据库中删除一个 SQL 视图 |
| DISPLAY | 在窗口中显示当前表的信息 |
| DISPLAY CONNECTIONS | 在窗口中显示当前数据库中的命名连接的信息 |
| DISPLAY DATABASE | 显示当前数据库的信息 |
| DISPLAY PROCEDURES | 显示当前数据库中内部存储过程的名称 |
| DISPLAY STRUCTURE | 显示表的结构 |
| DISPLAY TABLES | 显示当前数据库中的所有表及其相关信息 |
| DISPLAY VIEWS | 显示当前数据库中视图的信息 |
| DROP TABLE | 把表从数据库中移出，并从磁盘中删除 |
| DROP VIEW | 从当前数据库中删除视图 |
| EDIT | 显示要编辑的字段 |
| EXPORT | 将表中数据复制到不同格式的文件中 |
| FIND | 查找命令，现用 SEEK 命令代替 |
| FLUSH | 将对表和索引做出的改动存入磁盘 |
| GATHER | 将选定表中当前记录的数据替换为某个数组、内存变量组或对象中的数据 |
| GO\|GOTO | 移动记录指针，使它指向指定记录号的记录 |
| IMPORT | 从外部文件导入数据，创建一个 FoxPro 新表 |
| INSERT | 在当前表中插入新记录 |
| JOIN | 连接两个表来创建新表 |
| LIST | 显示表或环境信息 |
| LIST CONNECTIONS | 显示当前数据库中命名连接的信息 |
| LIST DATABASE | 显示当前数据库的信息 |
| LIST PROCEDURES | 显示数据库中内部存储过程的名称 |
| LIST TABLES | 显示存储在当前数据库中的所有表及其信息 |
| LIST VIEWS | 显示当前数据库中 SQL 视图的信息 |
| LOCATE | 按顺序查找满足指定条件(逻辑表达式)的第一条记录 |
| MODIFY CONNECTION | 显示连接设计器，允许交互地修改当前数据库中存储的命名连接 |
| MODIFY DATABASE | 打开数据库设计器，允许交互地修改当前数据库 |
| MODIFY GENERAL | 打开当前记录中通用字段的编辑窗口 |

续表

| 命　令 | 功　能 |
| --- | --- |
| MODIFY MEMO | 打开一个编辑窗口,以便编辑备注字段 |
| MODIFY PROCEDURE | 打开 Visual FoxPro 文本编辑器,为当前数据库创建或修改内部存储过程 |
| MODIFY STRUCTURE | 显示"表结构"对话框,允许在对话框中修改表的结构 |
| MODIFY VIEW | 显示视图设计器,允许修改已有的 SQL 视图 |
| OPEN DATABASE | 打开数据库 |
| PACK | 将当前表中具有删除标记的所有记录永久删除 |
| PACK DATABASE | 从当前数据库中删除已做删除标记的记录 |
| QUIT | 结束当前运行的 Visual FoxPro,并把控制权移交给操作系统 |
| RECALL | 在选定表中去掉指定记录的删除标记 |
| RENAME CONNECTION | 重新命名当前数据库中已命名的连接 |
| RENAME TABLE | 重新命名当前数据库中的表 |
| RENAME VIEW | 重新命名当前数据库中的 SQL 视图 |
| REPLACE | 更新表的记录 |
| REPLACE FORM ARRAY | 用数组中的值更新字段数据 |
| SCAN…ENDSCAN | 扫描当前表中所有满足指定条件的记录 |
| SCATTER | 把当前记录的数据复制到一组变量或数组中 |
| SEEK | 在当前表中查找首次出现的、索引关键字与通用表达式匹配的记录 |
| SELECT | 激活指定的工作区 |
| SET DATABASE | 指定当前数据库 |
| SET DATASESSION | 激活指定的表单的数据工作期 |
| SET DELETED | 指定 Visual FoxPro 是否处理带有删除标记的记录 |
| SET EXCLUSIVE | 指定 Visual FoxPro 以独占方式还是以共享方式打开表 |
| SET FIELDS | 指定可以访问表中的哪些字段 |
| SET FILTER | 指定访问当前表中记录时必须满足的条件 |
| SET RELATION | 建立两个或多个已打开的表之间的关系 |
| SET RELATION OFF | 解除在当前选定工作区父表与相关子表之间建立的关系 |
| SET SKIP | 在表之间建立一对多的关系 |
| SET WINDOW OF MEMO | 指定可以编辑备注字段的窗口 |
| SKIP | 使记录指针在表中向前或向后移动 |
| SUM | 对当前表的指定数值字段或全部数值字段进行求和 |

续表

| 命　　令 | 功　　能 |
| --- | --- |
| TOTAL | 对当前表中数值字段按照相同关键字进行分类求和 |
| UPDATE | 用其他表的数据更新当前选定工作区中打开的表 |
| USE | 打开表及其相关索引文件，或打开一个 SQL 视图，或关闭所有表 |
| VALIDATE DATABASE | 保证当前数据库中表和索引位置的正确性 |
| ZAP | 清空打开的表，只留下表的结构 |
| **索引排序命令** | |
| COPY INDEXS | 由单索引文件(扩展名为.idx)创建复合索引文件 |
| COPY TAG | 由复合索引文件中的某一索引标识创建一个单索引文件(扩展名为.idx) |
| DELETE TAG | 删除复合索引文件(.cdx)中的索引标识 |
| INDEX | 创建一个索引文件 |
| REINDEX | 重建已打开的索引文件 |
| SET COLLATE | 指定在后续索引和排序操作中字符字段的排列顺序 |
| SET INDEX | 打开索引文件 |
| SET ORDER | 为表指定一个控制索引文件或索引标识 |
| SET SKY | 指定基于索引键的访问记录范围 |
| SET UNIQUE | 指定有重复索引关键字值的记录是否被保留在索引文件中 |
| SORT | 对当前表排序，并将排序后的记录输出到一个新表中 |
| **数据格式化命令** | |
| \\|\\ | 输出文本行 |
| ? \|?? | 计算表达式的值，并输出计算结果 |
| ??? | 把结果输出到打印机 |
| @…BOX | 使用指定的坐标绘制方框，现用 Shape 控件代替 |
| @…CLASS | 创建一个能够使用 READ 激活的控件或对象 |
| @…CLEAR | 清除窗口的部分区域 |
| @…EDIT 编辑框部分 | 创建一个编辑框，现用 EditBox 控件代替 |
| @…FILE | 更改屏幕某区域内已有文本的颜色 |
| @…GET-复选框命令 | 创建一个复选框，现用 CheckBox 控件代替 |
| @…GET-组合框命令 | 创建一个组合框，现用 ComboBox 控件代替 |
| @…GET-按钮命令 | 创建一个命令按钮，现用 CommandButton 控件代替 |
| @…GET-列表框命令 | 创建一个列表框，现用 ListBox 控件代替 |

续表

| 命　　令 | 功　　能 |
| --- | --- |
| @…GET-选项按钮命令 | 创建一组选项按钮，现用 OptionGroup 控件代替 |
| @…GET-微调命令 | 创建一个微调控件，现用 Spinner 控件代替 |
| @…GET-文本框命令 | 创建一个文本框，现用 TextBox 控件代替 |
| @…GET-透明按钮命令 | 创建一个透明命令按钮，现用 CommandButton 控件代替 |
| @…SAY | 在指定的行列显示或打印结果，现用 Label 控件、TextBox 控件代替 |
| @…SAY-图片 &OLE 对象 | 显示图片和 OLE 对象，现用 Image、OLE Bound、OLE Container 控件代替 |
| @…SCROLL | 将窗口中的某区域向上、向下、向左、向右移动 |
| @…TO | 画一个方框、圆或椭圆，现用 Shape 控件代替 |
| ACCEPT | 从显示屏接收字符串，现用 TextBox 控件代替 |
| CLEAR | 清除屏幕，或从内存中释放指定项 |
| COMPILE FORM | 编译表单对象 |
| CREATE FORM | 打开表单设计器 |
| DEFINE BOX | 在打印文本周围画一个框 |
| DO FORM | 运行已编译的表单或表单集 |
| INPUT | 从键盘输入数据，送入一个内存变量或元素 |
| MODIFY FORM | 打开表单设计器，允许修改或创建表单 |
| MODIFY SCREEN | 打开表单设计器，以便修改或创建表单 |
| READ | 激活控件，现用表单设计器代替 |
| SCROLL | 向上、向下、向左、向右滚动窗口的一个区域 |
| SET BORDER | 为要创建的对话框窗口、菜单窗口定义边框，现用 BorderStyle 属性代替 |
| SET TEXTMERGE | 指定是否对文本合并分隔符括起的内容进行计算，允许指定文本合并输出 |
| SET TEXTMERGE DELIMETERS | 指定文本合并分隔符 |
| SHOW GET | 重新显示指定到内存变量、数组元素或字段的控件 |
| SHOW GETS | 重新显示所有控件 |
| SHOW OBJECT | 重新显示指定控件 |
| TEXT…ENDTEXT | 输出若干行文本、表达式和函数结果 |
| WAIT | 显示信息并暂停 Visual FoxPro 的执行，等待一任意键的输入 |

续表

| 命　　令 | 功　　能 |
| --- | --- |
| **键盘、鼠标命令** | |
| KEYBOARD | 将指定的字符表达式放入键盘缓冲区 |
| MOUSE | 单击、双击、移动或拖动鼠标 |
| ON ERROR | 指定发生错误时要执行的命令 |
| ON ESCAPE | 在程序或命令执行期间，指定按 Esc 键时所执行的命令 |
| ON KEY LABEL | 当按指定的键(组合键)或单击鼠标时，执行指定的命令 |
| ON READERROR | 指定为响应数据输入错误而执行的命令 |
| ON SHUTDOWN | 当试图退出 Visual FoxPro、Microsoft Windows 时，执行指定的命令 |
| PLAY MACRO | 执行一个键盘宏 |
| POP KEY | 恢复用 PUSH KEY 命令放入堆栈内的 ON KEY LABEL 指定的键值 |
| PUSH KEY | 把所有当前 ON KEY LABEL 命令设置放入内存堆栈中 |
| RESTORE MACROS | 把保存在键盘宏文件或备注字段中的键盘宏还原到内存中 |
| SET TYPEAHEAD | 指定键盘输入缓冲区存储的最大字符数 |
| **菜单命令** | |
| @…MENU | 创建一个菜单，现用菜单设计器和 CREATE MENU 命令 |
| @…PROMPT | 创建一个菜单栏，现用菜单设计器和 CREATE MENU 命令 |
| ACTIVATE MENU | 显示并激活一个菜单栏 |
| ACTIVATE POPUP | 显示并激活一个菜单 |
| CREATE MENU | 启动菜单设计器，创建菜单 |
| DEFINE MENU | 创建一个菜单栏 |
| DEFINE PAD | 在菜单栏上创建菜单标题 |
| DEFINE POPUP | 创建菜单 |
| DEACTIVATE MENU | 使一个用户自定义菜单栏失效，并将它从屏幕上移开 |
| DEACTIVATE POPUP | 关闭用 DEFINE POPUP 创建的菜单 |
| DEFINE BAR | 在用 DEFINE POPUP 创建的菜单上创建一个菜单项 |
| HIDE MENU | 隐藏用户自定义的活动菜单栏 |
| HIDE POPUP | 隐藏用 DEFINE POPUP 命令创建的活动菜单 |
| MENU | 创建菜单系统 |
| MENU TO | 激活菜单栏 |
| MODIFY MENU | 打开菜单设计器，以便修改或创建菜单系统 |

续表

| 命　令 | 功　能 |
|---|---|
| MOVE POPUP | 把菜单移到新位置 |
| ON BAR | 指定要激活的菜单或菜单栏 |
| ON EXIT BAR | 离开指定的菜单项时执行的命令 |
| ON PAD | 指定选定菜单标题时要激活的菜单或菜单栏 |
| ON SELECTION BAR | 指定选定菜单项时执行的命令 |
| ON SELECTION MENU | 指定选定菜单栏的任何菜单标题时执行的命令 |
| ON SELECTION PAD | 指定选定菜单栏的菜单标题时执行的命令 |
| ON SELECTION POPUP | 指定选定弹出式菜单的任一菜单项时执行的命令 |
| POP POPUP | 恢复用 PUSH POPUP 放入堆栈内的指定的菜单定义 |
| PUSH MENU | 把菜单栏定义放入内存的菜单栏定义堆栈中 |
| PUSH POPUP | 把菜单定义放入内存的菜单定义堆栈中 |
| READ MENU | 激活菜单,现用菜单设计器创建菜单 |
| RELEASE BAR | 从内存中删除指定菜单项或所有菜单项 |
| RELEASE MENUS | 从内存中删除用户自定义菜单栏 |
| RELEASE PAD | 从内存中删除指定的菜单标题或所有菜单标题 |
| RELEASE POPUPS | 从内存中删除指定的菜单或所有菜单 |
| SET SKIP OF | 启用或禁用用户自定义菜单或 Visual FoxPro 系统菜单的菜单栏、菜单项或菜单标题 |
| SET SYSMENU | 在程序运行期间,启用或禁用 Visual FoxPro 系统菜单栏,并对其重新进行配置 |
| SET MARK OF | 为菜单标题或菜单项指定项标记字符 |
| SHOW MENU | 显示用户自定义菜单栏,但不激活该菜单 |
| SHOW POPUP | 显示用 DEFINE POPUP 定义的菜单,但不激活它 |
| SIZE POPUP | 改变用 DEFINE POPUP 创建的菜单大小 |
| **打印命令** | |
| CREATE REPORT | 在报表设计器中打开一个报表 |
| CREATE REPORT… | 快速创建报表命令,以编程方式创建一个报表 |
| REJECT | 向打印机发送换页符 |
| REJECT PAGE | 向打印机发送有条件走纸的命令 |
| LABEL | 从一个表或标签定义文件中打印标签 |
| MODIFY LABEL | 修改或创建标签,并把它们保存到标签定义文件中 |

续表

| 命　令 | 功　能 |
|---|---|
| MODIFY REPORT | 打开报表设计器，以便修改或创建报表 |
| ON PAGE | 当打印输出到达报表指定行，或使用 REJECT PAGE 时，指定执行的命令 |
| REPORT FORM | 显示或打印报表 |
| **窗口命令** | |
| ACTIVATE SCREEN | 将所有后续结果输出到 Visual FoxPro 的主窗口 |
| ACTIVATE WINDOW | 显示并激活一个或多个窗口 |
| CREATE SCREEN… | 快速创建屏幕命令，以编程方式创建屏幕画面 |
| CREATE SCREEN | 打开表单设计器 |
| DEACTIATE WINDOW | 使窗口失效，并将它们从屏幕上移开 |
| DEFINE WINDOW | 创建一个窗口，并定义其属性 |
| HIDE WINDOW | 隐藏一个活动窗口 |
| MODIFY WINDOW | 修改窗口 |
| MOVE WINDOW | 把窗口移动新位置 |
| RELEASE WINDOWS | 从内存中删除窗口 |
| RESTORE SCREEN | 恢复保存在屏幕缓冲区、内存变量或数组元素中的窗口 |
| RESTORE WINDOW | 把保存在窗口文件或备注字段中的窗口定义或窗口状态恢复到内存 |
| SAVE SCREEN | 把窗口的图像保存到屏幕缓冲区、内存变量或数组元素中 |
| SAVE WINDOWS | 把窗口定义保存到窗口文件或备注字段中 |
| SHOW WINDOW | 显示窗口，但不激活它们 |
| SIZE WINDOW | 更改窗口的大小 |
| ZOOM WINDOW | 改变窗口的大小及位置 |
| **SQL 命令** | |
| ALTER TABLE-SQL | 以编程方式修改表结构 |
| CREATE CURSOR-SQL | 创建临时表 |
| CREATE TABLE-SQL | 创建具有指定字段的表 |
| CREATE SQL VIEW | 显示视图设计器，创建一个 SQL 视图 |
| DELETE FROM-SQL | 对要删除的记录做标记 |
| INSTER INTO-SQL | 在表尾追加一个包含指定字段值的记录 |
| SELECT-SQL | 从表中查询数据 |
| UPDATE-SQL | 以新值更新表中的记录 |

续表

| 命　令 | 功　能 |
|---|---|
| **时间命令** | |
| SET CENTURY | 确定是否显示日期表达式的世纪部分 |
| SET DATA | 确定日期表达式(日期时间表达式)的显示格式 |
| SET FDOW | 指定一星期的第一天 |
| SET FWEEK | 指定一年的第一周要满足的条件 |
| SET MARK TO | 指定日期表达式显示时的分隔符 |
| **程序控制命令** | |
| #DEFINE…#UNDEF | 创建和释放编译期间所用的常量 |
| #IF…#ENDIF | 根据条件决定是否编译某段源代码 |
| #IFDEF\|#IFNDEF…ENDIF | 根据某个编译常量决定是否编译某段代码 |
| #INCLUDE | 告诉预处理器去处理指定的头文件 |
| && | 标明命令行尾注释的开始 |
| * | 标明程序中注释行的开始 |
| ASSERT | 若指定的逻辑表达式为假,则显示一个消息框 |
| CALL | 执行由 LOAD 命令放入内存的二进制文件、外部命令或外部函数 |
| CANCEL | 终止当前运行的 Visual FoxPro 程序文件 |
| COMPILE | 编译程序文件,并生成对应的目标文件 |
| DEBUG | 打开 Visual FoxPro 调试器 |
| DEBUGOUT | 将表达式的值显示在"调试输出"窗口中 |
| DECLARE | 创建一维或二维数组 |
| DLMENSION | 创建一维或二维的内存变量 |
| DO | 执行一个 Visual FoxPro 程序或过程 |
| DO CASE…ENDCASE | 多分支选择命令,执行第一组条件表达式结果为"真"(.T.)的命令 |
| DO WHILE…ENDDO | DO WHILE 循环语句,在条件循环中执行一组命令 |
| DO EVENTS | 执行所有等待的 Windows 事件 |
| ERROR | 生成一个 Visual FoxPro 错误信息 |
| EXIT | 退出 DO WHILE、FOR 或 SCAN 循环语句 |
| EXTERNAL | 对未定义的引用,向应用程序编译器发出警告 |
| FOR…ENDFOR | FOR 循环语句,按指定的次数执行一系列命令 |
| FOR EACH…ENDFOR | FOR 循环语句,对数组中或集合中的每一个元素执行一系列命令 |
| FUNCTION | 定义一个用户自定义函数 |

续表

| 命　　令 | 功　　能 |
| --- | --- |
| GETEXPR | 显示表达式生成器，以便创建一个表达式，并将表达式存储在一个内存变量或数组元素中 |
| IF…ENDIF | 条件转向语句，根据逻辑表达式，有条件地执行一系列命令 |
| LOAD | 将一个二进制文件、外部命令或外部函数装入内存 |
| LOCAL | 创建一个本地内存变量或内存变量数组 |
| LPARAMETERS | 指定本地参数，接收调用程序传递来的数据 |
| MODIFY COMMAND | 打开编辑窗口，以便修改或创建一个程序文件 |
| PARAMETERS | 把调用程序传递过来的数据赋给私有内存变量或数组 |
| PRIVATE | 在当前程序文件中指定隐藏调用程序中定义的内存变量或数组 |
| PROCEDURE | 标识一个过程的开始 |
| PUBLIC | 定义全局内存变量或数组 |
| REGIONAL | 创建局部内存变量和数组 |
| RELEASE | 从内存中删除内存变量或数组 |
| RELEASE LIBRARY | 从内存中删除一个单独的外部 API 库 |
| RELEASE PROCEDURE | 关闭用 SET PROCEDURE 打开的过程 |
| RESTORE FROM | 检索内存文件或备注字段中的内存变量和数组，并把它们放入内存中 |
| RESUME | 继续执行挂起的程序 |
| RETRY | 重新执行同一个命令 |
| RETURN | 把程序控制返回给调用程序 |
| SAVE TO | 把当前内存变量或数组保存到内存变量文件或备注字段中 |
| SET DEBUGOUT | 将调试结果输出到文件中 |
| SET ECHO | 打开程序调试器及跟踪窗口 |
| SET EVENTLIST | 指定调试时跟踪的事件 |
| SET EVENTTRACKING | 开启或关闭事件跟踪，或将事件跟踪结果输出到文件中 |
| SET LIBRARY | 打开一个外部 API 库文件 |
| SET LOGERRORS | 确定 Visual FoxPro 是否将编译的错误信息送到一个文本文件中 |
| SET PROCEDURE | 打开一个过程文件 |
| SET READBORDER | 确定是否在@…GET 创建的文本框周围放上边框 |
| SET TRBETWEEN | 在跟踪窗口的断点之间确定是否可以进行跟踪 |
| SET UDFPARMS | 指定参数传递方式(按值传递或引用传递) |
| STORE | 把数据存储到内存变量、数组或数组元素中 |

续表

| 命令 | 功能 |
| --- | --- |
| SUSPEND | 暂停程序的执行,并返回到 Visual FoxPro 交互状态 |
| **程序管理命令** | |
| BUILD APP | 创建以.app 为扩展名的应用程序 |
| BUILD DLL | 创建一个动态链接库 |
| BUILD EXE | 创建一个可执行文件 |
| BUILD PROJECT | 创建并连编一个项目文件 |
| COMPILE | 编译程序文件,并生成对应的目标文件 |
| CREATE PROJECT | 打开项目管理器,创建项目 |
| CREATE QUERY | 打开查询设计器 |
| DISPLAY MEMORY | 显示内存或数组的当前内容 |
| HELP | 打开帮助窗口 |
| LIST MEMORY | 显示变量信息 |
| MODIFY PROJECT | 打开项目管理器,以便创建或修改项目文件 |
| MODIFY QUERY | 打开查询设计器,以便修改或创建查询 |
| READ EVENTS | 开始事件处理 |
| **网络命令** | |
| BEGIN TRANSACTION | 开始一个事务 |
| CREATE SQL VIEW | 显示视图设计器,创建一个 SQL 视图 |
| END TRANSACTION | 结束当前事务 |
| ROLLBACK | 取消当前事务所做的任何改变 |
| SET LOCK | 激活或停止在某些命令中的自动锁定文件 |
| SET MULTILOCKS | 可以用 LOCK( )或 RLOCK( )锁住多个记录 |
| SET REFRESH | 当网络上的其他用户修改记录时,确定是否更新浏览窗口 |
| SET REPROCESS | 指定一次锁定不成功时,再加锁的次数或时间 |
| UNLOCK | 从表中释放记录锁定或文件锁定 |

# 附录 B Visual FoxPro 主要函数

函数参数使用英文单词表示其意义，如：nExpression 表示参数为数值表达式，cExpression 表示参数为字符表达式等。

| 函　　数 | 功　　能 |
|---|---|
| & | 宏代换函数 |
| ABS(nExpression) | 求绝对值 |
| ACLASS(ArrayName,oExpression) | 将对象的类名代入数组 |
| ACOPY ( sourceArrayName, DestinationArrayName [,nFirstSource-Element [,nNumberElements [,nFirst-DestElement]]]) | 复制数组 |
| ACOS(nExpression) | 返回弧度制余弦值 |
| ADATABASES(ArrayName) | 将打开的数据库的名字代入数组 |
| ADBOBJECTS(ArrayName,cSetting) | 将当前数据库中的表等对象的名字代入数组 |
| ADDBS(cPath) | 在路径末尾加反斜杠 |
| ADEL(ArrayName,nElementNumber [,2]) | 删除一维数组元素、二维数组行或列 |
| ADIR(ArrayName [,cfileSkeleton [,cAttribute]]) | 将文件信息写入数组并返回文件数 |
| AELEMENT(ArrayName,nRowSubscript [,nColumnSubscript]) | 由数组下标返回数组元素号 |
| AERROR(ArrayXName) | 创建包含 Visual FoxPro、ODBC 最近的错误信息的数组 |
| AFIELDS(ArrayName [,nWorkArea\| cTableAlias]) | 当前表的结构存入数组并返回字段数 |
| AFONT(ArrayName [,cFontName [,nFontSize]]) | 将字体名、字体尺寸代入数组 |
| AGETCLASS(ArrayName [,cLibraryName [,cClassName [, cTitleText [, cFileNameCaption [,cButtonCaption]]]]]) | 在打开对话框中显示类库，并创建包含类库名和所选类的数组 |
| AGETFILEVERSION(ArrayName,cfileName) | 创建包含 Windows 版本文件信息的数组 |
| AINS(ArrayName,nElementNumber[,2]) | 将一维数组插入元素，二维数组插入行或列 |
| AINSTANCE(ArrayName,cClassName) | 将类的实例代入数组，并返回实例数 |
| ALEN(arrayName [,nArrayAttribute]) | 返回数组元素数、行或列数 |

续表

<table>
<tr><th>函　　数</th><th>功　　能</th></tr>
<tr><td>ALIAS ([nWorkArea|cTableAlias])</td><td>返回表的别名,或指定工作区的别名</td></tr>
<tr><td>ALINES(ArrayName,cExpression [,lTrim]</td><td>将字符表达式或备注型字段按行复制到数组</td></tr>
<tr><td>ALLTRIM(cExpression)</td><td>删除字符串前后空格</td></tr>
<tr><td>AMEMBERS(ArrayName,ObjectName ‖ cClassName [,1 | 2])</td><td>将对象的属性、过程、对象成员名代入数组</td></tr>
<tr><td>AMOUSEOBJ(ArrayName [,1])</td><td>创建包含鼠标指针位置信息的数组</td></tr>
<tr><td>ANETRESOURCES ( ArrayName, cNetworkName, nResourceType)</td><td>将网络共享或打印机名代入数组,返回资源数</td></tr>
<tr><td>APRINTERS(ArrayName)</td><td>将 Windows 打印管理器当前打印机名代入数组</td></tr>
<tr><td>ASC(cExpression)</td><td>取字符串首字符的 ASCII 码值</td></tr>
<tr><td>ASCAN ( ArrayName, cExpression [, nStartElement, [ nElementsSearched]])</td><td>在数组中找指定表达式</td></tr>
<tr><td>ASELOBJ(ArrayName,[ 1|2])</td><td>将表单设计器当前控件的对象引用代入数组</td></tr>
<tr><td>ASIN(nExpression)</td><td>求反正弦值</td></tr>
<tr><td>ASORT(ArrayName [,nStartElement, [,NumberSorted [,SortOrder]]])</td><td>将数组元素排序</td></tr>
<tr><td>ASUBSCRIPT(ArrayName, nElementNumber, nSubscript)</td><td>从数组元素序号返回该元素行或列的下标</td></tr>
<tr><td>AT(cSearchExpression,cExpressionSearched [,nOccurrence])</td><td>求字符串起始位置</td></tr>
<tr><td>AT-C(cSearchExpression,cExpressionSearched [,nOccurrence])</td><td>可用于双字节字符表达式,对于单字节字符表达式等同于 AT 命令</td></tr>
<tr><td>ATAN(nExpression)</td><td>求反正切值</td></tr>
<tr><td>ATC(cSearchExpression,cExpressionSearched [,nOccurrence])</td><td>类似于 AT,但不区分大小写</td></tr>
<tr><td>ATCC(cSearchExpression,cExpressionSearched [,nOccurrence])</td><td>类似于 AT-C,但不区分大小</td></tr>
<tr><td>ATCLINE(cSearchExpression,cExpressionSearched)</td><td>子串行号函数</td></tr>
<tr><td>ATLINE(cSearchExpression,cExpressionSearched)</td><td>子串行号函数,但不区分大小写</td></tr>
<tr><td>ATN2(nYCoordinate,nXCoordinate)</td><td>由坐标值求反正切值</td></tr>
<tr><td>AUSED(ArrayName [,nDateSessionNumber])</td><td>将表的别名和工作区代入数组</td></tr>
<tr><td>AVCXCLASSES(ArrayName,cLibraryName)</td><td>将类库中类的信息代入数组</td></tr>
<tr><td>BAR()</td><td>返回所选弹出式菜单或 Visual FoxPro 菜单命令项号</td></tr>
<tr><td>BETWEEN(eTestValue,eLowValue,eHighValue)</td><td>表达式值是否在其他两个表达式之间</td></tr>
</table>

续表

| 函　　数 | 功　　能 |
| --- | --- |
| BINTOC(nExpression [,nSize]) | 整型值转换为二进制字符 |
| BITAND(nExpression1, nExpression2) | 按二进制数与的结果返回两个数值 |
| BITCLEAR(nExpression1, nExpression2) | 对数值中指定的二进制位置零,并返回结果 |
| BITLSHIFT(nExpression1, nExpression2) | 返回二进制数的左移结果 |
| BITNOT(nExpression) | 按二进制数 NOT 操作的结果,返回数值 |
| BITOR(nExpression1, nExpression2) | 按二进制数 OR 操作的结果,返回数值 |
| BITRSHIFT(nExpression1, nExpression2) | 返回二进制数值右移结果 |
| BITSET(nExpression1, nExpression2) | 对数值中指定的二进制位置 1,并返回结果 |
| BITTEST(nExpression1, nExpression2) | 若数值中指定的二进位置 1 返回 T |
| BITXOR(nExpression1, nExpression2) | 按二进制 XOR 操作的结果,返回数值 |
| BOF([nWorkArea\|cTableAlias]) | 将记录指针移动到文件头 |
| CANDIDATE ([ nIndexNumber ] [, nWorkArea \| cTableAlias]) | 索引标识是候选索引 |
| CAPSLOCK([lExpression]) | 返回 CapsLock 键的状态 ON 或 OFF |
| CDOW(dExpression\|tExpression) | 返回英文星期几 |
| CDX(nIndexNumber [,nWorkArea\|cTableAlias]) | 返回复合索引文件名 |
| CEILING(nExpression) | 返回不小于某值的最小整数 |
| CHR(nANSICode) | 由 ASCII 码转为相应字符 |
| CHRSAW([nSeconds]) | 键盘缓冲区是否有字符 |
| CHRTRAN(cSearchedExpression,cSearchExpression, cReplacementExpression) | 替换字符 |
| CHRTRANC(cSearched,cSearchFor,cReplacement) | 替换双字节字符,对于单字节字符等同于 CHRTRAN |
| CMONTH(dExpression \| tExpression) | 返回英文月份 |
| CNTBAR(cMenuName) | 返回菜单项数 |
| CNTPAD(cMenuBarName) | 返回菜单标题数 |
| COL() | 返回光标所在列,现用 CurrentX 属性代替 |
| COMPOBJ(oExpression1,oExpression2) | 比较两个对象属性是否相同 |
| COS(nExpression) | 返回余弦值 |
| CPCONVERT ( nCurrentCodePage, nNewCodePage, cExpression) | 将备注型字段或字符表达式转为另一代码页 |
| CPCURRENT([1 \| 2]) | 返回 Visual FoxPro 配置文件或操作系统代码页 |

续表

| 函　数 | 功　能 |
| --- | --- |
| CPDBF( [nWorkArea \| cTableAlias]) | 返回打开的表中被标记的代码页 |
| CREATEBINARY(cExpression) | 转换字符型数据为二进制字符串 |
| CREATEOBJECT(ClassName [,eParameter1, eParameter2,…]) | 从类定义创建对象 |
| CREATEOBJECTEX(cCLSID \| cPROGID, cComputerName) | 创建远程计算机上注册为 COM 对象的实例 |
| CREATEOFFLINE(ViewName [,cPath]) | 取消存在的视图 |
| CTOBIN(cExpression) | 将二进制字符转换为整型值 |
| CTOD(cExpression) | 将日期字符串转换为日期型 |
| CTOT(cCharacterExpression) | 从字符表达式返回日期时间 |
| CURDIR() | 返回 DOS 当前目录 |
| CURSORGETPROP(cProperty [,nWorkArea \| cTableAlias]) | 返回为表或临时表设置的当前属性 |
| CURSORSETPROP(cProperty [,eExpression] [,cTableAlias \| nWorkArea]) | 为表或临时表设置属性 |
| CURVAL(eExpression [,cTableAlias\|nWorkArea]) | 直接从磁盘返回字段值 |
| DATE([nYear,nMonth,nDay]) | 返回当前系统日期 |
| DAY(dExpression\|tExpression) | 返回日期数 |
| DATETIME ([ nYear, nMonth, nDay [, nHours [,nMinutes [,nSeconds]]]]) | 返回当前日期时间 |
| DBC() | 返回当前数据库名 |
| DBF([cTableAlias\|nWorkArea]) | 指定工作区中的表名 |
| DBGETPROP() | 返回当前数据库、字段、表或视图的属性 |
| DBSETPROP ( cName, cType, cProperty, eProperty Value) | 为当前数据库、字段、表或视图设置属性 |
| DBUSED(cDatabaseName) | 数据库是否打开 |
| DDEAbortTrans(nTransactionNumber) | 中断 DDE 处理 |
| DDEAdvise ( nChannelNumber, cItemName, cUDFName,nlinkType) | 创建或关闭一个温式或热式连接 |
| DDEEnabled ([lExpression1\|nChannelNumber [,lExpression2]]) | 允许或禁止 DDE 处理,或返回 DDE 状态 |
| DDEExecute (nChannelNumber,cCommand [,cUDFName]) | 利用 DDE,执行服务器的命令 |
| DDEInitiate(cServiceName,cTopicName) | 建立 DDE 通道,初始化 DDE 对象 |
| DDELastError() | 返回最后一次 DDE 函数错误 |

续表

| 函　数 | 功　能 |
|---|---|
| DDEPoke(nChannelNumber, cItemName, cDataSent[, cDataFormat [,cUDFName]]) | 在客户和服务器之间传送数据 |
| DDERequest(nChannelNumber,cItemName [,cDataFormat[,cUDFName]]) | 向服务器程序获取数据 |
| DDESetOption(cOption [,nTimeoutValue\| lExpression]) | 改变或返回 DDE 的位置 |
| DDESetService ( nServiceName, cOption [, cDataFormat \| lExpression]) | 创建、释放或修改 DDE 服务名和设置 |
| DDETerminate(nChannelNumber\|cServiceName) | 关闭 DDE 通道 |
| DELETED([cTableAlias\|nWorkArea]) | 测试指定工作区当前记录是否有删除标记 |
| DIFFERENCE(cExpression1,cExpression2) | 用数表示两字符串拼写的区别 |
| DIRECTORY(cDirectoryName) | 在磁盘上找到目录则返回.T. |
| DISKSPACE([cVolumeName]) | 返回磁盘可用空间字节数 |
| DMY(dExpression\|tExpression) | 以 Day-Month-Year 格式返回日期 |
| DOW(dExpression,tExpression [,nFirstDayOfWeek]) | 返回星期几 |
| DRIVETYPE(cDrive) | 返回驱动器类型 |
| DTOC(dExpression\|tExpression [,1]) | 日期型转字符型 |
| DTOR(nExpression) | 度转为弧度 |
| DTOS(dExpression\|tExpression) | 以 yyyymmdd 格式返回字符串日期 |
| DTOT(dDataExpression) | 从日期表达式返回日期时间 |
| EMPTY(eExpression) | 表达式是否为空 |
| EOF([nWorkArea\|cTableAlias]) | 记录指针是否在表尾后 |
| ERROR() | 返回错误号 |
| EVALUATE(cExpression) | 返回表达式的值 |
| EXP(nExpression) | 返回指数值 |
| FCHSIZE(nFileHandle,nNewFileSize) | 改变文件的大小 |
| FCLOSE(nFileHandle) | 关闭文件或通信口 |
| FCOUNT([nWorkArea\|cTableAlias]) | 返回字段数 |
| FCREATE(cFileName [,nFileAttribute]) | 创建并打开低级文件 |
| FDATE(cFileName [,nType]) | 返回最后修改日期或日期时间 |
| FEOF(nFileHandle) | 指针是否指向文件尾部 |
| FERROR() | 返回执行文件的出错信息号 |

续表

| 函　数 | 功　能 |
|---|---|
| FFLUSH(nFileHandle) | 存盘 |
| FGETS(nFileHandle [,nBytes]) | 取文件内容 |
| FIELD(nFieldNumber [,nWorkArea\|cTableAlias]) | 返回字段名 |
| FILE(cFileName) | 测试指定文件名是否存在 |
| FILETOSTR(cFileName) | 以字符串返回文件内容 |
| FILTER([nWorkArea\|cTableAlias]) | SET FILTER 中设置的过滤器 |
| FKLABLE(nFunctionKeyNumber) | 返回功能键名称 |
| FKMAX() | 可编程功能键个数 |
| FLOCK([nWorkArea\|cTableAlias]) | 企图对当前表或指定表加锁 |
| FLOOR(nExpression) | 返回不大于指定数的最大整数 |
| FONTMETRIC(nAttribute [,cFontName,nFontSize [,cFontStyle]]) | 从当前安装的操作系统字体返回字体属性 |
| FOPEN(cFileName [,nAttribute]) | 打开文件 |
| FOR([nIndexNumber [,nWorkArea\|cTableAlias]]) | 返回索引表达式 |
| FOUND([nWorkArea\|cTableAlias]) | 最近一次搜索数据是否成功 |
| FPUTS(nFileHandle,cExpression [,nCharactersWritten]) | 向文件中写内容 |
| FREAD(nFileHandle,nBytes) | 读文件中的内容 |
| FSEEK(nFileHandle,nBytesMoved [,nRelativePosition]) | 移动文件指针 |
| FSIZE(cFieldName [,nWorkArea\|cTableAlias]\| cFileName) | 指定字段字节数 |
| FTIME(cFileName) | 返回文件最后修改时间 |
| FULLPATH(cFileName1[,nMSDOSPath\| eFileName2]) | 路径函数 |
| FV(nPayment,nInterestRate,nP) | 未来值函数 |
| GETBAR(MenuItemName,nMenuPosition) | 返回菜单项数 |
| FWRITE(nFileHandle,cExpression [,nCharactersWritten]) | 向文件中写内容 |
| GETCOLOR([nDefaultColorNumber]) | 显示窗口颜色对话框,返回所选颜色数 |
| GETCP([nCodePage] [,cText] [,cDialogTitle]) | 显示代码页对话框 |
| GETDIR([cDirectory [,cText]]) | 显示选择目录对话框 |
| GETENV(cVariableName) | 返回指定的 MS-DOS 环境变量内容 |

续表

| 函　数 | 功　能 |
|---|---|
| GETFILE([cFileExtensions] [,cText] [,cOpenButtonCaption] [,nButtonType], [cTitleBarCaption]) | 显示打开对话框,返回所选文件名 |
| GETFLDSTATE(cFieldName\|nFieldNumber [,cTableAlias\|nWorkArea]) | 表或临时表的字段被编辑,返回数值 |
| GETFONT(cFontName [,nFontsize [,cFontStyle]]) | 显示字体对话框,返回选取的字体名 |
| GETHOST() | 返回对象引用 |
| GETOBJECT(FileName [,ClassName]) | 激活自动对象,创建对象引用 |
| GETPAD(cMenuBarName,nMenuBarPosition) | 返回菜单标题 |
| GETPEM ( oObjectName \| cClassName, cProperty \| cEvent\|cMethod) | 返回属性值、事件或方法的程序代码 |
| GETPICTC [ cFileExtensions ] [, cFileNameCaption ] [,cOpenButtonCaption] | 显示打开图像对话框,返回所选图像文件名 |
| GETPRINTER() | 显示打印对话框,返回所选打印机名 |
| GOMONTH(dExpression\|tExpression, nNumberOfMonths) | 返回指定月的日期 |
| HEADER([nWorkArea\|cTableAlias]) | 返回当前表或指定表头部字节数 |
| HOME(nLocation) | 返回 Visual FoxPro 和 Visual Studio 目录名 |
| HOUR(tExpression) | 返回小时 |
| IIF(lExpression,eExpression1,eExpression2) | IIF 函数,类似于 IF…ENDIF |
| INDBC(cDatabaseObjectName,cType) | 若指定的数据库是当前数据库则返回.T. |
| INDEXSEEK(eExpression [,lMovePointer [,nWorkArea\|cTableAlias [,nIndexNumber\| cIDXIndexFileName\|cTagName]]]) | 不移动记录指针搜索索引表 |
| INKEY([nSeconds] [,cHideCursor]) | 返回所按键的 ASCII 码 |
| INLIST(eExpression1,eExpression2[,eExpression3…]) | 表达式是否在表达式清单中 |
| INSMODE([lExpression] | 返回或设置 INSERT 方式 |
| INT(nExpression) | 取整 |
| ISALPHA(cExpression) | 字符串是否以数字开头 |
| ISBLANK(eExpression) | 表达式是否为空格 |
| ISCOLOR() | 是否在彩色方式下运行 |
| ISDIGIT(cExpression) | 字符串是否以数字开头 |
| ISEXCLUSIVE([TableAlias\|nWorkArea\|cDatabase-Name [,nType]]) | 若表或数据库以独占方式打开则返回.T. |

续表

| 函　数 | 功　能 |
| --- | --- |
| ISFLOCKED([nWorkArea\|cTableAlias]) | 返回表的锁定状态 |
| ISLOWER(cExpession) | 字符串是否以小写字母开头 |
| ISMOUSE() | 有鼠标则返回.T. |
| ISNULL(eExpression) | 表达式是NULL值则返回.T. |
| ISREADONLY([nWorkArea\|cTableAlias]) | 表是否以只读方式打开 |
| ISRLOCKED([nRecordNumber, [nWorkArea\|cTableAlias]]) | 返回记录的锁定状态 |
| ISUPPER(cExpression) | 字符串是否以大写字母开头 |
| JUSTDRIVE(cPath) | 从全路径返回驱动器字符 |
| JUSTTEXT(cPath) | 从全路径返回3个字符的扩展名 |
| JUSTFNAME(cFileName) | 从全路径返回文件名 |
| JUSTPATH(cFileName) | 返回路径 |
| JUSTSTEM(cFileName) | 返回文件主名 |
| KEY([CDXFileName,]nIndexNumber [,nWorkArea\|cTableAlias]) | 返回索引关键表达式 |
| KEYMATCH(eIndexKey [,nIndexNumber [,nWorkArea\|cTableAlias]]) | 搜索索引标识或索引文件 |
| LASTKEY() | 取最后按键值 |
| LEFT(cExpression,nExpression) | 取字符串左子串函数 |
| LEFTC(cExpression,nExpression) | 取字符串左子串函数,用于双字节字符 |
| LEN(cExpression) | 取字符串长度函数 |
| LENC(cExpression) | 取字符串长度函数,用于双字节字符 |
| LIKE(cExpression1,cExpression2) | 字符串包含函数 |
| LIKEC(cExpression1,cExpression2) | 字符串包含函数,用于双字节字符 |
| LINENO([1]) | 返回从主程序开始的程序执行行数 |
| LOADPICTURE([cFileName]) | 创建图形对象引用 |
| LOCFILE(cFileName [,cFileExtensions] [,cFileNameCaption]) | 查找文件 |
| LOCK([nWorkArea \| cTableAlias] \| [cTableAlias] \| [cRecordNumberList,nWorkArea\|cTableAlias]) | 对当前记录加锁 |
| LOG(nExpression) | 求自然对数 |
| LOOKUP(ReturnField,eSearchExpression. SearchedField [,cTagName]) | 搜索表中匹配的第1条记录 |

续表

| 函　　数 | 功　　能 |
|---|---|
| LOG10(nExpression) | 求常用对数 |
| LOWER(cExpression) | 将大写字母转换成小写字母 |
| LTRIM(cExpression) | 除去字符串前导空格 |
| LUPDATE([nWorkArea\|cTableAlias]) | 返回表的最后修改日期 |
| MAX(eExpression1,eExpression2 [,eExpression3…]) | 求最大值 |
| MCOL([cWindowsName [,nScaleMode]]) | 返回鼠标指针在窗口中列的位置 |
| MDX(nIndexNumber [,nWorkArea\|cTableAlias]) | 由序号返回.cdx索引文件名 |
| MDY(dExpression\|tExpression) | 返回 month-day-year 格式日期或日期时间 |
| MEMLINES(MemoFieldName) | 返回备注型字段行数 |
| MEMORY() | 返回内存可用空间 |
| MENU() | 返回活动菜单项名 |
| MESSAGE([1]) | 以字符串形式返回当前错误提示信息,或返回导致这个错误的程序行内容 |
| MESSAGEBOX ( cMessageText [, nDialogBoxType [,cTitleBarText]]) | 显示信息对话框 |
| MIN(eExpression1,eExpression2 [,eExpression3…]) | 求最小值 |
| MINUTE(tExpression) | 从日期时间表达式返回分钟 |
| MLINE(MemoFieldName. nLineNumber [,nNumberOfCharacters]) | 从备注型字段返回指定行 |
| MOD(nDividend,nDivisor) | 返回两数相除的余数 |
| MONTH(dExpression\|tExpression) | 求月份 |
| MRKBAR(cMenuName,nMenuItemNumber\|cSystemMenuItemName) | 菜单项是否做标记 |
| MRKPAD(cMenuBarName,cMenuTitleName) | 菜单标题是否做标记 |
| MROW([cWindowName [,nScaleMode]]) | 返回鼠标指针在窗口行的位置 |
| MTON(mExpression) | 从货币表达式返回数值 |
| MWINDOW([cWindowName]) | 鼠标指针是否指定在窗口内 |
| NDX(nIndexNumber [,WorkArea\|cTableAlias]) | 返回索引文件名 |
| NEWOBJECT(cClassName [,cModule[cInApplication [,eParameter1,eParameter2,…]]]) | 从.vcx类库或程序创建新类或对象 |
| NTOM(nExpression) | 数值转换为货币 |
| NUMLOCK([lExpression]) | 返回或设置 NumLocks 键状态 |
| OBJTOCLIENT(ObjectName,nPosition) | 返回控件或与表单有关对象的位置或大小 |

续表

| 函　　数 | 功　　能 |
|---|---|
| OCCURS(cSearchExpression,cExpressionSearched) | 返回字符表达式出现次数 |
| OEMTOANSI() | 将 OEM 字符转换成 ANSI 字符集中的相应字符 |
| OLDVAL(cExpression [,cTableAlias\|nWorkArea]) | 返回源字段值 |
| ON(cOnCommand [,KeyLabelName]) | 返回发生指定情况时执行的命令 |
| ORDER([nWorkArea\|cTableAlias [,nPath]]) | 返回索引文件或标识名 |
| OS([1\|2]) | 返回操作系统名和版本号 |
| PAD([cMenuTitle [,cMenuBarName]]) | 返回菜单标题 |
| PADL(eExpression,nResultSize [ ,cPadCharacter]) | 返回串,并在左边、右边和两头加字符 |
| PARAMETERS() | 返回调用程序时传递的参数个数 |
| PAYMENT(nPrincipal,nInterestRate,nPayments) | 分期付款函数 |
| PCOL() | 返回打印机当前列坐标 |
| PCOUNT() | 返回经过当前程序的参数个数 |
| PEMSTATUS(oObjectName\|cClassName,cProperty\|cEvent\|cMethod\|cObject,nAttribute) | 返回属性 |
| PI() | 返回常数 |
| POPUP([cMenuName]) | 返回活动菜单名 |
| PRIMARY([nIndexNumber] [,nWorkArea\|cTableAlias]) | 若是主索引标识则返回.T. |
| PRINTSTATUS() | 打印机在线则返回.T. |
| PRMBAR(MenuName,nMenuItemNumber) | 返回菜单项文本 |
| PRMPAD(MenuBarName,MenuTitleName) | 返回菜单标题文本 |
| PROGRAM([nLevel]) | 返回当前执行程序的程序名 |
| PROMPT() | 返回所选的菜单标题的文本 |
| PROPER(cExpression) | 首字母大写,其余字母小写 |
| PROW() | 返回打印机当前行坐标 |
| PRTINFO(nPrinterSetting [,cPrinterName]) | 返回当前指定的打印机设置 |
| PUTFILE([cCustomText] [,cFileName] [,cFileExtensions]) | 引用 Save As 对话框,返回指定的文件名 |
| RAND([nSeedValue]) | 生成 0～1 之间的一个随机数 |
| RAT(cSearchExpression,cExpressionSearched [,nOccurrence]) | 返回最后一个子串位置 |
| RATLINE(cSearchExpression,cExpressionSearched) | 返回最后行号 |

续表

| 函　数 | 功　能 |
| --- | --- |
| RECCOUNT([nWorkArea\|cTableAlias]) | 返回记录条数 |
| RECNO([nWorkArea\|cTableAlias]) | 返回当前记录号 |
| RECSIZE([nWorkArea\|cTableAlias]) | 返回记录长度 |
| REFRESH([nRecords [,nRecordOffset]] [,cTableAlias\|nWorkArea]) | 更新数据 |
| RELATION(nRelationNumber [,nWorkArea\| cTableAlias]) | 返回关联表达式 |
| REPLICATE(cExpression,nTimes) | 返回重复字符串 |
| REQUERY([nWorkArea\|cTableAlias]) | 搜索数据 |
| RGB(nRedValue,nGreenValue,nBlueValue) | 返回颜色值 |
| RGBSCHEME(nColorSchemeNumber [,nColorPairPosition]) | 返回 RGB 色彩对 |
| RIGHT(cExpression,nCharacters) | 返回字符串的右子串 |
| RLOCK(nWorkArea\|cTableAlias)\| [cRecordNumberList,nWorkArea\|cTableAlias]) | 记录加锁 |
| ROUND(nExpression,nDecimalPlaces) | 四舍五入 |
| ROW() | 返回光标行坐标 |
| RTOD(nExpression) | 弧度转化为角度 |
| RTRIM(cExpression) | 去掉字符串尾部空格 |
| SAVEPICTURE(oObjectReference,cFileName) | 创建位图文件 |
| SCHEME(nSchemeNumber [,nColorPairNumber]) | 返回一个颜色对 |
| SCOLS() | 屏幕列数函数 |
| SEC(tExpression) | 返回秒 |
| SECONDS() | 返回经过秒数 |
| SEEK ( eExpression [, nWorkArea \| cTableAlias [,nIndexNumber\|cIDXIndexFileName\|cTagName]]) | 索引查找函数 |
| Select([0\|1\|cTableAlias]) | 返回当前工作区号 |
| SET(cSETCommand [,1\|cExpression\|2\|3]) | 返回指定 SET 命令的状态 |
| SIGN(nExpression) | 符号函数,返回数值 1、−1 或 0 |
| SIN(nExpression) | 求正弦值 |
| SKPBAR(cMenuName,MenuItemNumber) | 指定菜单项是否可用 |
| SKPPAD(cMenuBarName,cMenuTitleName) | 指定菜单标题是否可用 |
| SOUNDEX(cExpression) | 字符串语音描述 |

续表

| 函　数 | 功　能 |
|---|---|
| SPACE(nSpaces) | 产生空格字符串 |
| SQLCANCEL(nConnectionHandle) | 取消执行 SQL 语句查询 |
| SQRT(nExpression) | 求平方根 |
| SROWS() | 返回 Visual FoxPro 主屏幕可用行数 |
| STR(nExpression [,nLength [,nDecimalPlaces]]) | 数字型转换成字符型 |
| STRCONV(cExpression,nConversionSetting [,nLocaleID]) | 字符表达式转换为单精度或双精度描述的串 |
| STRTOFILE(cExpression,cFileName [,lAdditive]) | 将字符串写入文件中 |
| STRTRAN(cSearched,cSearchFor [,cReplacement] [,nStartOccurrence] [,nNumberOfOccurrences]) | 子串替换 |
| STUFF(cExpression,nStartReplacement, nCharactersReplaced,cReplacement) | 修改字符串 |
| SUBSTR(cExpression,nStartPosition [,nCharactersReturned]) | 求子串 |
| SYS() | 返回 Visual FoxPro 的系统信息 |
| SYS(0) | 返回网络机器信息 |
| SYS(1) | 以阳历的数字字符串的形式返回自 1752 年 9 月 14 日到当前系统日期的天数(返回值在美国有效) |
| SYS(2) | 返回当天秒数 |
| SYS(3) | 取文件名函数 |
| SYS(5) | 默认驱动器函数 |
| SYS(6) | 打印机设置函数 |
| SYS(7) | 格式文件函数 |
| SYS(9) | Visual FoxPro 序列号函数 |
| SYS(10) | 新历函数 |
| SYS(11) | 旧历函数 |
| SYS(12) | 内存变量函数 |
| SYS(13) | 打印机状态函数 |
| SYS(14) | 索引表达式函数 |
| SYS(15) | 转换字符函数 |
| SYS(16) | 执行程序名函数 |
| SYS(17) | 中央处理器类型函数 |

续表

| 函　数 | 功　能 |
|---|---|
| SYS(21) | 控制索引号函数 |
| SYS(22) | 控制标识或索引名函数 |
| SYS(23) | EMS 存储空间函数 |
| SYS(24) | EMS 限制函数 |
| SYS(100) | SET CONSOLE 状态函数 |
| SYS(101) | SET DEVICE 状态函数 |
| SYS(102) | SET PRINTER 状态函数 |
| SYS(103) | SET TALK 状态函数 |
| SYS(1001) | 内存总空间函数 |
| SYS(1016) | 用户占用内存函数 |
| SYS(1037) | 打印设置对话框函数 |
| SYS(1270) | 对象位置函数 |
| SYS(1271) | 对象的.scx 文件函数 |
| SYS(2000) | 输出文件名函数 |
| SYS(2001) | 指定 SET 命令当前值函数 |
| SYS(2002) | 光标状态函数 |
| SYS(2003) | 当前目录函数 |
| SYS(2004) | 系统路径函数 |
| SYS(2005) | 当前源文件名函数 |
| SYS(2006) | 图形卡和显示器函数 |
| SYS(2010) | 返回 CONFIGSYS 中文件的设置 |
| SYS(2011) | 加锁状态函数 |
| SYS(2012) | 备注型字段数据块尺寸函数 |
| SYS(2013) | 系统菜单内部名函数 |
| SYS(2014) | 文件最短路径函数 |
| SYS(2015) | 唯一过程名函数 |
| SYS(2018) | 错误参数函数 |
| SYS(2019) | Visual FoxPro 配置文件名和位置函数 |
| SYS(2020) | 返回默认盘空间 |
| SYS(2021) | 索引条件函数 |

续表

| 函　数 | 功　能 |
|---|---|
| SYS(2022) | 簇函数 |
| SYS(2023) | 返回临时文件路径 |
| SYS(2029) | 表类型函数 |
| SYSMETRIC(nScreenElement) | 返回窗口类型,显示元素的大小 |
| TAG([CDXFileName,]nTagNumber [,nWorkArea\|cTableAlias]) | 返回.cdx 标识或.idx 索引文件名 |
| TAGCOUNT([CDXFileName [,nExpression\|cExpression]]) | 返回.cdx 标识或.idx 索引数 |
| TAGNO([IndexName [,CDXFileName [,nExpression\|cExpression]]]) | 返回.cdx 标识或.idx 索引位置 |
| TAN(nExpression) | 正切函数 |
| TARGET ( nRelationshipNumber [, nWorkArea \| cTableAlias]) | 返回被关联表的别名 |
| TIME([nExpression]) | 返回系统时间 |
| TRANSFORM(eExpression [,cFormatCodes]) | 按格式返回字符串 |
| TRIM(cExpression) | 去掉字符串尾部空格 |
| TTOC(tExpression [,1\|2]) | 将日期时间转换为字符串 |
| TTOD(tExpression) | 从日期时间返回日期 |
| TXNLEVEL() | 返回当前处理的级数 |
| TXTWIDTH ( cExpression [, cFontName, nFontSize [,cFontStyle]]) | 返回字符串表达式的长度 |
| TYPE(cExpression) | 返回表达式类型 |
| UPDATED() | 现用 InteractiveChange 或 ProgrammaticChange 事件来代替 |
| UPPER(cExpression) | 将小写字母转换成大写字母 |
| USED([nWorkArea\|cTableAlias]) | 决定别名是否已用或表被打开 |
| VARTYPE(eExpression [,1NullDateType]) | 返回表达式数据类型 |
| VAL(cExpression) | 将字符串转换为数字型 |
| VERSION(nExpression) | Visual FoxPro 版本函数 |
| WBORDER([WindowName]) | 窗口边框函数 |
| WCHILD([WindowName] [nChildWindow]) | 子窗函数 |
| WCOLS([WindowName]) | 窗口列函数 |
| WEEK ( dExpression \| tExpression [, nFirstWeek] [,nFirstDayOfWeek]) | 返回一年的星期数 |

续表

| 函　　数 | 功　　能 |
|---|---|
| WEXIST(WindowName) | 窗口存在函数 |
| WFONT(nFontAttribute [,WindowName]) | 返回当前窗口的字体的名称、类型和大小 |
| WLAST([WindowName]) | 前一窗口函数 |
| WLCOL([WindowName]) | 窗口列坐标函数 |
| WLROW([WindowName]) | 窗口横坐标函数 |
| WMAXIMUM([WindowName]) | 窗口是否最大函数 |
| WMINIMUM([WindowName]) | 窗口是否最小函数 |
| WONTOP([WindowName]) | 最前窗口函数 |
| WOUTPUT([WindowName]) | 输出窗口函数 |
| WPARENT([WindowName]) | 父窗口函数 |
| WROWS([WindowName]) | 返回窗口行数 |
| WTITLE([WindowName]) | 返回窗口标题 |
| WVISIBLE([WindowName]) | 确定指定窗口是否被激活并且未被隐藏，返回逻辑值 |
| YEAR(dExpression\|tExpression) | 返回日期型数据的年份 |

# 附录 C Visual FoxPro 文件类型

| 扩展名 | 文件类型 | 扩展名 | 文件类型 |
|---|---|---|---|
| .act | 向导操作图的文档 | .lbt | 标签备注 |
| .app | 生成的应用程序或活动文档 | .lbx | 标签 |
| .cdx | 复合索引 | .log | 日志 |
| .chm | 编译的 HTML 帮助文件 | .lst | 向导列表的文档 |
| .dbc | 数据库 | .mem | 内存变量存储 |
| .dbf | 表 | .mnt | 菜单备注 |
| .dbg | 调试器配置 | .mnx | 菜单 |
| .dct | 数据库备注 | .mpr | 生成的菜单程序 |
| .dcx | 数据库索引 | .mpx | 编译后的菜单程序 |
| .dep | 相关文件(由“安装向导”创建) | .ocx | ActiveX 控件 |
| .dll | Windows 动态链接库 | .pjt | 项目备注 |
| .err | 编译错误 | .pjx | 项目 |
| .esl | Visual FoxPro 支持的库 | .prg | 程序 |
| .exe | 可执行程序 | .qpr | 生成的查询程序 |
| .fky | 宏 | .qpx | 编译后的查询程序 |
| .fll | Visual FoxPro 动态链接库 | .sct | 表单备注 |
| .fmt | 格式文件 | .scx | 表单 |
| .fpt | 表备注 | .spr | 生成的屏幕程序(只适用于 Visual FoxPro) |
| .frt | 报表备注 | .spx | 编译后的屏幕程序(只适用于 Visual FoxPro) |
| .frx | 报表 | .tbk | 备注备份 |
| .fxp | 编译后的程序 | .txt | 文本 |
| .h | 头文件(Visual FoxPro 或 C/C++ 程序需要包含的) | .vct | 可视类库备注 |
| .hlp | WinHelp | .vcx | 可视类库 |
| .htm | HTML | .vue | FoxPro 2.x 的视图 |
| .idx | 索引 | .win | 窗口文件 |

# 附录 D　Visual FoxPro 系统常用内存变量

系统内存变量是 Visual FoxPro 字段创建并维护的内置内存变量。在默认情况下，它们的属性是 PUBLIC，但也可以声明成 PRIVATE 属性。下表列出了 Visual FoxPro 中常用的系统内存变量的名称、类型、功能及默认值。

| 变量名称 | 类型 | 功　能 | 默认值 |
| --- | --- | --- | --- |
| _ALIGNMENT | C | 在页边距之间对齐文本。它可用报表设计器代替 | LEFT |
| _ASCIICOLS | N | 指定用 REPORT…TO FILE ASCII 创建的文本文件中包含的列数 | 80 |
| _ASCIIROWS | N | 指定用 REPORT…TO FILE ASCII 创建的文本文件中包含的行数 | 63 |
| _ASSIST | C | 指定发出 ASSIST 命令后运行的程序名 | 在 Visual FoxPro 中是空串，否则是 CATALOG.app |
| _BEAUTIFY | C | 为 Visual FoxPro 程序指定一个优化应用程序，当选择“工具”菜单中的“优化”命令时运行该应用程序 | 在 Visual FoxPro 中是空串，否则是 BEAUTIFY.app |
| _BOX | L | 打印框。它可用报表设计器代替 | .T. |
| _BROWSER | C | 包含类浏览器的应用程序名称 | BROWSER.app |
| _BUILDER | C | 包含 Visual FoxPro 生成器的应用程序名称 | BUILDER.app |
| _CALCMEM | N | 包含 Visual FoxPro 存储在计算器内存中的数值 | 0.0 |
| _CALCVALUE | N | 包含计算器显示的数值 | 0.0 |
| _CLIPTEXT | C | 包含剪贴板的内容 | 空串 |
| _CONVERTER | C | 包含 Visual FoxPro 转换器的应用程序名称 | CONVERT.app |
| _COVERAGE | C | 包含 Visual FoxPro 创建“调试器”有效范围和模式输出的应用程序的名称 | COVERAGE.app |
| _CUROBJ | N | 存储当前选定的控制编号 | －1 |
| _DBLCLICK | N | 指定双击鼠标和三击鼠标的最大时间间隔 | 0.5 |
| _DIARYDATE | D | 包含在“日历/日记”中的当前日期 | 当前日期 |
| _DOS | L | 确定是否使用 FoxPro for MS-DOS 版本 | 在 FoxPro for MS-DOS 中为“真”(.T.) |

续表

| 变量名称 | 类型 | 功能 | 默认值 |
|---|---|---|---|
| _FOXDOC | C | 指定文档自动生成器 FoxDoc 的名称和位置，可用文档向导代替 | 在 Visual FoxPro 中是空串，否则是 FOXDOC. exe |
| _GALLERY | C | 指定当选择“工具”菜单中的“组件管理库”命令时执行的程序 | GALLERY. app |
| _GENGRAPH | C | 指定一个应用程序，用于在 Microsoft Graph 中输出查询结果 | 在 Visual FoxPro 中是空串，否则是 GENGRAPH. prg |
| _GENHTML | C | 指定一个 HTML 生成程序 | GENHTML. prg |
| _GENMENU | C | 指定菜单生成程序 | GENMENU. prg |
| _GENPD | C | 为 FoxPro for MS-DOS 中创建的基于字符的报表指定打印机驱动接口程序 | 在 Visual FoxPro 中是空串，否则是 GENPD. app |
| _GENSCRN | C | 指定表单生成程序 | GENSCRN. prg |
| _GENXTAB | C | 指定以交叉表格形式输出查询结果的程序 | 在 Visual FoxPro 中是空串，否则是 GENXTAB. prg |
| _GETEXPR | C | 指定当发出 GETEXPR 命令时，或从 Visual FoxPro 中激活“表达式生成器”对话框时执行的程序 | 空串 |
| _INCLUDE | C | 指定一个默认头文件，其中包含用户定义的类、表单或表单集 | |
| _INDENT | N | 使每段的第一行产生缩进 | 0 |
| _LMARGIN | N | 包含左页边距 | 0 |
| _MAC | L | 用于测试当前正在使用的是否是 FoxPro for Macintosh | 当用 FoxPro for Macintosh 时为.T.，否则为.F. |
| _MLINE | N | 包含 MLINE()函数中使用的备注字段偏移量 | 0 |
| _PADVANCE | C | 包含换页方法 | FORMFEED |
| _PAGENO | N | 包含当前页码 | 1 |
| _PBPAGE | N | 包含第一个要打印的页面 | 1 |
| _PCOLNO | N | 包含当前的列号 | 当前列 |
| _PCOPIES | N | 包含打印份数 | 1 |
| _PDRIVER | C | 为基于字符的报表指定打印机驱动程序 | 空串 |
| _PDSETUP | C | 加载或清除为基于字符的报表而做的打印机驱动程序设置 | 空串 |
| _PECODE | C | 包含结束打印代码 | 空串 |
| _PEJECT | C | 指定何时走纸 | NONE |
| _PEPAGE | N | 指定结束页面的编号 | 32767 |
| _PLENGTH | N | 包含页的长度 | 66 |

续表

| 变量名称 | 类型 | 功　　能 | 默认值 |
|---|---|---|---|
| _PLINENO | N | 包含当前行的编号 | 0 |
| _PLOFFSET | N | 包含页面偏移值 | 0 |
| _PPITCH | C | 存放打印机间距 | DEFAULT |
| _PQUALITY | L | 存放打印质量 | .F. |
| _PRETEXT | C | 指定一个放在文本合并行开头的字符表达式 | 空串 |
| _PSCODE | C | 存放初始打印代码 | 空串 |
| _PSPACING | N | 存放打印机行间距 | 1 |
| _PWAIT | L | 指定打印机输出时是否在页之间暂停 | .F. |
| _RMARGIN | N | 包含右页边距 | 80 |
| _RUNACTIVEDOC | C | 指定一个启动活动文档的应用程序 | RUNACTD.prg |
| _SAMPLES | C | 包含安装了 Microsoft Visual FoxPro 示例的完整路径 | 空串示例的路径，若不包含示例，则为空串 |
| _SCCTEXT | C | 指定 Visual FoxPro 中用于二进制文件和文本文件相互转换的程序 | SCCTEXT.prg |
| _SCREEN | O | 指定 Visual FoxPro 主窗口的属性和方法程序 | FORM |
| _SHELL | C | 指定一个程序外壳 | 空串 |
| _SPELLCHK | C | 为 Visual FoxPro 文本编辑器指定一个拼写检查程序 | SPELLCHK.app |
| _STARTUP | C | 指定启动 Visual FoxPro 时运行的应用程序名 | 在 Visual FoxPro 中是空串，否则是 STARTUP.app |
| _TABS | C | 包含制表符设置 | 空串 |
| _TALLY | N | 包含最近执行的表命令处理过的记录数目 | 0 |
| _TEXT | C | 把“\|\\”和 TEXT…END TEXT 文本合并命令的结果输出到低级文件中 | −1 |
| _THROTTLE | N | 当跟踪窗口打开时，指定程序的执行速度 | 0 |
| _TRANSPORT | C | 当在不同的 FoxPro 版本之间转换表单、标签和报表时，指定需要运行的程序 | 在 Visual FoxPro 中是空串，否则是 TRANSPORT.prg |
| _TRIGGERLEVEL | N | 包含一个表示当前触发器过程嵌套数目的只读数字值 | 0 |
| _UNIX | L | 用于确定正在使用的是否是 FoxPro for UNIX 平台 | 在 FoxPro for UNIX 中为.T. |
| _VFP | C | 指向当前运行的 Visual FoxPro 应用程序对象 | 无 |
| _WINDOWS | L | 如果正在使用 Visual FoxPro，则显示为“真” | 在 Visual FoxPro 中为.T. |
| _WIZARD | C | 包含 Visual FoxPro 向导应用程序的名称 | WIZARD.app |
| _WRAP | L | 指定是否自动换行 | .F. |

# 附录 E　Visual FoxPro 属性与功能

| 属 性 名 称 | 功　能 |
|---|---|
| ActiveColumn | 返回表格控件中包含活动单元的那个列 |
| ActiveControl | 引用一个对象上的活动控件 |
| ActiveForm | 引用一个表单集中活动的表单对象或引用_SCREEN 对象 |
| ActivePage | 返回页框对象中活动页面的页号 |
| ActiveRow | 返回表格控件中包含活动单元的行 |
| Alias | 指定与临时表对象相关的每个表或视图的别名 |
| Align | 指定表单上 OLE 控件(.ocx)的文本对齐方式 |
| Alignment | 指定支持控件的文本对齐方式 |
| AllowAddNew | 确定是否可以通过表格(Grid)控件向表中添加记录 |
| AllowHeaderSizing | 指定在运行时表格的表头高度是否可以改变 |
| AllowRowSizing | 指定在运行时表格中的每一行高度是否可以改变 |
| AllowTabs | 指定在编辑框控件中是否允许使用制表符(Tab) |
| AlwaysOnTop | 防止其他窗口覆盖表单窗口 |
| Application | 使用户可以从一个对象向上服务到包含这个对象的 Visual FoxPro 应用程序对象 |
| AutoActivate | 确定 OLE 容器控件如何才能被激活 |
| AutoCenter | 指定在第一次显示表单对象时，是否将表单对象自动居中于 Visual FoxPro 的主窗口中 |
| AutoCloseTables | 指定当释放表单集、表单或报表时，由数据环境指定的表或视图是否被关闭 |
| AutoOpenTables | 指定与表单集、表单或报表数据环境相关联的表和视图是否需要自动装载 |
| AutoRelease | 指定表单集中最后一个表单被释放时是否释放表单集 |
| AutoSize | 指定控件是否能根据其内容自动地改变大小 |

续表

| 属性名称 | 功能 |
| --- | --- |
| AutoVerMenu | 指定当用户在一个 OLE 对象上右击时，是否显示该 OLE 对象的操作快捷菜单 |
| AutoField | 指定当前 Visual FoxPro 实例是否在用户程序的执行过程中影响 Windows 事件 |
| BackColor、ForeColor | 指定对象中显示文本和图像时的背景和前景颜色 |
| BackStyle | 指定一个对象的背景是否透明 |
| BaseClass | 指定被引用对象基于 Visual FoxPro 的基类名 |
| BorderColor | 指定一个对象的边框颜色 |
| BorderStyle | 指定对象的边框风格 |
| BorderWidth | 指定控件边框的宽度 |
| Bound | 指定列对象中的一个控件是否被列的控件源绑定 |
| BoundColumn | 对一个多列的列表框或组合框，确定哪个列与该控件的 Value 属性绑定 |
| BoundTo | 指定组合框或列表框的 Value 属性是由 List 属性还是由 ListIndex 属性决定 |
| BufferMode | 指定记录的更新是保守式还是开放式 |
| BufferModeOverride | 指定在表单或表单集级中是否可以改写 BufferMode 属性设置 |
| ButtonCount | 指定命令按钮组或选项按钮中的按钮数 |
| Buttons | 为了访问按钮组中的每个按钮而设置的数组 |
| Cancel | 指定一个命令按钮或 OLE 容器控件是否是“取消”按钮，若是“取消”按钮，当用户按 Esc 键时将触发“取消”按钮的 Click 事件 |
| Caption | 指定对象标题中的文本内容 |
| Century | 在显示日期时，指定是否显示世纪部分 |
| ChildAlias | 指定子表的别名 |
| ChildOrder | 为表格控件或关系对象的记录源指定索引标识 |
| Class | 返回一个对象的基类名称 |
| ClassLibrary | 指定包含对象类的用户自定义类库的文件名 |
| ClipControls | 确定 Paint 事件中的图形方法是重新绘制整个对象还是只绘制可见的新区域，同时，此属性还用于确定 Windows 操作环境是否创建一个剪裁区域除去对象中的非图形控件 |
| Closeable | 指定是否可以通过双击控件菜单框或者从控制菜单中选择“关闭”命令关闭一个表单 |
| ColorScheme | 指定控件所使用的调色板的类型，这个属性中包括了向下兼容的能力，可以用 BackColor 和 ForeColor 属性取代 |
| ColorSource | 确定如何设置控件的颜色 |
| ColumnCount | 指定表格、组合框和列表框控件中列对象的数目 |

续表

| 属性名称 | 功能 |
| --- | --- |
| ColumnLines | 显示或隐藏列之间的线条 |
| ColumnOrder | 指定表格控件中列对象间的相对次序 |
| Columns | 在表格控件中,通过列号来访问独立的列对象的数组 |
| ColumnWidths | 指定组合框和列表框控件的列宽度 |
| Comment | 存储有关对象的信息 |
| ControlBox | 指定在运行时是否在表单或工具栏的左上角出现控制菜单框 |
| ControlCount | 指定容器对象中控件的数目 |
| Controls | 访问容器对象中控件的数组 |
| CurrentControl | 指定列对象中所包含的、用来显示活动单元值的控件 |
| ControlSource | 指定与对象绑定的数据源 |
| CurrentX、CurrentY | 指定供下一个绘图方法程序使用的横坐标(X)和纵坐标(Y) |
| CursorSource | 指定与临时表对象相关的表或者视图名 |
| Curvature | 指定形状控件的弯角曲率 |
| Database | 指定与临时表对象相关的表或视图的数据库路径 |
| DataSession | 指定表单或表单集能否在自己的数据会话期间运行,并有一个独立的数据环境 |
| DataSessionID | 返回数据工作期 ID 标识号,用来标识表单、表单集或工具栏的私有数据工作期。如果表单或表单集的 DateSessionID 属性设置为 1,那么返回默认数据工作期的 ID 标识符 |
| DateFormat | 指定在文本框中日期和时间的显示格式 |
| DateMark | 指定在文本框中显示日期或日期时间使用的分隔符 |
| Default | 指定默认的命令按钮或 OLE 容器控件。当活动的表单上有一个以上的命令按钮或容器对象时,如果按 Enter 键,指定的默认按钮或 OLE 容器对象做出响应 |
| DefaultFilePath | 为应用程序对象指定各种操作所使用的默认目录 |
| DefOLECID | 指定表单或 Visual FoxPro 主窗口中默认的 OLE Locale ID 值 |
| DeleteMark | 指定删除标志的列是否出现在表格控件中 |
| Desktop | 指定表单是否被包含在 Visual FxoPro 的主窗口中 |
| DisabledBackColor | 指定不可用控件的背景颜色 |
| DisabledForeColor | 指定不可用控件的前景颜色 |
| DisabledItemBackColor | 为组合框和列表框中不可用的项指定背景颜色 |
| DisabledItemForeColor | 为组合框和列表框中不可用的项指定前景颜色 |

续表

| 属性名称 | 功　能 |
|---|---|
| DisabledPicture | 指定当控件不可用时显示的图形 |
| DisplayValue | 指定在一个列表框或组合框控件中所选项的第一列内容 |
| Docked | 指定是否为用户自定义的工具栏对象包含一个最小化指示符 |
| DockPosition | 指定用户自定义工具栏对象被最小化的位置 |
| DocumentFile | 返回文件名，由该文件创建一个嵌入或链接的对象 |
| DownPicture | 指定当选择一个控件时显示的图形 |
| DragIcon | 指定在拖动操作期间，图标是否显示成指针形状 |
| DragMode | 指定拖动操作的拖动方式为人工或自动 |
| DrawMode | 与颜色属性一起确定形状和线条在屏幕上的显示方式 |
| DrawStyle | 指定用图形方法程序绘制图形时所使用的线条样式 |
| DrawWidth | 指定用图形方法程序输出时的线条宽度 |
| DynamicAlignment | 指定列对象中文本和控件的对齐方式，并在每次刷新表格控件时，对对象重新计算对齐方式 |
| DynamicBackColor、DynamicForeForeColor | 指定列对象的背景和前景颜色，在每次刷新表格控件时都将重新计算这个对象的颜色值 |
| DynamicCurrentControl | 确定列对象中所包含的哪个控件用来显示活动单元的值，该属性在每次刷新表格控件时将重新计算控件名称 |
| DynamicFontBold、DynamicFontItalic、DynamicFontStrikethru、DynamicFontUnderline | 用于确定列对象中文本显示时是否可以具有如下的一种或多种风格：黑体、斜体、空心体或者下划线，而且用于确定显示风格的表达式在每次刷新表格控件时都将重新计算 |
| DynamicFontName | 指定显示文本时所使用的字体名称，在每次刷新表格控件时都将重新计算 |
| DynamicFontOutline | 指定与列对象相关的文本是否以轮廓方式显示，运行时每次刷新表格控件都要重新计算逻辑表达式 |
| DynamicFontShadow | 指定与列对象相关的文本是否加阴影，运行时每次刷新表格控件都要重新计算逻辑表达式 |
| DynamicFontSize | 指定列对象中文本的字体大小，在每次刷新表格控件时都将重新计算 |
| DynamicInputMask | 指定数据在列对象中如何显示，运行时每次刷新表格控件都要重新检查本属性的设置 |
| Enabled | 指定对象能否响应用户产生的事件 |
| Exclusive | 指定是否以独占方式打开与临时表对象相关联的表 |
| FillColor | 指定图形例程在对象上所画图形的填充颜色 |
| FillStyle | 指定由圆和矩形图形方法程序所创建的形状和图形的填充图案 |
| Filter | 排除那些不满足条件的记录，筛选条件由给定表达式指定 |

续表

| 属性名称 | 功　能 |
|---|---|
| FirstElement | 指定数组中第一个显示在组合框或者列表框控件中的元素 |
| FontBold、FontItalic、FontStrikethru、FontUnderline | 指定文本是否具有下列效果：黑体、斜体、空心体或下划线 |
| FontCondense、FontExtend | 指定文本是否具有紧缩或扩展样式 |
| FontOutline | 指定与某个控件相关的文本是否加上轮廓 |
| FontShadow | 指定与某个控件相关的文本是否加上阴影 |
| FontSize | 指定对象文本的字体大小 |
| Format | 指定控件中 Value 属性的输入和输出格式 |
| FormCount | 确定表单集中的表单对象数目 |
| Forms | 用于独立访问表单集中的单个表单对象的数组 |
| FullName | 返回当前 Visual FoxPro 实例的启动文件所在的路径和文件名(文件名通常为 VFP. exe) |
| GridHitTest | 返回指定 X 坐标和 Y 坐标在表格中的位置信息 |
| GridLineColor | 指定一个表格控件中分隔单元格的分隔线的颜色 |
| GridLines | 指定表格控件中是否显示水平和垂直线 |
| GridLineWidth | 用于确定表格控件中分隔各单元的线宽度(以像素为单位) |
| HalfHeightCaption | 指定表单标题高度是否为正常高度的一半 |
| HeaderHeight | 指定表格控件中列表头高度 |
| Height | 指定对象在屏幕上的高度 |
| HelpContextID | 为帮助文件的一个主题指定上下文标识，以便提供上下文相关帮助 |
| Hours | 指定显示时间日期型数据时使用 12 小时格式还是 24 小时格式 |
| HighlightRow | 指定是否突出显示表格控件的当前行或当前单元 |
| HideSelection | 指定在控件失去焦点之后，选中的文本是否出现选择标志 |
| Icon | 指定最小化表单时显示的图标 |
| IMEMode | 为控件指定输入法编辑器(IME)窗口的设置 |
| Increment | 指定当单击一次微调控件的上箭头或者下箭头时，递增或者递减的数值 |
| IncrementalSearch | 指定在使用键盘时，控件是否支持增量搜索 |
| InitialSelectedAlias | 当加载数据环境时，指定一个与临时表对象相关的别名作为当前别名 |
| InputMask | 指定控件中数据的输入格式和显示方式 |

续表

| 属性名称 | 功　能 |
|---|---|
| IntegralHeight | 指定编辑框或列表框是否具有自动调整其高度，以完整地显示出其最底部的一项功能。指定文本框是否自动调整其高度，以显示完整的一行文本 |
| Interval | 指定定时器控件的 Timer 事件之间的时间间隔（以 ms 为单位） |
| ItemBackColor、ItemForeColor | 指定组合框和列表框控件文本显示的背景色和前景色 |
| ItemData | 使用索引引用一维数组，该数组包含的数据项数目与组合框或列表框控件中 List 属性的设置相等 |
| ItemIDData | 使用唯一的标识编号来引用一维数组，该数组中包含的数据项数目与组合框或列表框的 List 属性值的项数相同 |
| ItemTips | 指定在组合框和列表框中是否显示选项提示（Item Tip） |
| KeyboardHighValue、KeyboardLowValue | 指定可用键盘输入到微调控件文本中的最大值、最小值 |
| KeyPreview | 指定表单的 KeyPress 事件是否优先于控件的 KeyPress 事件 |
| Left | 指定控件对象的左边界（相当于其父对象）或确定表单的左边界与 Visual FoxPro 主窗口左边界之间的距离 |
| LeftColumn | 指定表格控件显示的最左边列的编号 |
| LineSlant | 指定线条的倾斜方向，是从左上角到右下角，还是从左下角到右上角 |
| LinkMaster | 指定表格控件中的子表所链接的父表 |
| List | 是一个字符串数组，用于访问组合框和列表框控件的数据项 |
| ListCount | 指定组合框或者列表框控件的列表中的项数 |
| ListIndex | 指定组合框或者列表框控件所选中项的索引号 |
| ListItem | 是一个字符串数组，通过项标识号（ItemID）访问组合框或者列表框控件中的数据项 |
| ListItemID | 用于为组合框或者列表框控件中所选择的项指定唯一的标识号 |
| LockScreen | 指定表单是否以批处理方式执行对该表单及所包含对象的属性设置的更改 |
| MacDesktop | 确定一个表单是否被放置在 Visual FoxPro 主窗口中 |
| Margin | 为控件的文本部分指定应留的空白宽度 |
| MaxButton | 确定表单是否具有一个最大化的按钮 |
| MaxHeight | 确定表单可以改变的最大高度 |
| MaxLeft | 确定从表单到 Visual FoxPro 主窗口左边界的最大可能距离 |
| MaxLength | 确定编辑框控件中可以输入字符的最大长度 |
| MaxTop | 确定最大化表单与 Visual FoxPro 主窗口上边界的最大距离 |
| MaxWidth | 确定表单的最大宽度 |

续表

| 属性名称 | 功　能 |
|---|---|
| MDIform | 确定表单是否为 MDI 界面(多文档界面) |
| MemoWindow | 指定当文本框控件的数据源为备注字段时,所使用的用户自定义窗口名称 |
| MinButton | 确定表单是否具有一个最小化按钮 |
| MinHeight | 确定表单可被调整的最小高度 |
| MinWidth | 确定表单可被调整的最小宽度 |
| MouseIcon | 当鼠标移动到控件上时,指定鼠标指针的形状 |
| MousePointer | 在运行过程中当鼠标在一个对象的特定位置时,指定鼠标指针的形状 |
| Movable | 指定对象在运行时是否可以被用户移动 |
| MoverBars | 确定列表框控件上是否显示移动条 |
| MultiSelect | 确定用户是否可以在列表框中进行多重选择,以及如何选择 |
| Name | 指定程序中引用的对象名称 |
| NewIndex | 为最新添加到组合框或者列表框控件中的项指定索引 |
| NewItemID | 为最新添加到组合框或列表框控件中的项指定标识号 |
| NodataOnLoad | 激活一个与临时表相关联的视图,但不下载数据 |
| NullDisplay | 指定空值(Null)所对应的文本,在设计时和运行时可读写 |
| NumberOfElements | 指定一个数组中用来填充组合框或列表框控件的列表部分的项数 |
| Object | 为一个 OLE 对象提供访问 OLE 服务程序的属性和方法 |
| OLEClass | 返回创建当前对象的服务程序名称 |
| OLELCID | 为一个 OLE 绑定型控件或一个 OLE 容器控件返回一个 OLE 本机标识号 |
| OLERequestPending-Timeout | 指定 OLE 自动化请求经过多长时间没有响应后,显示"忙"信息 |
| OLEServerBusyRaiseError | 指定在 OLE 自动化请求被拒绝时是否显示错误信息 |
| OLEServerBusyTimeout | 当服务程序忙时,指定 OLE 自动化请求重试多长时间 |
| OLETypeAllowed | 返回包含(嵌入或链接)在一个控件内的 OLE 对象的类型 |
| OneToMany | 当在父表中移动记录指针时,确定记录指针是否保持在同一条父记录上,直到子表中的记录指针移过所有的关联记录为止 |
| OpenViews | 确定当表单集、表单或报表的数据环境打开时,哪种视图自动打开 |
| OpenWindow | 当一个与备注字段相联系的文本框控件接收到焦点时,指定是否自动打开一个窗口 |
| Order | 为一个临时表对象指定一个主控索引标识 |
| PageCount | 指定一个页框对象中所包含的页面数 |
| PageHeight | 指定页面的高度 |

续表

| 属性名称 | 功 能 |
| --- | --- |
| PageOrder | 确定一个页框中页面间的相对顺序 |
| Pages | 一个用于访问页框控件中各个页面的数组 |
| PageWidth | 指定页面的宽度 |
| Panel | 指定一个表格控件中的活动窗格 |
| PanelLink | 当拆分表格时，指定表格控件的左右窗格是否链接 |
| Parent | 引用一个控件的容器对象 |
| ParentAlias | 指定父表的别名 |
| ParentClass | 返回对象所属类的基类 |
| Partition | 确定是否将表格控件拆分为两个窗格，并确定分解是相对于表格控件左边界的哪个位置 |
| PasswordChar | 指定用户输入的字符或占位符是否显示在文本框控件中，并确定用做占位符的字符 |
| Picture | 指定显示在控件上的位图文件(.bmp)、图标文件(.ico)或通用字段 |
| ReadBackColor，ReadForeColor | 指定用@…GET 编辑区域的背景色或前景色 |
| ReadCycle | 指定当焦点移到表单集的最后一个对象上时，表单集的第一个对象是否接受焦点 |
| ReadLock | 确定表单集中任意一个表单上所引用的全部记录是否被锁定 |
| ReadMouse | 确定能否使用鼠标在表单集的表单之间进行移动 |
| ReadObject | 指定激活表单集时拥有焦点的对象 |
| ReadOnly | 指定用户是否可以编辑一个控件或更新与临时表对象相关联的表或视图 |
| ReadSave | 指定是否能用 READ 命令再次激活一个对象 |
| ReadTimeout | 指定在没有用户输入时，表单集保持为活跃状态的时间长短 |
| RecordMark | 指定是否在表格控件中显示记录选择器列 |
| RecordSource | 指定与表格控件相绑定的数据源 |
| RecordSourceType | 指定如何打开并填充表格控件的数据源 |
| RelationalExpr | 指定一个基于父表字段的表达式，该表达式与子表中连接父、子表的索引相关 |
| RelativeColumn | 指出在表格控件可见部分的活动列 |
| RelativeRow | 指出在表格控件可见部分的活动行 |
| ReleaseType | 返回一个用于确定如何释放表单的整数值 |
| Resizeble | 指定列对象的大小能否在运行时由用户调节 |
| RowHeight | 指定表格中行的高度 |

续表

| 属性名称 | 功　能 |
|---|---|
| RowSource | 指定组合框或列表框控件中值的数据源 |
| RowSourceType | 指定控件中数据源的类型 |
| ScaleMode | 指定对象中坐标系的计量单位 |
| ScrollBars | 指定控件的滚动条类型 |
| Seconds | 指定在文本框中显示日期时间型数据时是否显示秒 |
| Selected | 指定组合框或列表框控件中的一项是否被选中 |
| SelectedBackColor | 指定选中文本的背景色 |
| SelectedForeColor | 指定选中文本的前景色 |
| SelectedId | 指定列表框或组合框中的一个项是否被选中 |
| SelectedItemBackColor | 指定组合框或列表框中被选项的背景色 |
| SelectedItemForeColor | 指定组合框或列表框中被选项的前景色 |
| SelectOnEntry | 指定当用户单击列单元时,是否选定这个单元中的内容 |
| SelLength | 返回用户在一个控件的文本区选择的字符数目,或者指定选择的字符数目 |
| SelStart | 返回用户在一个控件的文本区中进行文本选择时的起始点位置,或者指示文本插入点的位置(如果没有选择文本),同时还能够指定在控件的文本区中进行文本选择时的起始点位置 |
| SelText | 返回用户在控件的文本区中选定的文本,如果没有选定文本,则返回空字符串 |
| ShowTips | 指定是否为指定的表单对象或工具条对象上的控件显示"工具提示" |
| ShowWindow | 指定一个表单是一个顶层表单(Top Level Form)还是一个子表单(Child-Form) |
| Sizable | 指定对象是否可以改变大小 |
| SizeBox | 指定一个表单是否有大小对话框,这个属性留在将来使用 |
| Sorted | 在组合框或列表框中,指定列表部分的各项是否按字母顺序排列 |
| Sparse | 指定 CurrentControl 属性是影响列对象中的所有单元还是只影响活动单元 |
| SpecialEffect | 指定控件的不同样式选项 |
| SpinnerHighValue | 指定通过单击上箭头键,能够输入 Spinner 控件中的最大值 |
| SpinnerLowValue | 指定通过单击下箭头键,能够输入 Spinner 控件中的最小值 |
| SplitBar | 指定在表格控件中是否可使用拆分条(Split Bar) |
| StartMode | 返回一个数值,说明当前的 Visual FoxPro 实例是如何启动的 |
| StatusBar | 指定在当前 Visual FoxPro 实例的状态栏中显示的信息 |
| StatusBarText | 指定一个控件获得焦点时,在状态条中显示的文本内容 |

续表

| 属性名称 | 功　能 |
| --- | --- |
| Stretch | 在控件内部确定如何调整一幅图像以适应图像控件的大小 |
| StrictDateEntry | 指定在向文本框中输入日期型数据或日期时间型数据时，是否必须使用严格规定的格式 |
| Style | 指定一个控件的样式 |
| TabIndex | 指定页框控件的 Tab 键选取次序或表单集中表单对象的 Tab 键选取次序 |
| Tabs | 指定页框控件是否有 Tab 符 |
| TabStop | 指定用户是否可以用 Tab 键将焦点移至一个对象上 |
| TabStretch | 指定当选项卡在页框控件中容纳不下时应采取的动作 |
| TabStyle | 指定页框中的页面选项卡是否调整。在设计和运行时都是可用的 |
| Tag | 存储用户程序中需要的任何其他数据 |
| TerminateRead | 当单击一个控件时，指定表单或表单集对象是否活动 |
| Text | 返回输入到控件文本框部分的无格式的文本 |
| ToolTipText | 为一个控件指定作为"工具提示"出现的文本 |
| Top | 对于控件，确定对象相对于它的父对象的上边界间的距离；对于表单对象，确定表单和 Visual FoxPro 主窗口上边界之间的距离 |
| TopIndex | 指定出现在列表中最顶部位置的列表项 |
| TopItemID | 指定出现在列表中最顶部位置项的数据项标识 |
| Value | 指定一个控件的当前状态 |
| Version | 以文本方式返回当前 Visual FoxPro 实例的版本号 |
| View | 指定表格控件的查看方式 |
| Visible | 指定一个对象是可见的还是隐藏的 |
| WhatsThisButton | 指定是否在表单的标题栏中显示"这是什么"按钮 |
| WhatsThisHelp | 指定激活上下文相关帮助是使用"这是什么"方式，还是使用 Windows 传统方式 |
| WhatsThisHelpID | 为控件的"这是什么"帮助指定帮助主题 |
| Width | 指定一个对象的宽度 |
| WindowList | 指定能够加入当前表单对象的 READ 处理的一组表单对象列表 |
| WindowState | 指定表单窗口在运行时是否可以最大化或最小化 |
| WindowType | 当显示或使用 DO 命令运行表单集或表单对象时，确定它们的操作行为 |
| WordWrap | 指定 AutoSize 设置为真的标签控件能否进行垂直或水平方向上的扩充，以适应 Caption 属性中所指定文本的需要 |
| ZoomBox | 指定一个表单是否有一个缩放框，此属性保留供将来使用 |

# 附录 F Visual FoxPro 事件与功能

| 事件名称 | 功能 |
| --- | --- |
| Active | 当激活表单、表单集或页对象,或者显示工具栏对象时,将发生此事件 |
| AfterCloseTables | 在表单、表单集或报表的数据环境中,释放指定表或视图后,将发生此事件 |
| AfterDock | 停放工具栏后,发生此事件 |
| AfterRowColChange | 当用户将焦点移动到表格的另一行、列、新单元或新行或列中对象的 When 事件发生后,发生此事件 |
| BeforeDock | 该事件发生在工具栏对象停放之前 |
| BeforeOpenTables | 发生在与表单集、表单或报表的数据环境相关联的表和视图打开之前 |
| BeforeRowColChange | 当用户更改活动的行或列,而新单元还未获得焦点时发生该事件,也可以在网格列中当前对象的 Valid 事件之前发生 |
| Click | 当前程序中包含触发此事件的代码,或将鼠标指针放在一个控件上时按下并释放鼠标左键,或者更改特定控件的值,或在表单空白区单击时,此事件发生 |
| DblClick | 双击鼠标左键并释放时,此事件发生 |
| Deactivate | 当一个容器对象(如一个表单)因为所包含的对象没有焦点而不再处于活动状态时,该事件发生 |
| Deleted | 当用户在记录上做删除标记、清除一个删除标记,或执行 DELETE 命令时,此事件发生 |
| Destroy | 当释放一个对象时此事件发生 |
| DownClick | 当单击控件的箭头时此事件发生 |
| DragDrop | 当完成拖放操作时此事件发生 |
| DragOver | 当控件拖过目标对象时此事件发生 |
| DropDown | 单击向下箭头后,当组合框控件的列表部分将要下拉时,此事件发生 |
| Error | 当某方法程序运行出错时,此事件发生 |
| ErrorMessage | 当 Valid 事件返回“假”时,此事件发生并提供显示错误信息的手段 |
| GotFocus | 当通过操作或执行程序代码使对象获得焦点时,此事件发生 |
| Init | 当创建对象时此事件发生 |

续表

| 事件名称 | 功能 |
| --- | --- |
| InteractiveChange | 当使用键盘或鼠标更改控件的值时此事件发生 |
| KeyPress | 当用户按下并释放某个键时此事件发生 |
| Load | 创建对象前发生。Load 事件在 Init 事件之前发生 |
| LostFocus | 当某个对象失去焦点时此事件发生 |
| Message | 在屏幕底部的状态栏中显示一条信息，此命令是为了提供向后的兼容性，它可用 StatusBarText 属性代替 |
| MiddleClick | 当用户使用三键鼠标时用鼠标中间键单击控件时发生 |
| MouseDown | 当用户按下一个鼠标键时此事件发生 |
| MouseMove | 当用户在一个对象上移动鼠标时此事件发生 |
| MouseUp | 当用户释放一个鼠标键时此事件发生 |
| MouseWheel | 对于具有鼠标轮的鼠标设备，当用户转动鼠标轮时此事件发生 |
| Moved | 当对象移动到新位置时，或者以编程方式更改容器对象的 Top 或 Left 属性设置时此事件发生 |
| Page | 在页框中创建一个页面时此事件发生 |
| Paint | 当表单或工具栏重画时此事件发生 |
| ProgrammaticChange | 在代码中更改一个控件值时此事件发生 |
| QueryUnload | 在卸载一个表单之前此事件发生 |
| RangeHigh | 对于微调控件或文本框，当控件失去焦点时，此事件发生。对于组合框或列表框，当控件得到焦点时此事件发生 |
| Rangelow | 对于微调控件或文本框，当控件失去焦点时，此事件发生。对于组合框或列表框，当控件得到焦点时此事件发生 |
| ReadActivate | 当表单集中的一个新表单成为活动表单时此事件发生。包含此事件是为了 READ 命令的向后兼容性 |
| ReadDeactive | 当表单集中的一个新表单成为不活动的表单时此事件发生。包含此事件是为了 READ 命令的向后兼容性 |
| ReadShow | 当在活动表单集中发出 SHOW GETS 命令，并且激活表单集时，发生 ReadShow 事件。包含此事件是为了 READ 命令的向后兼容性 |
| ReadValid | 表单集成为不活动之后，此事件立即发生。包含此事件是为了 READ 命令的向后兼容性 |
| ReadWhen | 当表单集被加载之后此事件发生。包含此事件是为了 READ 命令的向后兼容性 |
| Resize | 当调整对象大小时此事件发生 |
| RightClick | 当用户在控件上按下并释放鼠标右键（鼠标辅键）时此事件发生 |
| Scrolled | 在表格控件中单击水平或垂直滚动条或移动滚动条中的滚动块时，此事件发生 |

续表

| 事件名称 | 功　能 |
| --- | --- |
| Timer | 当经过 Interval 属性中指定的毫秒数时，此事件发生 |
| UTEnable | 当页面以编程方式或交互方式激活或变成不活动时，此事件发生，当表单初始激活时，页面对象的 UTEnable 事件并不发生。从停放位置拖动工具栏时发生 |
| Unload | 当对象被释放时此事件发生。此事件是在释放表单或表单集之前发生的最后一个事件 |
| UpClick | 当用户单击控件的向上滚动箭头时此事件发生 |
| Valid | 在控件失去焦点之前此事件发生，若 Valid 事件返回"真"(.T.)，则表明控件失去了焦点；若返回"假"(.F.)，则表明控件没有失去焦点。Valid 事件可用返回数值 |
| When | 在控件得到焦点之前此事件发生。若事件返回"真"(.T.)，则默认控件获得焦点；若返回"假"(.T.)，则控件未获得焦点。When 事件发生在 GotFocus 事件之前。对于列表框控件，每当用户单击列表中的选项或用箭头键移动焦点在选项之间移动时，When 事件发生。对于所有其他控件，当试图把焦点移动到控件上时，When 事件发生 |

# 附录G Visual FoxPro 方法与功能

| 方法名称 | 功　能 |
| --- | --- |
| ActivateCell | 激活表格控件中的一个单元 |
| AddColumn | 向表格控件中添加列对象 |
| AddItem | 在组合框或列表框中添加一个新数据项，并且可以指定数据项索引。当RowSourceType属性设置为0(无)时，可使用AddItem方法或AddListItem方法 |
| AddListItem | 在组合框或列表框控件中添加新数据项，并且可以指定数据项的ID值 |
| AddObject | 运行时，在容器对象中添加对象。调用AddObject方法时，将触发新添加对象的Init事件。新添加对象的Visible属性设置为"假"(.F.) |
| Box | 在表单上画一个矩形，矩形的线宽由DrawWidth属性确定，DrawMode和DrawStyle属性设置画矩形的方式 |
| Circle | 在表单上画一个圆或椭圆。圆的线宽由DrawWidth属性确定，由DrawMode和DrawStyle属性设置画圆的方式 |
| Clear | 清除组合框或列表框控件的内容。为使Clear方法有效，必须将RowSourceType属性设置为0(无) |
| CloneObject | 复制对象，包括对象的所有属性、事件和方法 |
| CloseTables | 关闭与数据环境相关的表和视图。通过调用OpenTables方法可以重新打开表和视图 |
| Cls | 清除表单中的图形和文本。Cls方法只清除运行期间图形和打印语句生成的文本和图形。Cls方法不影响设计期间放置在表单上的背景位图，并将CurrentX和CurrentY属性重新设置为0 |
| DataToClip | 将一组记录复制到剪贴板中。所有字段的名称占据剪贴板的第一行，以后每个记录占据一行 |
| DeleteColumn | 从一个表格中删除一个列对象。如果不指定列标号，将删除表格中活动的列 |
| Dock | 沿Visual FoxPro主窗口的边界停放工具栏对象。当停放一个工具栏时，将隐藏它的标题栏，且边框为单线边框。工具栏的大小为一个单行按钮的大小。使用Move方法可以移动工具栏 |
| DoCmd | 通过一个Visual FoxPro应用程序对象执行一个Visual FoxPro命令 |
| DoScroll | 通过滚动表格控件来模拟用户单击滚动条操作 |

续表

| 方法名称 | 功　能 |
| --- | --- |
| DoVerb | 在指定的对象上执行一个动作 |
| Drag | 启动、结束或取消拖动操作。通常，MouseDown事件过程调用Drag方法来启动停放操作。当控件的DragMode属性设置为0(人工)时，才需要使用Drag方法控制拖动 |
| Draw | 重画表单对象 |
| Eval | 通过一个Visual FoxPro OLE应用程序对象计算一个表达式 |
| Help | 打开“帮助”窗口。如果在调用此方法时没有提供任何参数，则显示“帮助”主窗口 |
| Hide | 通过把Visible属性设置为“假”(.F.)，隐藏表单、表单集或工具栏 |
| IndexToItemID | 根据指定项在控件中的显示编号返回其ID号(唯一的标识编号) |
| ItemIDToIndex | 根据指定项唯一标识编号返回它在控件中的显示编号 |
| Line | 在表单对象中画一直线 |
| Move | 移动一个对象。在屏幕上移动表单，或在表单中移动控件，都是相对于原点(0,0)的，原点位于左上角。当在容器中移动控件时，使用容器的坐标系 |
| Print | 在表单对象上对应一个字符。当Print方法结束时，将CurrentX和CurrentY属性设置为紧跟在最终打印字符后面的点 |
| OpenTables | 以程序方式打开与数据环境相关的表或视图。当数据环境的AutoOpenTables属性设置为“假”(.F.)，或已用CloseTables方法卸载数据环境后，可以用OpenTables方法加载数据环境的表或视图 |
| Point | 返回一个表单上特定的红、绿、蓝(RGB)颜色 |
| Pset | 把一个表单或Visual FoxPro主窗口中的一个点设置成前景色 |
| Quit | 结束一个Visual FoxPro实例，并将控制交回创建这个实例的应用程序 |
| ReadExpression | 返回属性窗口中某属性的表达式 |
| ReadMethod | 返回指定方法的文本内容 |
| Refresh | 重画表单或控件，并刷新所有值。Refresh方法用于重画表单或控件，并更新控件的值。若只需要更新组合框或列表框的内容，可使用Requery方法。刷新表单时，将刷新表单上的所有控件；刷新页框时，只刷新活动的页 |
| Release | 从内存中释放表单集或表单 |
| RemoveListItem | 从组合框或列表框中移去一项 |
| RemoveObject | 运行时从容器对象中删除一个指定的对象 |
| RenameClass | 重命名.vcd可视类库中的一个类定义 |
| Requery | 重新查询组合框或列表框控件所基于的行源(Row Source) |
| RequestData | 通过一个Visual FoxPro实例，从表中提取数据，并将结果存入数组中 |
| Reset | 重新计时器控件，让它从0开始 |
| SaveAs | 把一个对象作为.scx文件保存起来 |
| SaveAsClass | 把对象的实例保存为类库中的类定义 |

续表

| 方法名称 | 功　能 |
| --- | --- |
| SetAll | 为容器对象中的所有控件或某类控件指定一个属性设置 |
| SetFocus | 为一个控件指定焦点 |
| SetVar | 通过一个 Visual FoxPro 应用查询对象创建一个变量，并在其中保存一个值 |
| Show | 显示一个表单，并且确定是模式表单还是无模式表单 |
| ShowWhatsThis | 显示对象的 WhatsThisHelpID 属性指定的“这是什么”帮助主题 |
| TextHeight | 返回以当前字体显示的文本字符串高度 |
| TextWidth | 返回以当前字体显示的文本字符串宽度 |
| WhatsThisMode | 显示带问号的鼠标指针，启动“这是什么”帮助模式 |
| WriteExpression | 把表达式写到属性中 |
| WriteMethod | 把指定的文本写到指定的方法中 |
| Zorder | 把指定的表单对象或控件放在其图形层内 Z-order 的前面或后面；对于包含在工具栏对象中的控件，则放置在控件数组的前面或后面，该数组用于确定控件在工具栏中出现的顺序 |